生命科学概論

第2版

環境・エネルギーから医療まで

早稲田大学先進理工学部生命医科学科 [編]

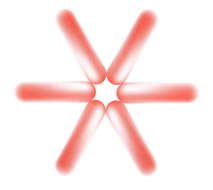

朝倉書店

◆執筆者一覧

朝日 透（あさひ とおる）	早稲田大学先進理工学部生命医科学科 教授	（第1章）
石井 義孝（いしい よしたか）	早稲田大学バイオプロダクション研究プロジェクト 招聘研究員	（第8章）
井上 貴文（いのうえ たかふみ）	早稲田大学先進理工学部生命医科学科 教授	（第12章）
大坂 利文（おおさか としふみ）	東京女子医科大学医学部微生物学免疫学教室 講師	（第2章）
大島 登志男（おおしま としお）	早稲田大学先進理工学部生命医科学科 教授	（第5章）
岡村 好子（おかむら よしこ）	広島大学大学院先端物質科学研究科 准教授	（第10章）
城戸 隆（きど たかし）	株式会社 Preferred Networks リサーチャー	（第13章）
合田 亘人（ごうだ のぶひと）	早稲田大学先進理工学部生命医科学科 教授	（第4章）
佐藤 政充（さとう まさみつ）	早稲田大学先進理工学部生命医科学科 教授	（序論・第2章・第7章）
澤村 直哉（さわむら なおや）	早稲田大学ナノ・ライフ創新研究機構 上級研究員	（第1章）
重谷 安代（しげたに やすよ）	東京慈恵会医科大学解剖学講座 講師	（第6章）
仙波 憲太郎（せんば けんたろう）	早稲田大学先進理工学部生命医科学科 教授	（第13章）
武岡 真司（たけおか しんじ）	早稲田大学先進理工学部生命医科学科 教授	（第14章）
武田 直也（たけだ なおや）	早稲田大学先進理工学部生命医科学科 教授	（第3章）
竹山 春子（たけやま はるこ）	早稲田大学先進理工学部生命医科学科 教授	（第11章）
田中 剛（たなか つよし）	東京農工大学大学院工学研究院 教授	（第10章）
常田 聡（つねだ さとし）	早稲田大学先進理工学部生命医科学科 教授	（第9章）
細川 正人（ほそかわ まさひと）	早稲田大学理工学術院総合研究所 次席研究員	（第11章）
南沢 享（みなみさわ すすむ）	東京慈恵会医科大学細胞生理学講座 教授	（第7章）
吉野 知子（よしの ともこ）	東京農工大学大学院工学研究院 教授	（第8章）

（五十音順）

序　　論

　我々が生きる21世紀は生命科学の時代だといわれる．これは，生命科学が我々の実生活から人類の運命に至るまで，我々自身と深く関わることがその大きな理由である．生命科学はどのように我々自身に関わっているのだろうか．おそらく多くの読者が初めて生命科学を学問として認識するのは，学校の理科の科目として取り扱う生物（学）を通してであろう．生物学の歴史は古く，生物とは何か，生物はどのように生まれ，どのように遺伝するのか，我々の身体はどのようなものかなど，生物の仕組みを理解しようとする先人たちの純粋で尊い好奇心が，この学問の今日の発展の礎となったことは疑いがない．

　このような理学としての生物学の追究がある一方で，生命科学は常に医学と密接に関連して発展してきた．人類の存続と発展のためには様々な疾病を克服する必要がある．呪術から医学へと，科学の発達は人類の疾病との戦いに大きな革命をもたらしてきた．病気の治療法や多様な薬品の恩恵のもとに今日の我々の生活があることを疑う者はいないはずだ．

　さらに，実学としての生命科学も我々の生活に意識的にまたは無意識的に深く根ざしている．重要な例のひとつは，発酵食品における生命科学の関わりである．我々の生活は実に多くの発酵飲食品によって彩られており，そこに天然の微生物たちの見事な働きがあることや，それを科学的に制御することで今日多くの商品が開発されていることに驚かされる．このように，生命科学は基礎科学としての側面と，応用科学としての側面が共存している．

　本書は，早稲田大学先進理工学部生命医科学科が2007年4月に開設されて以来開講してきた講義科目「生命科学概論」の内容をまとめたものである．日進月歩の生命科学に対応するために，本書はこのたび第2版を上梓する運びとなった．改訂版においても初版の際の精神に基づき，これまでの生命科学の発展の歴史とそこから得られた基礎的な知見を学ぶとともに，現代の生命科学が抱える課題や，生命科学が今後向かうべき方向性について問題を提起し，読者とともに考えて議論することを目指している．

　本書は14章のトピックスから構成される．最初の6章は生命の基本的な

仕組みについて総覧するものであり，生命とは何かを問う基礎科学としての生命科学に焦点を当てた．その後の章では，遺伝子工学の基礎と具体的な応用について，また生命科学の環境問題，エネルギーおよび医療への応用について，可能な限り先端的な内容を紹介するよう努めた．

　本書が総覧するように，生命科学は今日，理学的な基礎研究と，医学あるいは農学的な応用研究を両輪として大きな拡がりを見せており，その発展は今後も加速すると思われる．しかし，これほど多くの先人が理学的な研究を重ねた今日でも，我々はまだ生物のすべてを理解したとはいえず，現代の知識と技術で人工細胞を作ろうとしても天然の細胞には遠く及ばない．我々は生命の「何を理解していないのか」を真剣に考える必要がある．医学においては，21世紀に革命的に登場した遺伝子改変技術とiPS細胞を用いた再生医療の発展により，全員を対象とした医療から個人に合わせた処方・治療をおこなうテーラーメイド医療へと大きな転換期を迎えつつある．しかしながら，技術的な困難さに加えて倫理面・安全面での大きな課題を多数抱えている．生命科学と食品の関係においても，食品の味や質を向上させるのみならず，食の安全の問題や，来たるべき食糧難の時代をどのように克服するかという人類の存亡をかけた問題にこそ，生命科学が果たすべき使命が込められている．このように，生命科学は完成形にはなりえず，常にワーク・イン・プログレスとして形を変えて展開していく学問だといえる．

　重要なことに，応用研究は我々の実生活に近いところに展開しているものの，そこには必ず基礎研究が基盤として存在している．平易な例を挙げれば，病気の治療に有効な薬品を作るには，その病気が発症する原因を分子レベルで究明すべきであり，その背景となる分子メカニズムが分からなければ，創薬や治療法開発の足がかりとなる土台そのものが失われてしまう．これからの若き学習者は，そしてその教育に携わる教員もまた，表から見えやすいところだけではなく，見えにくいところにも人類への重要な貢献があることを認識すべきである．爆発的に発展してきた生命科学だからこそ，その背景にある「不顕性」の本質を見過ごさぬよう，中身のある生命科学の学習が求められている．

2019年2月

佐 藤 政 充

目　次

I 基　礎　編

- **1　生命と生命科学** ―― 1
- 1.1　生命とは何か　1
  - 1.1.1　生物の分類　1
  - 1.1.2　生命とは何か：細胞に立脚した視点　2
  - 1.1.3　生物の階層性　2
  - 1.1.4　分子生物学とは　2
  - 1.1.5　DNA からタンパク質　3
  - 1.1.6　タンパク質は細胞機能を担う　3
- 1.2　生体を構成する三大生体高分子　4
  - 1.2.1　生体を構成する物質：タンパク質　4
  - 1.2.2　生体を構成する物質：糖類（糖質）　6

- **2　遺伝と遺伝物質** ―― 10
- 2.1　遺伝学の歴史　10
  - 2.1.1　メンデルの法則　10
  - 2.1.2　遺伝の染色体説　12
  - 2.1.3　遺伝子の正体　12
  - 2.1.4　メンデルの法則に従わない遺伝　14
- 2.2　遺伝子の構造　16
  - 2.2.1　DNA の基本構造　16
  - 2.2.2　染色体　17
- 2.3　染色体の受けつがれ方　18
  - 2.3.1　体細胞分裂　18
  - 2.3.2　生殖細胞の細胞分裂（減数分裂）　19
- 2.4　ヒトの遺伝　20
  - 2.4.1　ABO 式血液型　20
  - 2.4.2　血友病　20
  - 2.4.3　エタノール代謝関連酵素　20

- **3　細胞の構造と各部の役割：組織の構造** ―― 22
- 3.1　細胞の基本構造と分類　22
- 3.2　細胞膜の構造　24
- 3.3　細胞小器官の種類と構造　24
  - 3.3.1　核　25
  - 3.3.2　ミトコンドリア　25
  - 3.3.3　葉緑体　26
  - 3.3.4　小胞体　26
  - 3.3.5　ゴルジ装置（ゴルジ体）　27
- 3.4　細胞骨格　27
  - 3.4.1　アクチンフィラメント　27
  - 3.4.2　微小管　27
  - 3.4.3　中間径フィラメント　28
- 3.5　細胞間結合　28
  - 3.5.1　密着結合　28
  - 3.5.2　固定結合（接着結合，デスモゾーム結合）　28
  - 3.5.3　ギャップ結合　30
- 3.6　細胞外マトリックス　30
  - 3.6.1　線維性タンパク質（コラーゲン，エラスチン）　30
  - 3.6.2　プロテオグリカン　31
  - 3.6.3　細胞接着性糖タンパク質（フィブロネクチン，ラミニン）およびインテグリン　31
- 3.7　動物組織の構造　32
  - 3.7.1　生物の階層性　32
  - 3.7.2　動物組織を形成する細胞の特徴　33

- **4　生命機能維持のためのエネルギー代謝** ―― 36
- 4.1　代謝とは　36
  - 4.1.1　代謝の中心分子：ATP　36
  - 4.1.2　エネルギー獲得の戦略　37
- 4.2　すべての細胞に存在する共通のエネルギー産生システム：解糖系　37
  - 4.2.1　解糖系の 2 つのステージ　37
  - 4.2.2　ピルビン酸代謝による解糖系の持続　38
- 4.3　TCA 回路における NADH 産生：爆発的なエネルギー産生への序曲　39
  - 4.3.1　TCA 回路では NADH がたくさん生じる　39
  - 4.3.2　TCA 回路では別のエネルギー供与体 FADH2 を産生する　39

4.4 電子伝達系と酸化的リン酸化によるATP産生 39
 4.4.1 NADHは高エネルギー電子運搬体 40
 4.4.2 電子伝達系における電子の流れ 41
 4.4.3 電子移動とプロトン輸送 41
 4.4.4 プロトン駆動力によるATP合成（酸化的リン酸化） 42
4.5 光合成とカルビン回路 42
 4.5.1 葉緑体の光合成 42
 4.5.2 4つのステップからなる光合成 42
 4.5.3 クロロフィルによる光エネルギーの吸収と電子伝達 43
 4.5.4 葉緑体の炭素固定：カルビン回路 43

◆ 5 生命の誕生から死まで：生殖，発生と分化，老化と寿命 ——— 45
5.1 生殖と減数分裂 45
 5.1.1 有性生殖と無性生殖 45
 5.1.2 体細胞分裂と減数分裂 45
 5.1.3 配偶子の形成 46
 5.1.4 受精 47
5.2 個体の器官形成，分化 47
 5.2.1 初期発生の概略 47
 5.2.2 卵割 47
 5.2.3 三胚葉形成と原腸胚 47
 5.2.4 誘導，分化，運命拘束 48
 5.2.5 体軸形成 48
5.3 細胞分化と幹細胞 50
5.4 プログラムされた細胞死 50
5.5 老化・寿命 50
 5.5.1 細胞の老化——テロメア 50
 5.5.2 老化・寿命と遺伝子 51

◆ 6 生物の進化 ——— 53
6.1 生命の誕生—自然発生説から微生物の発見まで 53
6.2 化学進化説 53
6.3 新しい化学進化説 54
6.4 原始生物の誕生 54
6.5 真核生物の初期進化と共生説 55
6.6 ミトコンドリア・イブ 56
6.7 生物の多様性 57
6.8 ヘッケルによる発生反復説 58
6.9 脊椎動物のかたちの拘束と進化 60
6.10 相同性を破壊する進化的新機軸 61

◆ 7 遺伝子工学の基礎 ——— 62
7.1 遺伝子工学の利用 62
 7.1.1 遺伝子組換え技術の意義 62
 7.1.2 遺伝子組換え医薬品第1号：ヒト型インスリン製剤 63
 7.1.3 ヒト型インスリン生産に利用される遺伝子工学技術 63
7.2 組換えDNA 65
 7.2.1 組換えDNA法の開発 65
 7.2.2 組換えDNAの危険性 65
7.3 DNA合成反応の原理 66
7.4 逆転写酵素 66
7.5 PCR法による遺伝子増幅 67
7.6 制限酵素とDNAリガーゼ 68
 7.6.1 制限酵素とは 68
 7.6.2 制限酵素によるDNAの切断 69
 7.6.3 DNAリガーゼによるDNAの連結反応 69
7.7 塩基配列決定法（DNAシークエンシング法） 70
7.8 抗体によるタンパク質の検出 71
7.9 組換え遺伝子の細胞内導入 71
7.10 遺伝子組換え・遺伝子改変生物 72
 7.10.1 CRISPR/Cas9による遺伝子ノックアウト 72
 7.10.2 CRISPR/Cas9による遺伝子改変 73
 7.10.3 CRISPR/Cas9によるノックアウトマウスの作製 73
 7.10.4 ゲノム編集の倫理的問題 74
7.11 遺伝子工学から発生・再生医療へ 74

II 応用編1 —生活—

8 食品・医薬品と生物 — 76
8.1 発酵食品　76
　8.1.1 発酵とは　76
　8.1.2 食品分野の微生物　77
　8.1.3 アルコール発酵　77
　8.1.4 アミノ酸発酵　79
　8.1.5 有機酸発酵　81
8.2 遺伝子組換え食品　82
　8.2.1 品種改良と遺伝子組換え　82
　8.2.2 遺伝子組換え作物の開発　83
　8.2.3 遺伝子組換え作物の普及状況　84
　8.2.4 遺伝子組換え食品の表示　85
8.3 医薬品の開発　86
　8.3.1 微生物が生産する医薬品　86
　8.3.2 バイオ医薬品　86

9 環境と生物 — 88
9.1 生態系のしくみ　88
　9.1.1 生態系とは　88
　9.1.2 生物種間の相互関係　88
　9.1.3 食物連鎖と栄養段階　89
9.2 物質循環と生命活動　91
　9.2.1 炭素の循環　91
　9.2.2 窒素の循環　91
9.3 環境汚染と生態系　92
　9.3.1 生物濃縮　92
　9.3.2 富栄養化　93
　9.3.3 自然の浄化機構　93
9.4 生物機能と環境浄化　94
　9.4.1 排水処理技術　94
　9.4.2 土壌浄化技術　95

10 エネルギー資源と生物 — 97
10.1 人類とエネルギーの関わり　97
　10.1.1 現代人のエネルギー消費　97
　10.1.2 化石燃料　97
　10.1.3 再生可能エネルギー　99
10.2 エネルギー資源　100
　10.2.1 化石燃料　100
　10.2.2 メタンハイドレート　101
　10.2.3 ウラン　102
　10.2.4 バイオマス　102
　10.2.5 廃棄物　103
10.3 バイオエネルギーとエネルギー収支, 二酸化炭素収支　103
　10.3.1 液体燃料　103
　10.3.2 気体燃料　104
　10.3.3 バイオ化成品　104
　10.3.4 エネルギー収支　104
　10.3.5 二酸化炭素の収支　105
10.4 まとめ　105

III 応用編2 —医療—

11 先端バイオ計測 — 107
11.1 塩基配列解読装置（シークエンサー）の技術革新　107
　11.1.1 次世代（第2世代）シークエンサーによる高速ゲノム配列決定　107
　11.1.2 第3, 第4世代シークエンサーによる長鎖DNA配列の解読　108
11.2 マイクロアレイ技術による生体分子の計測　109
　11.2.1 DNAマイクロアレイ　109
　11.2.2 タンパク質マイクロアレイ　110
　11.2.3 細胞マイクロアレイ　110
11.3 微量分析のための先端技術開発　110
　11.3.1 マイクロ流体デバイス技術　110
　11.3.2 DNA分子のデジタル計測・定量技術　112
　11.3.3 単一細胞分取と解析　112
11.4 おわりに　113

12 生命科学と医療 — 114
12.1 疾患　114
　12.1.1 死亡原因　114

12.1.2　がん　114
　　12.1.3　循環器系障害　117
　　12.1.4　感染症　118
　12.2　生命科学の最先端　120
　　12.2.1　移植医療　120
　　12.2.2　人工臓器　121
　　12.2.3　再生医学　122
　　12.2.4　遺伝子治療　123
　12.3　死と生　124

13　ゲノム科学と医療 ── 126
　13.1　ヒトゲノム計画　126
　13.2　ヒトゲノムの概要　127
　　13.2.1　ヒトゲノムの構成　128
　　13.2.2　ゲノムの中の遺伝情報　128
　　13.2.3　タンパク質に翻訳されない遺伝子　129
　13.3　比較ゲノミクス　129
　13.4　ゲノムと個別化医療　130
　　13.4.1　ゲノムの多様性　130
　　13.4.2　トランスクリプトーム　131
　　13.4.3　プロテオーム　132
　13.5　生物が多様であること　133
　13.6　パーソナルゲノムと情報解析　133
　　13.6.1　疾患関連遺伝子の探索　134
　　13.6.2　パーソナルゲノムを用いた疾患リスク予測　135
　　13.6.3　機械学習技術への期待と課題　135
　13.7　パーソナルゲノムと倫理　137

14　先端バイオテクノロジーによる医薬品・再生医療等製品・医療機器の開発 ── 139
　14.1　先端バイオテクノロジーによる医薬品の開発　139
　　14.1.1　低分子医薬品とゲノム創薬　139
　　14.1.2　組換えDNA技術を用いるタンパク質製剤　140
　　14.1.3　再生医療等製品による細胞治療や再生医療　142
　　14.1.4　遺伝子治療製品と核酸医薬品　143
　　14.1.5　バイオ医薬品の意義と安全性　144
　14.2　ドラッグデリバリーシステム　144
　　14.2.1　ドラッグデリバリーシステムの概念　144
　　14.2.2　ナノメディシンによる戦略　144
　　14.2.3　ターゲティング　145
　　14.2.4　コントロールドリリース　146
　14.3　医療機器とバイオマテリアル　147
　　14.3.1　医療機器の分類と安全性　147
　　14.3.2　血液接触型・埋込み型のバイオマテリアルの設計　148

索　引 ── 151

コラム一覧

ウイルスは生物とは呼べない　9
男が病弱なのは遺伝のせい　21
細胞を培養する材料の硬さ・軟らかさが幹細胞の運命を左右する　35
がん細胞は，酸素が嫌い？？　44
体細胞クローンとリプログラミング　51
脊椎動物の祖先は？　61
白鳥の首フラスコ実験　77
プロバイオティクス　82
生態系と医薬品の発見　89
深海熱水噴出孔周辺の生態系　90
窒素循環を担う新たな細菌アナモックスの発見　92
リンを除去する細菌　95
小さな生き物の大きな仕事　99
地球温暖化と酸性雨　100
金属資源と微生物　101
バイオマスは発電に向いているか？　102
水素エネルギー社会　105
タバコとがん　125
21番染色体の解読　127
遺伝子情報をもとに投薬　131
ファージディスプレイ法による医薬品開発　149

Ⅰ 基礎編

1 生命と生命科学

本章では，生命とは何かについて触れつつ，分子，細胞，臓器，個体レベルで扱う生命科学の学問について考えていく．

1.1 生命とは何か

一般に，「生命とは何か？」と考えたとき，以下の2つの側面から考えることができる．一つは生物が生物として自己を維持，増殖，外界と隔離する活動の総称のことを指し，これは恒常性の維持と，次世代への性質継承といった保守的な面を表しているものである．もう一つは生物が生物として自己を変化させ発展させる活動の総称のことを指し，自己能力の発展や進化といったいわば革新的な面を表しているものである．これらの見方には自然科学的視点と人文社会学的視点が混在している．本書は生物学の視点から生物を捉える立場で生命を考えていく（図1.1）．

1.1.1 生物の分類

生物学とは，自然科学的な視点に立脚した学問として生命活動をとらえたものといえる．生物は多様であり，いろいろな生物が存在する．初期の生物学は博物学，生態学，分類学，行動学といった記載的な学問として発展してきた．図1.2はこれまでに一般的に認められている生物の分類である．1990年にアメリカのウーズ（C.R. Woese）がrRNAの解析に基づき，界よりも上位の階級として3つのドメインを置き，原生動物，菌，植物，動物を真核生物として1つのドメインとし，モネラ界をさらに2つのドメイン（真正細菌，古細菌）に分けるという，3ドメイン説を提唱し，これが現在主流になっている．3ドメインの下位の界をさらに細かく見ていくと，以下のような分類となる．

① モネラ界（単細胞生物）：原核生物（大腸菌など細菌類，藍藻類），真正細菌，古細菌に分類
② 原生生物界（単細胞生物）：アメーバ，ミドリムシなど
③ 菌界（多細胞生物）：酵母菌，粘菌類，キノコなど担子菌類，カビなど子嚢菌類など
④ 植物界（多細胞生物）：海藻，コケ，シダ，種子植物（ヒマワリなど被子植物，イチョウなど裸子

生命とは，生物が生物として自己を維持，増殖，外界と隔離する活動の総称

 恒常性の維持
次世代への性質継承 保守的

生命とは，生物が生物として自己を変化させ発展させる活動の総称

 自己能力の発展進化 革新的

図1.1 生命とは何か

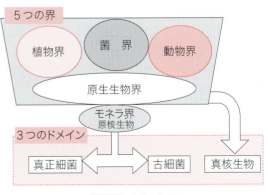

図1.2 生物の分類

植物）など
⑤ 動物界（多細胞生物）：エビや昆虫など節足動物，イカなど軟体動物，ゴカイなど環形動物，魚類，両生類，爬虫類，鳥類，哺乳類などの脊椎動物など

1.1.2 生命とは何か：細胞に立脚した視点

現在の生物学の視点から捉えると，生命・生物がもつ性質として，以下の3つがあげられる．
① 外界および細胞内を明確に区別する単位膜系を有する．
② 自己を複製する能力を有する．
③ 外界と相互作用する．

この考え方に基づくと，生物の最小機能単位として細胞があげられる．古くは顕微鏡での観察からこの細胞説が唱えられてきた．細胞は外界から明確に区別されていることと，生命活動に不可欠な高分子化合物を含むため，生物の最小機能単位と考えられている．その細胞に共通している性質は次のようにまとめることができる．
① タンパク質が細胞の構造と機能を担う単位となる．
② タンパク質の構造は遺伝子により決定する．
③ 遺伝子とタンパク質の仲介にRNAが重要な働きをする．
④ DNAは複製されて次世代に伝えられる．
⑤ 栄養源を摂取して，エネルギー源としてアデノシン三リン酸（ATP）をつくる．
⑥ 細胞の周囲は細胞膜でつつまれている．詳細は以後順次説明していく．

1.1.3 生物の階層性

図1.3は生物の階層性を示したものである．ここでは細胞から上位についてみていく．細胞がいくつも集まってそれが集団として役割をもつようになると，組織と呼ばれるようになる（例えば，心筋）．また，組織が集まって器官（例えば，心臓）となり，個体の中で固有の重要な役割（心臓の場合，血液を全身に循環させること）をもって働くようになっていく．本書での中心になる領域は，分子生物学，細胞生物学であるが，個々の階層を詳しく学ぶことも重要である．各階層は相互に関連しあっているので，全体を俯瞰して生物を考えていくことも重要になってくる．

1.1.4 分子生物学とは

すべての生物は遺伝子に書かれてある設計図を基に

図1.3　生物の階層性

誕生し，生命活動を行っている．遺伝子の情報を担っているのがデオキシリボ核酸（DNA）である．DNAはアデニン（A），シトシン（C），グアニン（G），チミン（T）という4つの塩基と，デオキシリボース（糖）とリン酸から構成されている．DNAは二重らせん構造をとり，折りたたまれて細胞内に存在している（詳細は第2章参照）．1950年代にワトソンとクリックがこのDNAの二重らせん構造を明らかにしたことによって，生物の生命活動を細胞の構成要素（DNA，タンパク質等まで）にまで還元して説明する学問である分子生物学が誕生した．これにより，生物活動の基本過程が次々と明らかになり，生物学だけではなく，医学，農学，薬学，物理学，化学などの学問分野や，社会に対して絶大な影響を及ぼしている．本書では，ほ乳類だけでなく幅広い生命体の活動，遺伝子改変生物の現状と未来，ならびに最先端医療の基盤を支える最新科学テクノロジーの基礎を分子生物学，細胞生物学の側面からみていく．

細胞のもつすべてのDNAをゲノムと呼ぶ．すなわ

本書で扱う生命科学関連トピックス
- 地球温暖化，化石燃料，バイオマスエネルギー
- 臓器移植，組織再生医学，ES細胞，iPS細胞
- エイズ，遺伝子組換えタンパク質製剤，遺伝子組換え作物，遺伝子治療，遺伝子診断

ち，ゲノムはその生物のもつすべての遺伝子のことである．このゲノムの情報は4つの塩基の並び方で決定され，親から子へと受け継がれていくものなのである．ヒトの生命の設計図と呼ばれるゲノムの塩基配列は，現在ではゲノムプロジェクトによってすべて解読されている．

1.1.5 DNAからタンパク質

タンパク質は身近な言葉ではあるが，どこでどのような働きをしているのか，あまり知られていないかもしれない．タンパク質は生物の体中に存在している機能分子である．例えば，ヒトの腕の筋肉から出発して，どんどん細かく見ていくことを繰り返していくと，最終的にタンパク質に行き着く．筋肉の大きさは数cm単位で表せるが，タンパク質の大きさは10 nm（ナノメートル）の単位であり，非常に小さいものなのである．逆にタンパク質から筋肉までさかのぼっていくと，1 mmに10万個入るタンパク質が数cmの大きさである筋肉を形づくっていく．

このようにタンパク質はヒトの身体のいたるところに存在し，タンパク質よりも少し大きな集まりで，生命の基本単位である「細胞」としてまとまっている．つまり，タンパク質は細胞を組み立てる素材ということになる．また同じ体でも別の組織である，筋肉の細胞と脳内にある神経細胞の働きはまったく異なる．これは，それぞれの組織で働いているタンパク質が異なっているためなのである．タンパク質は細胞を組み立てる素材であると同時に細胞の機能を担う装置でもあるといえる．

では，なぜ細胞によってできあがるタンパク質の種類が異なってくるのであろうか？　その情報が書きこまれているのがDNAなのである．すべての生物で遺伝情報の利用方法は共通であり，これは「分子生物学のセントラルドグマ」（図1.4）と呼ばれている．

遺伝情報は細胞が分裂する際に細胞から細胞へと伝えられる．この際，遺伝情報を担う分子のDNAが2倍になるように複製されて各細胞に伝達される．前述したようにDNAは二重らせん構造をとっているが，複製の際には元になるそれぞれの鎖を鋳型として使って新しい鎖を合成する．これにより，元の二本鎖DNAと同じ情報を持った新しいDNAが2つできることになる．このようなDNAの複製方法のことを，半保存的複製という．

次に，DNAからタンパク質への情報の伝達について説明していく．図に示すように，RNAポリメラーゼと呼ばれるタンパク質がDNAの情報をRNAという別の物質に変換（転写）している．核酸の糖の構成部分がデオキシリボースでできたものをDNA，リボースでできたものをRNAという．DNAのRNAへの転写に引き続いて，リボソームと呼ばれるRNAとタンパク質の複合体で，遺伝情報を含んでいる転写されたRNAからタンパク質が合成される．こうしてできあがるタンパク質は，約20種類のアミノ酸からなる生体高分子であり，このうち，物質変換の反応に関わるタンパク質のことを特に酵素と呼ぶ．

以上のように生物はその生命活動を最小の機能分子であるタンパク質の働きによって行っている．言い換えれば，タンパク質の作用そのものが生命活動といっても過言ではない．DNAはこのタンパク質の情報の設計図なのである．

1.1.6 タンパク質は細胞機能を担う

このようなメカニズムで合成されたタンパク質は，生命の最小単位である細胞を構成し，その機能を決定している．ヒトを含む真核生物では，細胞は細胞膜によって外界と隔てられている．また，細胞内にも膜によって仕切られたオルガネラと呼ばれる細胞内小器官が存在している．細胞の形を維持しているのもロープやモーターの役割を果たしている細胞骨格を構成しているタンパク質なのである．タンパク質が重合した繊維が縦横に伸び，細胞の強度を上げたり，細胞の運動を助けたりしている．また，細胞骨格に守られた細胞内空間には，細胞内液が満たされており，ここにもたくさんのタンパク質が詰め込まれていて，細胞が生きていくために使われるエネルギーのもととなるATPをつくり出したり，細胞が増殖するための細胞分裂を調整したりしている．さらに，必要なものを細胞内の正しい場所に運ぶタンパク質も存在している．このように，タンパク質は細胞を構成するにとどまらない，生体内での役割は化学反応を円滑に進めるための酵素，

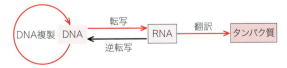

図1.4　分子生物学のセントラルドグマ

調節機能を果たすホルモン，標的分子を認識する受容体や能動輸送などの多彩な機能をもつ生体の機能分子なのである．

1.2　生体を構成する三大生体高分子

生体の主要四大成分といわれるのがタンパク質，核酸，糖類，脂質である．その中でもいくつかの構成単位が重合し高分子化合物となって生体活動を維持するために重要な機能を担っているのが，三大生体高分子であるタンパク質，核酸，糖類である．タンパク質，核酸，糖類は，アミノ酸，ヌクレオチド，単糖がそれぞれペプチド結合，ホスホジエステル結合，グリコシド結合で連結し，安定した構造を維持している（図1.5）．核酸については2章で説明するので，本節ではタンパク質と糖類について説明する．

1.2.1　生体を構成する物質：タンパク質

a．タンパク質の構造

タンパク質は20種類のアミノ酸が，カルボキシル基のOHとアミノ基のHが脱離して形成するペプチド結合により繋がって構成される．アミノ酸は，中心炭素原子に水素原子，アミノ基（$-NH_2$），カルボキシル基（-COOH），およびアミノ酸の性質を決定する側鎖（-R）が結合している有機分子である．中心炭素原子に結合する4つの官能基がすべて異なるときには，その炭素原子を不斉炭素と呼ぶ．不斉炭素を有するアミノ酸は互いに実像と鏡像(実像を鏡に映した像)の関係となり，互いに重なり合わない立体構造をもつ2種類の物質（D型とL型）として存在することができる．これをキラリティ（掌性，あるいは左右性）というが，D型とL型とでまったく異なった生理活性を示すことがあるということに注意されたい．20種のアミノ酸の中で側鎖が水素原子であるグリシン以外のアミノ酸はキラリティを有している．

アミノ酸配列を一次構造と呼ぶ．それぞれの種によって一次構造は変わらないが，異なった種の場合，同じような機能を有しているタンパク質であっても異なった一次構造をもつことが知られている．異なった配列の部分が種の個性を，同じ配列の部分が種の間で保存されている性質を発現させ，後者がタンパク質の機能を発現する上で核となる配列と考えることもできる．また，タンパク質の機能性発現に最も重要な構造は二次構造と呼ばれている立体構造であり，図1.6に示したらせん状のα-ヘリックスとシート状のβ-シートが知られている．

α-ヘリックスはn番目のアミノ酸のN-H基と（n

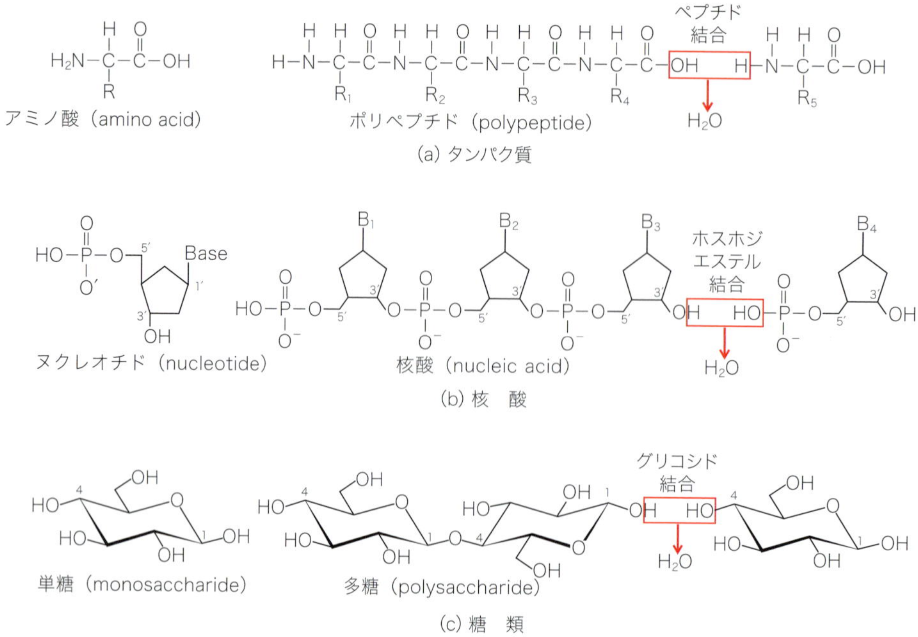

図1.5　三大生体高分子

1.2 生体を構成する三大生体高分子　5

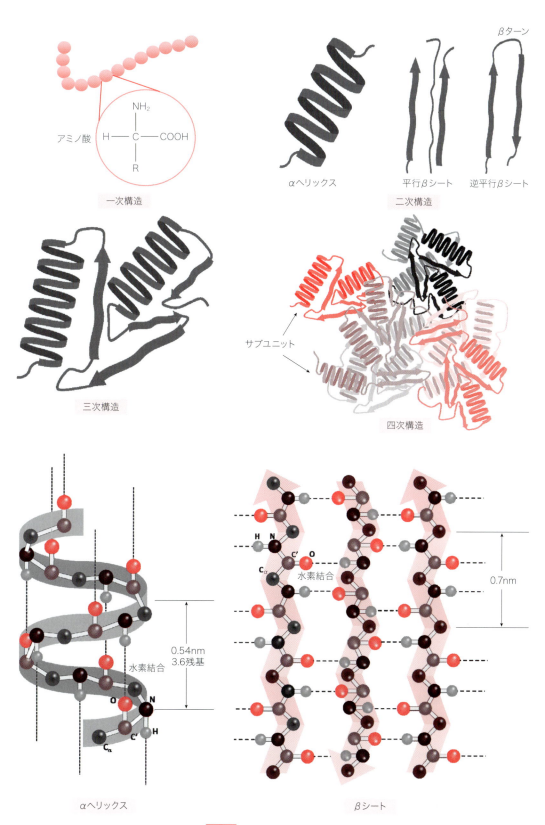

図1.6　タンパクの階層構造

+4) 番目のアミノ酸のC=O基の水素結合によりらせん構造が形成され，らせん1ターンで3.6個のアミノ酸残基を含んでいる．アミノ酸1残基あたりの上昇距離は1.5Åであるので，1ターンは5.4Åに相当することになる．

β-シートは，連続したポリペプチド鎖から形成されるα-ヘリックスとは異なり，いくつかの領域のポリペプチド鎖がN-H基とC=O基との水素結合によって組み合わさって形成され，並行（N末端からC末端への方向が同一）あるいは逆並行の伸びきった構造をとる．ポリペプチド鎖の方向を反転させる二次構造の部分をβ-ターンあるいはヘアピンターンと呼ぶ．

α-ヘリックスやβ-シートが水素結合，疎水結合，ジスフィルド結合などによりさらに折りたたまれた構造の形態を三次構造と呼び，超二次構造（モチーフ）や複数のモチーフからつくられるドメイン構造がある．さらに，複数のタンパク質がからみ合い高次構造を保って機能を発現することもあり，それぞれのタンパク質をサブユニットと呼ぶ．このサブユニットからなる構造を四次構造と呼び，2つのサブユニットから成る場合をダイマー，3つの場合にはトリマーと呼ぶ．タンパク質はドメインやサブユニットから構成されており，それら高次構造を維持してその機能を発現している．したがって，高次構造の核となる構造が一部変化したり，壊れたりすると，タンパク質は本来の機能を発現しなくなるわけである．

生体内のタンパク質を構成するアミノ酸はすべてL型であるが，なぜ，一方のキラリティのみで構成されるに至ったのか未だ解明されていない．

▶ b. タンパク質を構成する20種類のアミノ酸

20種のアミノ酸はヒトがそのアミノ酸を体内で合成できるか，あるいは合成できず外部から摂取する必要があるかということで，それぞれ非必須アミノ酸あるいは必須アミノ酸と呼ぶ．アミノ酸は側鎖の構造の違いによって性質が異なり，水に親和性があるかないかで，親水性アミノ酸と疎水性アミノ酸に分けることができる（図1.7）．疎水性アミノ酸は疎水性物質，例えば，脂質や疎水性アミノ酸同士とで結合することができ，その結合を疎水結合と呼ぶ．親水性アミノ酸はさらに，正の電荷をもつ塩基性アミノ酸，負の電荷をもつ酸性アミノ酸，非電荷の極性アミノ酸に分けることができる．また，非電荷型極性アミノ酸と疎水性アミノ酸を中性アミノ酸と呼ぶ場合もある．側鎖にイオウ（S）をもつシステインはジスフィルド結合を形成し高次構造の安定化に寄与し，イミノ酸をもつプロリンは構造の自由度が少ないため曲がり方が制限されるということが知られている．

アミノ酸残基は様々な修飾を受ける．特に，アミノ酸のリン酸化は重要である．例えば，セリン，トレオニン，チロシンのリン酸化は，生体内のシグナル伝達や酵素の活性調節の機構において重要な役割を果たすことが知られている．

1.2.2 生体を構成する物質：糖類（糖質）

▶ a. 糖類の構造と構成要素

糖類は単糖がグリコシド結合したものである．図1.8に代表的な糖類を示す．単糖が2つ結合したものを二糖，多数結合したものを多糖，その中間をオリゴ糖（3〜10残基）と呼ぶ．

典型的な単糖であるブドウ糖（グルコース）は，炭素と酸素がそれぞれ6個と水素が12個からなっているが，6個の炭素と6個の水分子からなっているともいえる（炭水化物）．ここで，便利なために，構成炭素を図1.8（a）のように1〜6の番号を付けて表す．図のようにC_1にHとOHがついている場合をα-グルコースといい，HとOHを入れ替えると，β-グルコースと呼び，それらα型とβ型はアノマーといわれる．また，C_2およびC_4のHとOHを入れ替えると，異なった性質を示す単糖となり，それぞれマンノースとガラクトースと呼ぶ．

単糖はグリコシド結合を形成できるOH基を3つ以上の複数もっているので，そのため二糖，オリゴ糖，多糖は複雑な立体構造をとるときもあり，多様性を示す．すなわち，異なった単糖の異なった位置のOHがグリコシド結合することができるので，結合の仕方は多様となる．構成物質となる単糖の結合の多様性は厖大な種類の糖類を生み出すことを意味している．また，糖類はOH基を多くもつため，通常，親水性を示す．

▶ b. 多様な性質と表面の糖修飾

糖類はエネルギー源である．動物ではグリコーゲン，植物ではデンプンという貯蔵物質からグルコースに分解され，解糖系，クエン酸回路，および電子伝達系を経て，ATPが合成される．

エネルギー源としての糖類や植物細胞の細胞壁を構成する多糖（セルロース）の場合を除けば，生体内の糖類のほとんどがタンパク質や脂質と結合した形（複合糖質）で存在する．それぞれ糖タンパク質，糖脂質と呼び，複合糖質に結合している糖類を糖鎖という．

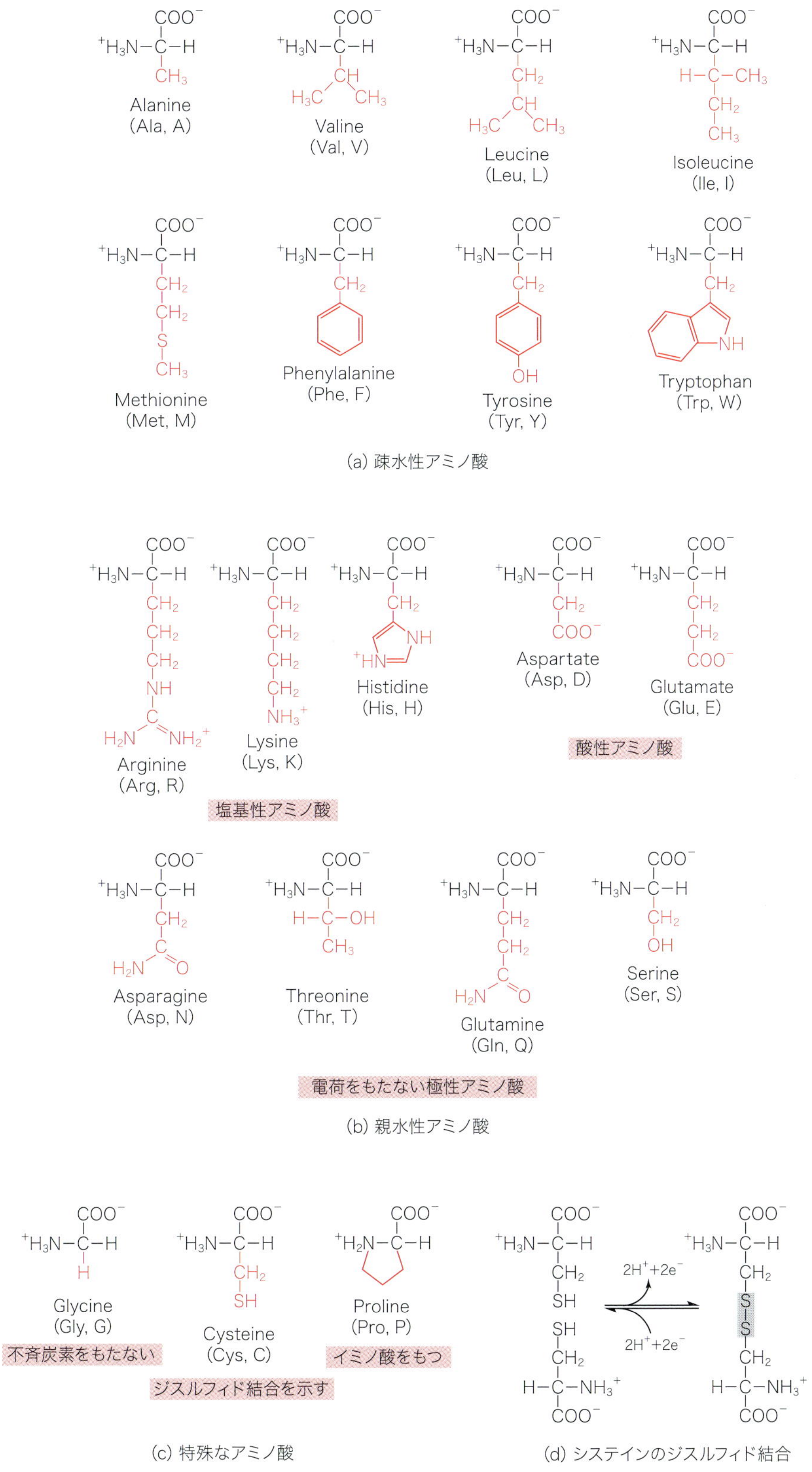

(a) 疎水性アミノ酸

(b) 親水性アミノ酸

(c) 特殊なアミノ酸　　(d) システインのジスルフィド結合

図1.7　タンパク質を構成する20種類のアミノ酸

(a) 単糖：グルコース（ブドウ糖）

(b) 二糖：マルトース（麦芽糖）

(c) 多糖：アミロース（デンプン）とセルロース

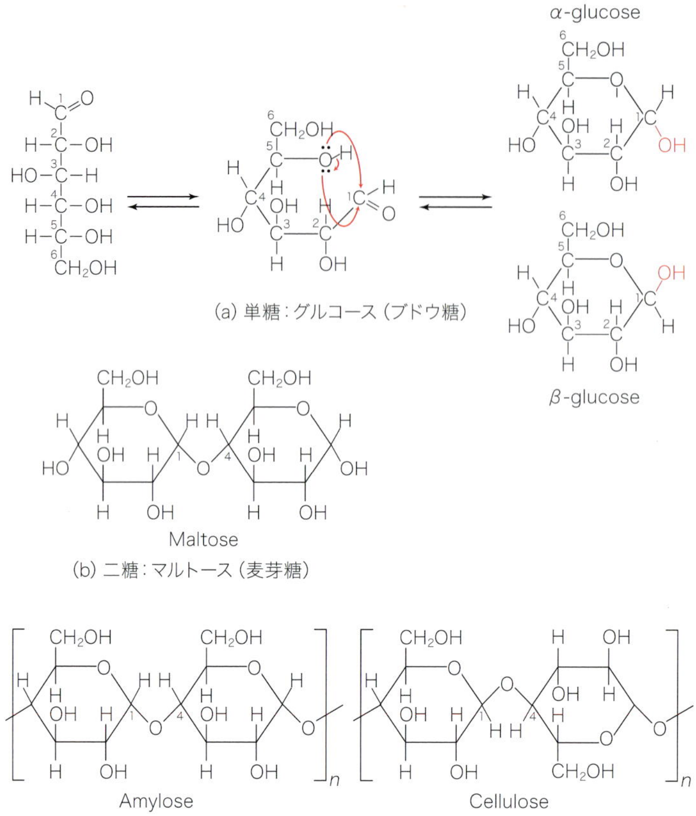

図 1.8　生体を構成する物質：糖類

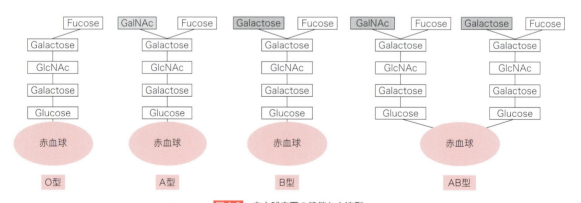

図 1.9　赤血球表面の糖鎖と血液型

各血液型にはＨ型物質と呼ばれる，GlcNAc（N-アセチルグルコサミン）・ガラクトース・フコースの糖鎖が表面に出ている．Ｈ型物質のみの場合はＯ型，GalNAc（N-アセチルガラクトサミン）も付いている場合はＡ型，ガラクトースも付いている場合はＢ型，GalNAc とガラクトースがＨ型物質にそれぞれ付いている糖鎖がともに付いている場合は AB 型となる．

糖タンパク質の場合，タンパク質の結合部位はセリンやトレオニンの OH 基，アスパラギンの側鎖に結合する．糖脂質の，脂質のほとんどがスフィンゴ脂質と呼ばれるものである．糖鎖の生合成は細胞内の小胞体やゴルジ体で起きている．

糖類は糖鎖構造に由来した種々の生理的性質を発現する．例えば，グルコースでは，α-グルコースの C_1 と C_4 とでグルコシド結合（α-1,4 結合）した二糖で

> **COLUMN**
>
> ● ウイルスは生物とは呼べない ●
>
> ウイルスは，他の生物の細胞を利用して，自己を複製させることのできる微小な構造体で，タンパク質の殻とその内部に詰め込まれた核酸からなる．1935年にスタンレーがタバコモザイクウイルスの結晶化に成功してその実態が明らかになった．ウイルスは一般にDNAあるいはRNA，一本鎖，二本鎖，直線状，環状など様々な形の核酸をもつが，粒子内にはどちらか1つが基本（HBVは例外）である．また，遺伝子の種類は100以下である．動物，植物に感染するものと区別して，細菌に感染するものをバクテリオファージと呼んでいる．ウイルスは以下の2つの点で生命・生物がもつ性質に反することから，生物とはいえない．
> ① ウイルスは単独では増殖できない．他の細胞に寄生したときのみ増殖できる．
> ② ウイルスは自分自身でエネルギーを産生しない．宿主細胞のつくるエネルギーを利用する．

あるマルトースは大変甘いが，β-グルコースのβ-1,4グルコシド結合したセロビオースの甘さは弱い．さらに，α-1,6グルコシド結合したイソマルトースは甘いが，β-1,6グルコシド結合したゲンチオビオースは苦い．αとβとで大きく生理活性作用が異なる．さらに，赤血球表面の糖鎖（抗原決定基）の違いは，血液型の違いとしてよく知られている（図1.9）．

また，ヒトの細胞では，細胞膜上のタンパク質や脂質が糖鎖で修飾され，細胞表面は糖鎖で被われている．糖鎖の末端にはシアル酸というマイナスの電荷を持った糖が結合している．これら糖鎖は病原菌またはウイルスなどの受容体や細胞接着のリガンドとして機能することがあり，例えば，インフルエンザや大腸菌O157などの受容体になることが知られている．これらのウイルスや細菌は，細胞表面の糖鎖に結合し，細胞内へ進入する．

1.2.1a.において，生体内のタンパク質を構成するアミノ酸はL型のみであると述べたが，水晶体中のタンパク質であるクリスタリンのアスパラギン酸残基が加齢とともに異性化してD型となり，それが白内障を引き起こすことが知られている．さらに，生体内の遊離アミノ酸，とくにD型セリンは脳内や脊髄の神経系において重要な役割を果たし，統合失調症や筋萎縮性側索硬化症の発症との関係も指摘されている．このように，近年，キラル液体クロマトグラフィーによる超精密分析技術の開発と相まって生体内のD型アミノ酸の研究が急速に進展している．

■ 参考文献

1. Alberts, B. ほか著，中村桂子・松原謙一監訳：細胞の分子生物学第6版，ニュートンプレス，2017．
2. Lodish, H. ほか著，石浦章一ほか訳：分子細胞生物学第7版，東京化学同人，2016．
3. 油谷浩幸ほか著，柳田充弘・佐藤文彦・石川冬木編：生命科学，東京化学同人，2004．
4. 相本三郎・赤路健一著：生体分子の化学，化学同人，2001．
5. Petsko, A., Ringe, D. 著，横山茂之監訳，宮島郁子訳：タンパク質の構造と機能，メディカル・サイエンス・インターナショナル，2005．
6. Branden, C., Tooze, J. 著，勝部幸輝・竹中章郎・福山恵一・松原 央監訳：タンパク質の構造入門第2版，ニュートンプレス，2000．
7. 池北雅彦ほか：糖鎖学概論，丸善，1997．
8. Brückner, H., Fujii, N. 著：D-Amino Acids in Chemistry, Life Sciences, and Biotechnology, Wiley，2011．
9. Yoshimura, T., Nishikawa, T., Hommma, H. 著：D-Amino Acids; Physiology, Metabolism, and Application, Springer，2016．

◇ 演習問題

問1 原核生物と真核生物の違いを述べよ．

問2 セントラルドグマについて説明せよ．

問3 デンプンに含まれるアミロースとアミロペクチンの分子構造と性質の違いを述べよ．

問4 コラーゲンのいくつかの性質（機能）を示し，それを生み出す分子構造や高次構造の特徴を述べよ．

問5 ヒト血清アルブミン（HSA）とウシ血清アルブミン（BSA）の分子構造，高次構造，及び生化学的性質の特徴を述べよ．

2 遺伝と遺伝物質

遺伝とは，生物のもつ性質が親から子へと受け継がれていく全生物に起こる普遍的な現象である．古代ギリシア時代においても，アリストテレスが遺伝現象について言及していたという．しかしながら，遺伝の基本法則が明らかとなったのは 19 世紀半ばのことである．遺伝形質（親から子へ伝わる性質）を伝える因子を遺伝子と呼ぶようになったが，遺伝子の実体が DNA であることが証明されるまでにはさらに約 100 年の年月を要したのである（表 2.1）．

2.1 遺伝学の歴史

2.1.1 メンデルの法則

メンデル（G. J. Mendel）は，エンドウの交雑を繰り返すうちに，親の特徴が雑種の子孫に再び現れるときに見られる規則性を見出した．それまでは，遺伝物質は液体のようなものであり，両親から適量が混ざり合って子に受け継がれると考えられていた．しかし，メンデルは，遺伝という現象も何か粒子的なふるまいにより形質が決まるのではないかという仮説を立てた．エンドウを自家受精することで，子孫に異なる形質が現れない安定した系統（純系）を作製し，その中でも個体間で明確な形質を選定した．最終的には，種子の色（黄／緑）や形（丸／しわ）をはじめ，さやの色や形，花の色やつき方，茎の高さという 7 つの対立する形質（対立形質）をもつ純系のエンドウの種子を使った交雑実験を行い，顕性（優性）の法則，分離の

表 2.1 遺伝子の実体が DNA であると判明するまでの歴史

西暦	科学者名	発見などの事項
1842	カール・ネーゲリ	染色体を発見 1888 年に Chromosom（染色体）と命名
1865	グレゴール・メンデル	遺伝の基本法則（顕性，分離，独立の法則）の発見
1869	フリードリッヒ・ミーシャー	白血球から核の成分ヌクレインを分離（核酸の発見）
1900	ユーゴー・ド・フリース，エリック・チェルマク，カール・コレンス	メンデルの法則の再発見
1902	ウォルター・S・サットン	遺伝の染色体説
1910	トーマス・ハント・モーガン	伴性遺伝の発見
1926	フレデリック・グリフィス	肺炎双球菌の形質転換の発見
1944	オズワルド・セオドア・アベリー	肺炎双球菌の形質転換を担う遺伝子の実体が DNA であることを実験的に証明する
1946	エルヴィン・シャルガフ	クロマトグラフィー法を用いた DNA の塩基分析
1952	アルフレッド・ハーシー，マーサ・チェイス	DNA が遺伝子であることを証明
1953	ロザリンド・フランクリン，モーリス・ウィルキンス	X 線回折解析による DNA の構造解明
1953	フランシス・クリック，ジェームズ・ワトソン	DNA の二重らせん構造モデルの発表

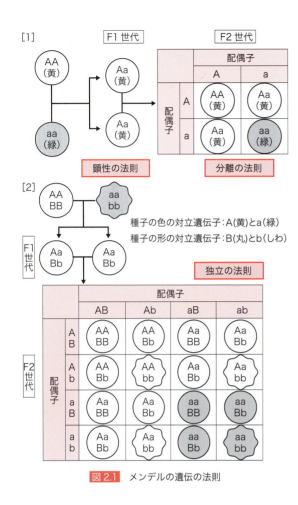

図 2.1 メンデルの遺伝の法則

法則, 独立の法則といった遺伝に関わる3つの法則を発見した（図 2.1）. メンデルは, 1つの個体は, 1つの形質について両親から1つずつの対立遺伝子をもらい受けており, 合計で2セットの対立遺伝子をもつと考えた. この時点では遺伝子の実体が何であるかは分かっていなかったが, 遺伝を支配する因子を A, B, a, b, といった単純な記号で表記する方法を使って, 次に示す3つの遺伝法則を明快に説明している.

▶ **a. 顕性の法則（優性の法則）**

まず, 対立形質をもつ純系個体を交雑すると, 片方の親の形質だけが子に現れるという顕性の法則について述べる. 例えば, 種子の色が黄色となる純系がもつ遺伝子型を AA と記載し（顕性のホモ接合体という）, 緑色となる純系がもつ遺伝子型を aa と記載（潜性のホモ接合体）することにする（図 2.1 [1]）. これら2種類を交雑してできる F1 世代（雑種第1世代 first filial generation）では, すべてが黄色の種子となった. F1 世代は, 両親から遺伝子を1つずつ受け継いだと

考えると, 遺伝子型は Aa（ヘテロ接合体という）となる. このとき, 子に現れた形質（表現型）を顕性（優性）形質, 現れなかった形質を潜性（劣性）形質という. F1 世代の遺伝子型 Aa は黄色であったことから, A が示す黄色が顕性形質, a が示す緑色が潜性形質となる. メンデルは, 顕性の形質を与える遺伝子を大文字で, 潜性の形質を与える遺伝子を小文字で表記している.

なお, 遺伝子の表現型の現れ方を示す用語として従来は優性（dominant）と劣性（recessive）という訳語が用いられてきた. しかし, それぞれの形質が優れている・劣っているという意味だとの誤解を招き差別的なイメージを与えるとの懸念から, 近年は優性のかわりに顕性, 劣性のかわりに潜性を用いることが推奨されている.

▶ **b. 分離の法則**

両親がもつ2セットの対立遺伝子は, 配偶子（花粉あるいは精子, 卵細胞など）をつくる際に, 2個の対立遺伝子を同じ比率で分離して片方のみを1個の配偶子に受け継がせている. これを分離の法則と呼ぶ. 例えば, F1 世代の Aa という遺伝子型をもつ黄色の種子のエンドウを自家受粉すると, F2 世代（雑種第2世代）の遺伝子型は AA : Aa : aa = 1 : 2 : 1 になる（図 2.1 [1]）. このとき, 表現型である種子の色が黄色 : 緑色 = 3 : 1 となることは, 顕性の法則で説明がつく. つまり, 受粉の際に, 遺伝子は混ざり合うのではなく, それぞれ配偶子に分かれて格納され, それが子に伝わるという粒子のような性質をもつことを見出した.

▶ **c. 独立の法則**

別々の形質を決定する対立遺伝子は, 互いに関係することなく, 独立して遺伝する. これを独立の法則という. 例えば, 種子の色（対立遺伝子：A と a）と形（対立遺伝子：B と b）の2つの形質について着目する（図 2.1 [2]）. 黄色で丸い種子をもつ純系（AA/BB）と, 緑色でしわのある種子をもつ純系（aa/bb）を交雑した F1 世代をさらに自家受粉すると, 表現型が黄・丸 : 緑・丸 : 黄・しわ : 緑・しわ = 9 : 3 : 3 : 1 の割合となった. これを種子の色または形だけで整理すると, 黄 : 緑 = 3 : 1, 同様に丸 : しわ = 3 : 1 となった. つまり, 種子の色および種子の形を決定する対立遺伝子は連動して配偶子に配られるのではなく, 互いに関係することなく独立して配偶子に分配されることがわかった. これを分離の法則とよぶ.

しかしながら, 発表当時, メンデルの研究成果に反

響は全くなく，1900年にド・フリース（H. M. de Vries），コレンス（C. E. Correns），チェルマク（E. von Tschermak）がこれらを再発見したことにより，メンデルの法則と名付けられ今日に至る．

▶ d. 検定交雑

通常，われわれの目にうつるのは個体の表現型であり，その個体がもつ遺伝子型が何であるかまでは判定できない．しかし，メンデルが行ったような交雑実験を行うことで，表現型の遺伝様式から遺伝子型を推定できる．例えば，黄色のエンドウ豆があるとすると，このエンドウの遺伝子型は AA もしくは Aa のどちらかであるが見た目では判別できない．そこで，この遺伝子型がわからない黄色エンドウと，潜性の緑色エンドウ（これは遺伝子型が aa と一義的に決まる）を両親として交雑する（図2.2）．その結果うまれる F1 世代すべての豆について，色の表現型が顕性色（黄色）であるならば，もとの親の遺伝子型は AA であることが判明する．一方，F1 世代の豆の個数比が黄色：緑色＝1：1となった場合，親の遺伝子型は Aa であることが判明する．このように，ある個体の遺伝子型を調べる目的で，潜性のホモ接合体と交雑することを検定交雑という（図2.2）．

2.1.2 | 遺伝の染色体説

1902年，サットン（W. S. Sutton）は染色体を観察しやすいバッタを用いて，配偶子形成の際の細胞分裂（後述する減数分裂）を観察したところ，染色体と呼ばれる物体がメンデルの法則に従うように（粒子的に）分配されていることを見出し，遺伝子が染色体上にあることが明確になってきた．また，モーガン（T. H. Morgan）が，メンデルの法則が再発見されたことを契機に，ショウジョウバエを用いた遺伝学に取り組んでいた．正常型の赤眼のメスと突然変異型の白眼をもつオスを交雑すると，赤眼をもつ個体だけが生まれ，赤眼が白眼に対して顕性であることが示された（図2.3）．ここで得られた赤眼のメスと赤眼のオスを交雑すると，生まれた個体の表現型はメスで全て赤眼であり，オスでは赤眼と白眼が半数ずつとなった．このように，形質の遺伝様式が性別により異なる場合を伴性遺伝という．この現象は，眼の色を決定する遺伝子が，雌雄を決定する性染色体のうち X 染色体上に存在すると考えれば明快に説明できるため，遺伝子の実体が染色体である可能性を強く支持する根拠となった．

2.1.3 | 遺伝子の正体

その後も，遺伝子の実体が DNA であると判明するまでには，多くの重要な実験成果を待たなければなら

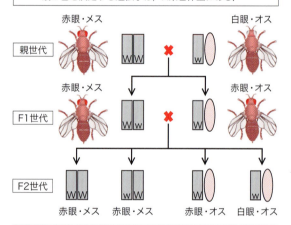

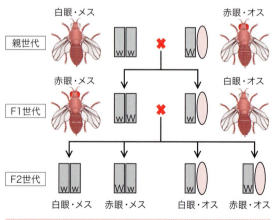

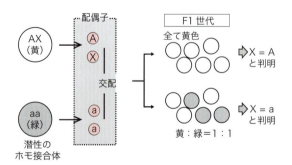

図2.2 検定交雑

図2.3 性染色体と遺伝

なかった．グリフィス（F. Griffith）は，肺炎双球菌のR型無毒株（莢膜非産生菌）の生菌とS型有毒株（莢膜産生菌）を加熱処理した死菌を，各々を単独にマウスに接種してもマウスは肺炎を発症しないが，両者を同時に接種するとマウスは肺炎を発症し死亡する現象を見出した（図2.4）．莢膜とは，免疫反応を媒介する血中タンパク質である補体成分に対する耐性やマクロファージなどの食細胞による貪食に対する細菌がもつ抵抗因子の一つである．このとき，興味深いことに，R型生菌とS型死菌の両者を接種したマウスからは，莢膜を有する生きたS型有毒株が検出された．接種したS型菌は殺菌させていたため，検出されたS型生菌はS型死菌から生じるはずがなく，R型生菌から生じたものとわかった．つまり，S型死菌中の遺伝子がR型生菌中に取り込まれることによりR型からS型へ遺伝形質が変化する現象（形質転換）を実験的に証明した（図2.4）．しかし，このとき遺伝子の実体が何であるかは明らかにすることはできなかった．

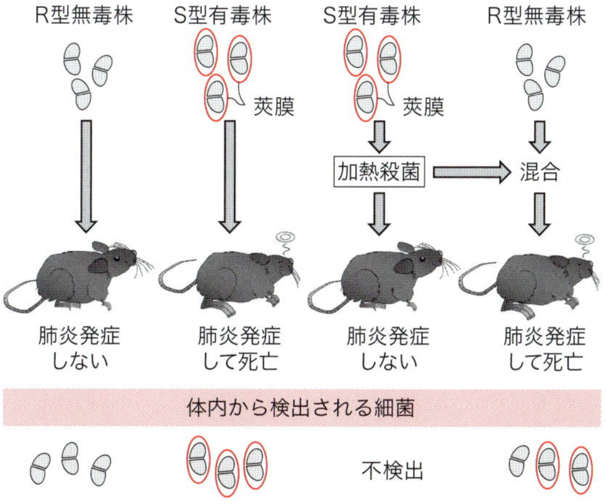

その後，アベリー（O. T. Avery）が，S型有毒株の菌体成分を，タンパク質，脂質，DNA，RNAに分け，DNAだけが形質転換を起こす能力をもつことを示した．しかし，当時の一般的な考え方は染色体上のタンパク質こそが遺伝子であるというものであり，アベリーの結論はすぐに受け入れられなかった．これは，基本単位が4種類であるDNAに対し，20種類のアミノ酸を基本単位とするタンパク質の方が多様な形質を説明できると考えられていたためである．

シャルガフ（E. Chargaff）はその後，生物の種類に関係なく，アデニンとチミン，グアニンとシトシンの量がほぼ1対1の割合であることを見出し，クリック（F. H. C. Crick）とワトソン（J. D. Watson）が発表したDNAの二重らせんモデルの提唱に大きな影響をもたらした．また，ハーシー（A. D. Hershey）とチェイス（M. C. Chase）は，大腸菌を宿主とするウイルスであるバクテリオファージ（T2ファージ）を用いて，形質を伝えるものがタンパク質ではなくDNAであることを明らかにした（図2.5）．T2ファージが大腸菌に感染すると大腸菌内で増殖し，やがて溶菌して子ファージが外に放出される．T2ファージは核酸とタンパク質のみで構成されることから，核酸とタンパク

図2.4 肺炎双球菌の形質転換実験

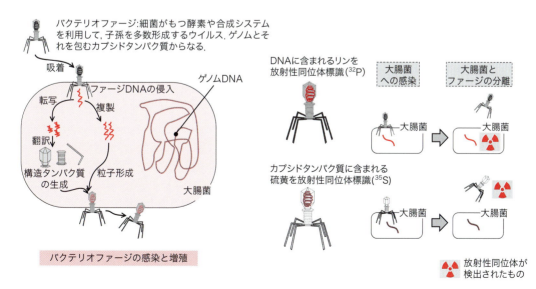

図2.5 ハーシーとチェイスの実験

質のどちらが遺伝子であるか確かめるために，それぞれを放射性同位体（ラジオアイソトープ，RI）によって標識し，放射線がその後どこから検出されるかを追跡した．タンパク質をRI標識したT2ファージを大腸菌に感染させた後に，大腸菌とT2ファージの殻を遠心分離したところ，大腸菌からはRIは検出されなかったのに対し，T2ファージからは放射線が検出された．したがって，T2ファージのタンパク質は大腸菌内に取り込まれていないといえる．他方で，DNAをRI標識した後に遠心分離すると，T2ファージを感染させた大腸菌から放射線が検出されたため，DNAはT2ファージから大腸菌に移動したといえる．これによって，DNAが実際に遺伝子としてふるまうことが実験的に証明されるに至った．

2.1.4 メンデルの法則に従わない遺伝

自然界の中には，上述のメンデルの法則にあてはまらない，あるいは一見するとメンデルの法則では説明できない遺伝様式を示す現象が多くみられる（図2.6）．

▶ **a．不完全顕性**

マルバアサガオには，花の色を赤くする遺伝子（R）と白くする遺伝子（r）があるが，これら対立遺伝子の顕性・潜性の関係が明確ではなく（不完全顕性），遺伝子型Rrでは中間的な表現型（赤と白の中間色であるピンク色）が現れる（中間雑種）（図2.6 a）．顕性の法則があてはまらないが，分離の法則や独立の法則は成立している．

▶ **b．致死遺伝子**

黄色の毛色をもつハツカネズミの遺伝子型はすべてヘテロ接合（Yy）である．黄色遺伝子Yは，毛の色を黒色にする遺伝子yに対して顕性である．体毛が黄色のハツカネズミ同士を交配すると，遺伝子型YYをもつ個体は胎仔のうちに死ぬため，F1世代として産まれる個体の表現型の分離比は黄色：黒色 = 2：1となる（図2.6 b）．黄色遺伝子Yのように，個体の死を引き起こす遺伝子を致死遺伝子という．この例では，遺伝子Yは毛の色に関しては顕性であるものの，致死性に関しては潜性であり，致死となるのはホモ接合体YYの場合のみであることに注意する．

▶ **c．複対立遺伝子**

上述してきたメンデルの法則は対立遺伝子が2つのみ存在するケースであったが，自然界には3つ以上の対立遺伝子が存在するケースがある．これを複対立遺伝子という．アサガオの葉は，並葉（A），立田葉（a），柳葉（a′）という3つの異なる葉形をもつ特徴がある（図2.6 c）．それぞれの葉形を決定する遺伝子の関係は，並葉（A）がすべてに対して顕性であり，柳葉（a′）はすべてに対して潜性であることから，A ＞ a ＞ a′ という関係性がある．

▶ **d．補足遺伝子**

複数の顕性遺伝子が共存してはじめて1つの表現型が現れるケースがある．これを補足遺伝子という．例えば，スイートピーの花に色がつくためには，「色素原」をつくる遺伝子（C）と色素原から紫色素を作る酵素の遺伝子（P）が顕性遺伝子として細胞内に共存する必要がある（図2.6 d）．

▶ **e．抑制遺伝子**

顕性遺伝子をもつ場合でも，この遺伝子の働きを抑制する遺伝子（抑制遺伝子）が存在すると，潜性の表現型として現れることがある．カイコガのマユでは，マユの色を黄色にする遺伝子Yが，遺伝子yに対して顕性である（図2.6 e）．ただし，Y遺伝子の働きを抑える抑制遺伝子Iが存在するマユでは白色となる．一方，顕性遺伝子Yをもち，かつ潜性の抑制遺伝子iをホモで有する（ii）場合のみ，マユは黄色となる．

▶ **f．連鎖**

2対の対立遺伝子が同じ染色体上にある場合は，一般に独立の法則が当てはまらない．メンデルの独立の法則によると，2つの異なる形質（遺伝子AとBにより決まる）の遺伝に着目した場合，遺伝子型AaBbをもつ個体同士を交配すると，次世代の形質はAB：Ab：aB：ab = 9：3：3：1の比で生じるはずである．しかし，実際にはAB：ab = 3：1であってAbとaBの組合せが生じないケースが見つかっている．ここでは，これら2つの形質の遺伝子は独立の法則に従わないといえる．これは，2つの形質を決める遺伝子（AとB）が同一の染色体上にあることが原因だと考えられる．すなわち，同じ染色体の上に2つの遺伝子AとBが存在するならば，その染色体が1個の配偶子に収められるにあたり2つの形質を決める遺伝子が揃って子孫に伝わるので，この現象を説明できる（図2.7）．このとき，2つの遺伝子は連鎖の関係にあるという．2対の対立遺伝子が常に一緒に遺伝する場合は特に完全連鎖という．しかしながら，多くの場合，連鎖は完全ではない．染色体を分けて配偶子に収める減数分裂の際に，両親由来の相同染色体どうしの間で組換えが起き（減数分裂組換え，2.3.2節と5.1.2節参照），その結果として両親の遺伝子を一部交換するような遺

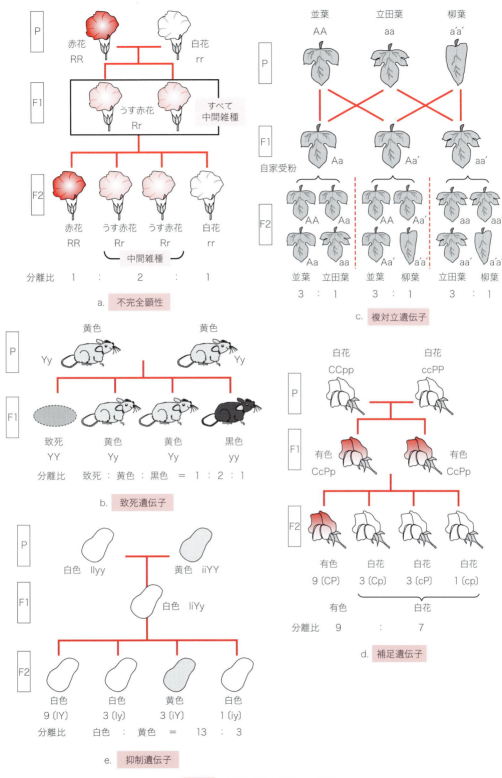

図2.6 自然に見られる様々な遺伝

伝子の乗換えが起きる．遺伝子AおよびBをもつひとつの染色体が，遺伝子aおよびbをもつ相同染色体と組換えた結果，染色体の一部が交換されるため，ある確率でAとbをもつ染色体が作られ，その相手方の染色体はaとBをもつこととなる．このようにある頻度で乗換えが起きるせいで完全連鎖にならない場合を不完全連鎖という．

連鎖の具体例を示すと，スイートピーにおいて，花の色を決定する遺伝子（紫色：B，赤色：b）と花粉の形を決定する遺伝子（長い：L，丸い：l）は，同じ染色体上に位置する（図2.8）．顕性ホモ接合体（BB/LL）の個体と潜性ホモ接合体（bb/ll）の個体を交雑すると，F1ではこれらの遺伝子に関してヘテロ接合体のスイートピー（Bb/Ll）が生じ，表現型は紫花と

長い花粉となる．2つの遺伝子が完全連鎖するならば，F2世代では［紫花/長い花粉］：［赤花/丸い花粉］＝3：1で生じるはずである．しかし，実際にはこの2つの遺伝子は染色体上で隣どうしというほどには近接していないので，ある頻度で2遺伝子間の組換えが発生し，その結果，遺伝子の乗換えが起きる．そのため，「Bと l」および「b と L」をもつ配偶子が一部生じて，親とは違った組合せの個体が生じる．連鎖が起きるとメンデルの独立の法則の例外にあたるため，独立の法則で説明されるF2世代の表現型の分離比9：3：3：1とは異なる比率となる．また，2つの遺伝子のあいだで組換えがどのくらいの頻度で起こっているか（これを組換え価という）は，F1のヘテロ接合体と潜性ホモ接合体を交雑して，その結果生じた個体の表現型とその分離比の値をもとに，計算で求めることができる（図2.8）．

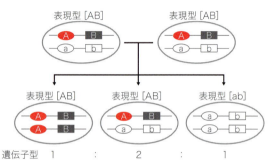

図2.7 連鎖関係にある形質の遺伝

2.2 遺伝子の構造

2.2.1 DNAの基本構造

DNA（デオキシリボ核酸，第1章参照）は，デオキシリボースという五炭糖の$5'$位の炭素にリン酸が結合し，$1'$位に4種類ある塩基（アデニン：A，チミン：T，グアニン：G，シトシン：C）が1つ結合したヌ

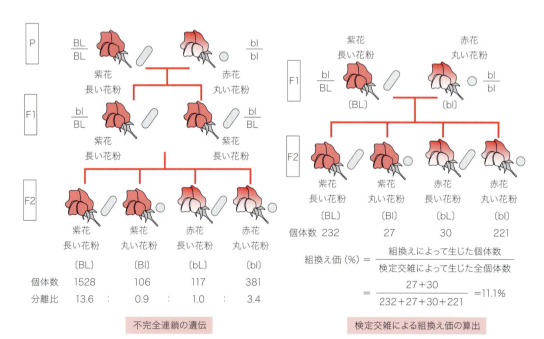

図2.8 不完全連鎖の遺伝と組換え価

クレオチドを基本単位とする（図2.9）．ある1個のヌクレオチドの3′位の水酸基と，別のヌクレオチドの5′位のリン酸基がホスホジエステル結合を形成することで，多数のヌクレオチドが順番に一列に連結されてDNA鎖をつくる．このようにして生じる4種類の塩基の並び方により，様々な遺伝情報が作り出されている．また，4種類の塩基の中でもAとT，GとCには水素結合を形成しやすい性質（相補性）がある（図2.9）．したがって1本のDNA鎖は，その塩基配列と相補的な塩基配列をもつ相補鎖DNAと結合して，2本のDNA鎖からなる2重らせん構造を形成している．

ヒトのような真核生物の場合，長いDNAの2本鎖は細胞中の核に収納されている．DNAの2本鎖はヒストンというタンパク質に巻きつき，ヌクレオソームを形成する．ヒストンを含むヌクレオソーム構造が変化すると，そこに含まれるDNAからの転写の状態が変化して遺伝子発現に大きな影響を与えることが明らかにされている．ヌクレオソームはDNAのほぼ全域で形成され，これらが連なることでクロマチンという構造としてコンパクトに折りたたまれて収納される．分裂しない時期の細胞では光学顕微鏡を用いてクロマチン構造を見ることはできないが，細胞分裂の時期にはクロマチンがねじれを繰り返してさらに高度に凝縮し，最終的に顕微鏡下でも観察されるような染色体の構造となる（図2.10）．

2.2.2 染色体

細胞分裂中に核内に出現する多数のひも状の物質は，塩基性の色素でよく染まることから，染色体と呼ばれるようになった．遺伝子は，染色体を構成するDNAの決まった場所に配列情報の形で書き込まれており，細胞から細胞へ，あるいは親から子へと伝えられる．染色体の本数は生物種ごとに決まっていて，ヒトの場合は46本である．両親のそれぞれから1セット（＝23本）の染色体をもらい受けることで合計2セット（＝46本）の染色体をもつ．23本の染色体のうち22本は常染色体といい，大きさの順に1番から22番までの番号が振られている．両親からもらい受けた同じ番号どうしの常染色体は相同染色体の関係にあるという．残り2本の染色体は，性別を決定する性染色体である．性染色体は，X染色体とY染色体という全く異なる2種類の染色体であり，男性ではX染色体とY染色体をもち（XYのヘテロ接合体），女性ではX染色体を2つもつ（XXのホモ接合体）．

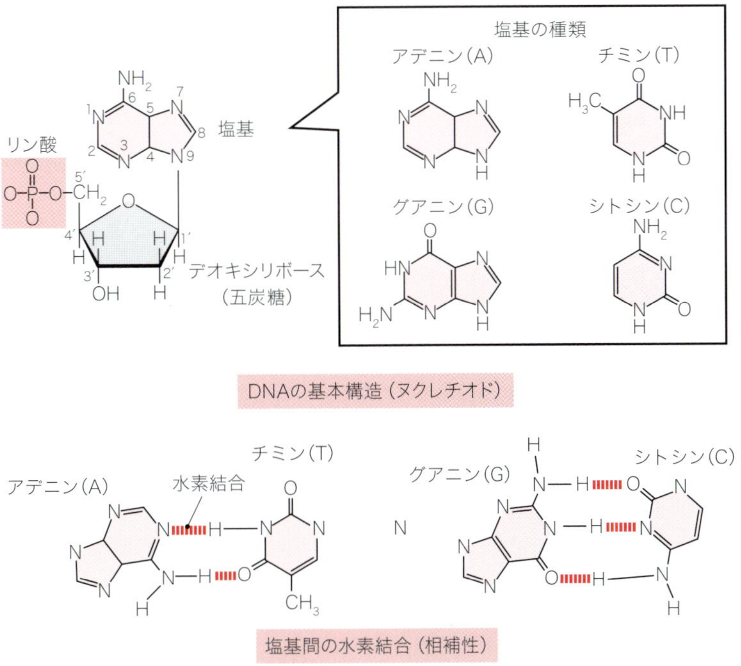

図2.9 DNAの基本構造

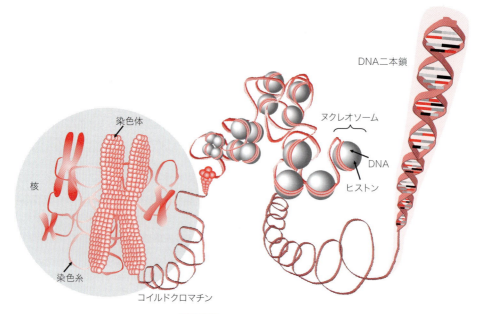

図2.10 染色体の基本構造

2.3 染色体の受けつがれ方

2.3.1 体細胞分裂

我々の体を構成する細胞の大部分は体細胞とよばれ，細胞分裂によって新しい細胞を生みだし，個体の体を維持・成長させていく．このように，生物の体を維持するために体細胞がおこなう細胞分裂を体細胞分裂と呼ぶ．体細胞分裂では，親細胞と全く同じゲノムをもつ2つの娘細胞がつくられる．正常細胞では，細胞周期と呼ばれる細胞分裂サイクルが進行するように厳密に制御されている（図2.11）．細胞は，DNAを複製するための準備期間（G1期）を経て，DNAを複製するS期に移行する．次に，分裂の準備としてのG2期を経て，核と細胞が順次2つに分裂するM期（分裂期）に移行する．M期は，有糸分裂期（前期→中期→後期→終期）と細胞質分裂期に分けられる．M期の前期では，S期で複製されたDNAが凝縮し染色体の構造になる．このとき，複製されて2本となった染色体は姉妹染色分体の関係にあるという（図2.12 a）．姉妹染色分体はS期に複製された時点から常に互いに結合した状態にある．

次にM期の中期では，姉妹染色分体を分けるための準備として，微小管（第3章）からなる紡錘体を形成して染色体を捕まえる．ここで紡錘体を形成するためには，まず中心体と呼ばれる構造体が細胞内の両極

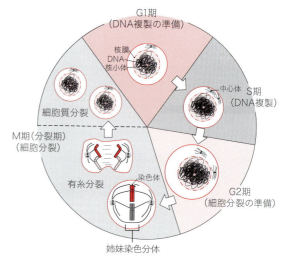

図2.11 細胞周期

に位置して，微小管をつくりだす基点（紡錘体極）としてはたらく（図2.12 a）．さらに核膜が消失し，核外に形成されていた微小管がそれぞれの染色体の動原体とよばれる部位に付着する．その結果，紡錘体の中央部分（赤道面）にすべての姉妹染色分体が整列し，染色体を分配する準備が完了した状態となる．次に後期に移行すると，姉妹染色分体は分離して，微小管により反対方向に引っ張られて最終的に紡錘体極のあたりにまで移動する．このような染色体分配が完了した後に細胞質が分裂し，染色体は凝縮が解かれてひも状

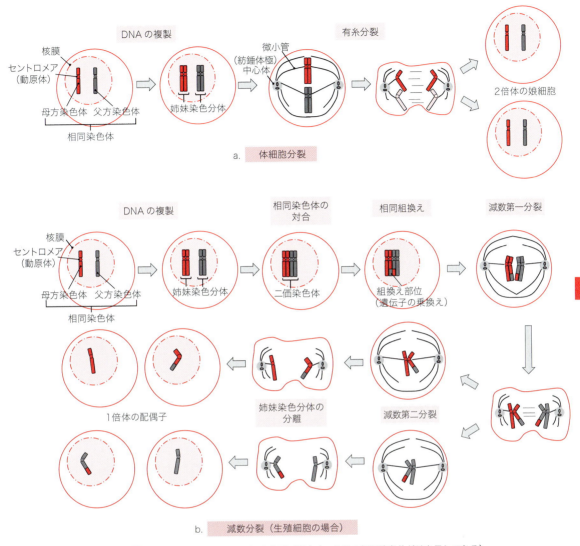

図 2.12 体細胞および生殖細胞の細胞分裂（便宜上，1 対の相同染色体だけを示してある）

の形状に戻るとともに，核膜が再び形成される．

2.3.2 生殖細胞の細胞分裂（減数分裂）

遺伝情報を子孫に伝えるために必要な精子や卵細胞などの配偶子は，体細胞分裂とは異なる減数分裂とよばれる過程によって，生殖系列の細胞からつくられる（図 2.12 b）．減数分裂は主に3つのプロセスからなる．

① 減数分裂組換え：まず染色体を2セット持つ細胞（2倍体）において，DNAの複製が起きて，姉妹染色分体がつくられる．この後に相同染色体どうしが対合し，二価染色体を形成する．ここで減数分裂組換えが起き，相同染色体どうしの一部を交換する．その結果，一部の遺伝子に乗換えが生じる．

② 減数第一分裂：その後の減数第一分裂では，紡錘体が形成されて相同染色体を分配する．ここで，体細胞分裂とは異なり姉妹染色分体は分離しないことが大きな特徴である．減数第一分裂によって，もともとの2倍体細胞が保持していた2セットの染色体が，第一分裂により生じた2個の細胞内では1セットに減じる．

③ 減数第二分裂：第一分裂の後に次の染色体分配である減数第二分裂が起きる．体細胞分裂の場合とは異なり，分裂期と分裂期の間に染色体DNAの複製は起きない．減数第二分裂では再び紡錘体が形成されて姉妹染色分体の分離が起きる．この分

配様式は体細胞分裂に類似しているといえる.

　減数分裂ではこれらのプロセスが段階的に起きる結果として，1個の2倍体細胞から，各染色体を1セットのみ収納した1倍体の娘細胞（配偶子）が4個つくられることになる．1倍体の配偶子（精子・卵細胞）が受精することで2倍体になり2倍体の生物が誕生する．

2.4　ヒトの遺伝

2.4.1　ABO式血液型

　1900年，ラントシュタイナー（K. Landsteiner）が，ヒトの血液には複数の型があり，型の一致しない血液を混ぜると赤血球が凝集することを発見した．赤血球の型は，表面にあるタンパク質がもつ糖鎖により規定されている．異なる型の血液が体内に輸血されると，輸血された血液の糖鎖を抗原として免疫系が反応し，それらに結合する抗体が産生され異物として認識されることにより赤血球の凝集が生じる．

　血液型には，A，B，O，AB型の4種類があり，この血液型は9番染色体長腕に位置する3つの異なる対立遺伝子（複対立遺伝子）により決まる．A遺伝子はA型糖転移酵素をつくり，B遺伝子はB型糖転移酵素をつくり，それぞれ赤血球の表面タンパクに個別の糖鎖修飾を付加する．一方，O型糖転移酵素は，糖転位酵素をつくる働きをもたない．また，A遺伝子とB遺伝子は顕性不顕性の関係にないため，両親からA遺伝子とB遺伝子をもらい受けた子では，A抗原とB抗原の両方で糖鎖修飾される赤血球が生じる．これがAB型になる．また，O遺伝子は潜性であることから，両親からA遺伝子とO遺伝子をもらい受けた子供の血液型はA型となる（顕性の法則）．つまり，ヒトは遺伝子型がOOの場合のみO型の血液をもつ．

2.4.2　血友病

　血友病とは，出血した際に，血液が固まりにくい遺伝病である．通常，出血を感知する凝固因子が作動し，血液を凝固するために必要なフィブリンがつくられる．この凝固因子をつくる遺伝子はX染色体上にあることが知られている．血友病は，この凝固因子の遺伝子に変異が生じた場合に発症する病気である．男性はX染色体を1本しかもたないため，この遺伝子に変異があると発症する．一方，2本のX染色体をもつ女性では，1本のX染色体の遺伝子に変異があっても他方のX染色体が正常であれば血友病は発症しない．しかし，子にはその病気の原因遺伝子が伝わっていく．19世紀イギリス王室のビクトリア女王が血友病の保因者であり，女王の男性の子孫（10名以上）が血友病を発症したことは非常に有名である．

2.4.3　エタノール代謝関連酵素

　お酒に対する強さも遺伝が大きく影響を与える．血中に入ったアルコール（エタノール）は，肝臓においてアルコール脱水素酵素（ADH），ミクロソーム・エタノール酸化酵素（MEOS），カタラーゼという3つの酵素系の働きで，アセトアルデヒドへと酸化される．このアセトアルデヒドの蓄積が，皮膚紅潮，吐き気，頭痛などの原因である．すなわち，アセトアルデヒドをすみやかに分解できる人が，いわゆるお酒の強い人ということになる．アセトアルデヒドは，アルデヒド脱水素酵素（ALDH）によって酢酸へと分解される．さらに酢酸はTCA回路（第4章）にて酸化されてエネルギーを産生しながら，二酸化炭素と水へと分解されることになる．ALDHは，数種類の類似の酵素（アイソザイム）が存在し，それぞれで反応速度，反応至適条件，局在性などが異なる．アセトアルデヒドの酸化には，II型アルデヒド脱水素酵素（ALDH2）が主要な役割を担っており，12番染色体長腕の末端部位に位置する．ALDH2には，高い酵素活性をもつN型ALDH2と低い酵素活性であるD型ALDH2がある．N型とD型の違いを生み出している要因は，ALDH2タンパク質の487番目のグルタミンをコードするGAAという塩基配列が，リジンをコードするAAAに置き換わる点突然変異によるものである．ヒトの遺伝子は，両親から1本ずつ受け継がれることから，正常型ホモ接合体（NN），ヘテロ接合体（ND），変異型ホモ接合体（DD）の3種の遺伝子型が存在する．アルデヒド脱水素酵素は4量体として働く．ヘテロ接合体の場合，N型ALDH2とD型ALDH2が混在しているが，N型ALDH2の4量体にのみ酵素活性があるため，4量体のうち1分子でもD型ALHD2が含まれる場合，酵素活性を失うことになる．つまり，ヘテロ型のヒトでアルデヒドを分解できるALDH2がつくられる確率は16分の1（$2^4 = 16$）である．また，このような1塩基の違いによって，遺伝子産物の機能に差が生じる現象を一塩基多型（SNP, single nucleotide polymorphism）と呼ぶ．

COLUMN

● 男が病弱なのは遺伝のせい ●

　ヒトの性染色体はXY型であり，男性はXとY染色体を1つずつもち，女性は2本のX染色体をもつ．ヒトゲノムが解読されたことにより，X染色体には1000以上の遺伝子があるのに対して，Y染色体には78の遺伝子しかないことが明らかとなった．Y染色体をもつことで男性になることが決まると思えば，たったこの程度の数の遺伝子によって男女の別が決定され，性別による特徴差が生み出されることに驚きを覚える．男性に特有の機能を担うための遺伝子はY染色体に集中するため，Y染色体に連鎖した遺伝病は無精子症など不稔性に関するものが知られているが，ヒト個体としての生命維持に関わるような遺伝病は知られていない．このことは，もともとY染色体上には生命維持を司るような遺伝子が乗っていないことを意味するが，女性がY染色体を持たずとも生存可能であることを考えればこれは当然のことであり，Y染色体不要説（？）はたまた男性不要説（？？）を唱える者もいるくらいである．他方，X染色体には，いくつかの疾病や感染免疫に関わる重要な遺伝子が多く存在している．伴性遺伝の代表的なものとして，色覚多様性（赤緑色覚異常）や血友病（血液凝固異常）があげられ，これらの原因遺伝子はX染色体にある．また，病原微生物からの防御機能である免疫系の中心的な役割を担うB細胞（抗体をつくる細胞）とT細胞（B細胞の機能を制御する細胞）の成熟化に必要な遺伝子（Btk遺伝子，IL2受容体共通γ鎖遺伝子）もX染色体上にある．つまり，X染色体の遺伝子に潜性の変異が起きた場合，1本のX染色体しかもたない男性では即座に影響を受けてしまう．一方で，2本のX染色体をもつ女性は，片方の遺伝子に異常があったとしても，もう一方の正常な遺伝子が機能を補うことで発病しない可能性が高い．巷で，「男の子は弱いから，女の子より育てにくい」といわれるのも，実は男性が女性に比べて免疫系の機能が失われやすい傾向にあることに起因するのかもしれない．

■ 参考文献

1. メンデル著，岩槻邦夫・須原準平訳：雑種植物の研究，岩波文庫，岩波書店，1999．
2. 経塚淳子：徹底図解遺伝のしくみ，新星出版社，2010．
3. 水谷　仁：Newton別冊個性や能力は，どこまで"生まれつき"か？知りたい！遺伝のしくみ，ニュートンプレス，2010．
4. 石川　統：遺伝子の生物学，岩波書店，1992．
5. Alberts, B. ほか著，中村桂子・松原謙一監訳：細胞の分子生物学第5版，ニュートンプレス，2011．

◇ 演習問題

問1 すべての血液型（A型，B型，AB型，O型）の子供が等しい確率で生まれることになる両親の血液型は何か．

問2 減数分裂における3つのプロセスは，それぞれ具体的にどのような生物学的意義をもつ過程だと考えられるか．例えば，1つ目の「減数分裂組換え」にはどのような特徴があって，配偶子をつくるうえでどのような意味をもつ現象・行為なのだろうか．

問3 ヒトの個性は，「遺伝情報」と「環境」が互いに影響を及ぼし合いながら，形成されていく．個性（体質，性格など），遺伝子，環境の関係性を明らかにするアプローチとして，双生児をモデルにした研究が進められているが，その理由を考察せよ．

3 細胞の構造と各部の役割：組織の構造

　細胞は，独立して生命活動を行うことができる最小機能単位である．また，多細胞生物においては，一個の生命体を形づくる上での基本構成単位である．そのため，外部と自らを隔てる細胞膜をもち，形態を維持するための細胞骨格分子や生命活動に必要な機能を担う様々な小器官を内在している．他方，細胞は孤立した存在ではなく，隣接する細胞や基質と相互作用しながら，力や電位などの刺激を感知したり，情報伝達に関わる分子を取り込んだり出力をしたりする機構も備えている．これら細胞は，集積して複雑な構造の組織や器官を形成し，また調和のとれた活動をする一個の生命体をつくり上げる．そのために，特定の形態や機能をもった多種類の細胞が存在する．例えばヒトでは，約270種類，およそ37兆個の細胞が存在すると見積もられている．一方で，多くの細胞には共通する基本的な構造や機能もみられる．ここでは，特にヒトを含む動物細胞に焦点をあてながら，これら共通する構造や小器官およびそれらの機能についてまとめる．さらに，特徴的な構造や機能をもつ一部の細胞種や，細胞が形成する組織の構造についても概観する．

3.1 細胞の基本構造と分類

　細胞には多様な大きさの様々な種類が存在する．ヒトの体細胞は通常5〜20 μmほどの大きさである．細胞は独立して生命活動を行うことができる最小機能単位である．よって，単一の細胞そのものが生命体である生物も存在し，これらは単細胞生物と呼ばれる．これに対して多数および多種類の細胞が集まって生命体を形成する生物は多細胞生物と呼ばれる．このように，細胞数に着目して生物を大きく2種類に分類できる．

　これら細胞はいずれも，脂質二重層で構成される細胞膜で包まれ（3.2節参照），自らと外界とを隔てている．細胞の内部は，生命活動に必要な機能を担う様々な細胞小器官，それら構造体の配置や細胞形態を規定し運動にも関与する細胞骨格と呼ばれる線維状分子（3.4節参照），さらにそれらの間に存在する細胞質基質（サイトゾル）という液状成分で満たされている．細胞小器官の中でも，細胞核は核膜と呼ばれる脂質二重層で包まれた構造体であり，遺伝情報を司るDNAを内部に保持する（3.3節参照）．この細胞核をもつ細胞を真核細胞と呼び，核膜に包まれた細胞核が存在せずにDNAが細胞質内に存在している細胞を原核細胞と呼ぶ．このように，細胞核の有無で細胞を2種類に分類できる．原核細胞はミトコンドリアやゴルジ体などの細胞小器官をもたず比較的簡単な構造をしているが，真核細胞では細胞小器官が発達しており複雑な内部構造をもつことも特徴としてあげられる（図3.1, 3.3節参照）．

　生物は，原核細胞と真核細胞の別で，それぞれ原核生物と真核生物に分類される（表3.1）．原核生物には

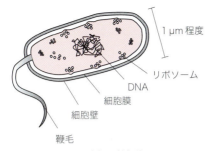

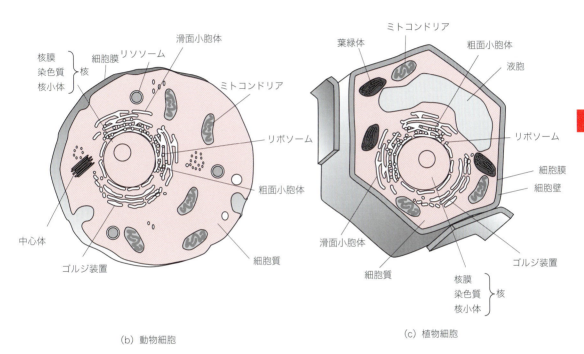

図3.1 細胞の構造

細菌類（バクテリア）とラン藻類（シアノバクテリア）が含まれ，原核生物をのぞくすべての生物は真核生物である．さらに，生物がたどった進化の道すじ（系統）に沿って生物どうしの類縁関係により分類する方法（系統分類）では，最も大きな単位である「界」について5つの界で生物を分類する（五界説）．ここでは，原核生物は原核生物界（モネラ界）を構成し，真核生物は原生生物界，菌界，植物界，動物界の4つの界に

表3.1 細胞の分類

細胞の分類	原核細胞	真核細胞			
				植物細胞	動物細胞
特徴	・細胞核をもたない ・細胞小器官をもたず比較的構造が簡単 ・細菌類，ラン藻類（クロロフィルaをもつ）が属する	・核膜に包まれた細胞核をもつ ・細胞小器官が発達している			
		細胞壁を有する			
		・藻類，原生動物などが属する ・クロロフィルa，a・bまたはa・cをもつ	・担子菌類，子嚢菌類，接合菌類などが属する ・クロロフィルをもたない	・葉緑体，発達した液胞を有する ・クロロフィルa・bをもつ	・リソソーム，中心体，鞭毛がある
五界説	原核生物界	原生生物界	菌界	植物界	動物界

細分化される．このように，植物と動物は分類上大きく異なり，それは細胞の構造にも見ることができる（図3.1）．植物細胞には，セルロースを主成分とする細胞壁が細胞膜の外側に存在し，植物個体の形体を支えている．さらに，発達した液胞や光合成を行うための葉緑体を有している．一方で，動物細胞にも，植物細胞にない特徴的な細胞小器官が存在する．これらは，リソソーム，中心体および（すべての動物細胞にあるわけではないが）鞭毛である．3.3 節では，様々な細胞小器官の構造や機能を詳しくみていくことにする．

3.2 細胞膜の構造

外界と細胞とを隔てる細胞膜は，厚さがおよそ 5〜10 nm の脂質二重膜である．この二重膜を形成する脂質分子は，1 つの分子内に異なる性質の 2 つの部位を有している．1 つは水となじみやすい親水性の頭部であり，もう 1 つは水となじみにくい疎水性の尾部である．親水性の頭部にリン酸基をもつ脂質をリン脂質と呼び，細胞膜は主にこのリン脂質からなる．一方で，疎水性の尾部は炭化水素の長い 2 本の鎖で構成される．各分子の炭化水素の鎖は疎水性相互作用により二次元に連なって集合し，親水性の頭部を同一方向に向けた膜を形成する（単分子膜）．さらに，2 つの単分子膜が，それぞれの疎水性尾部の末端面を向かい合わせるように重なりあうことで，脂質二重膜が形成される．すなわち，二重膜の内部には二重の疎水性尾部の層が存在し，2 つの表面はいずれも親水性の頭部が占めるようになる（図3.2）．細胞は，この脂質二重膜で構成された袋状の構造体とも考えられ，外側が親水性表面で覆われているために水中で安定して存在でき，また内側にも親水性基が面しているために内部にも水を保つことができる．さらに，これら二重膜は静止しておらず動的にふるまう．単分子膜内の脂質分子は，二次元的に側方に拡散して流動する．また，flip-flop と呼ばれる運動によって，外側と内側の単分子膜間での脂質分子の入れ替わりも起こることが知られている．

細胞膜を構成する脂質には複数の種類が存在する．また，外側と内側それぞれの単分子膜を構成する脂質の種類や割合も異なっている．脂質分子の疎水性尾部の構造の違いとしては，炭化水素の鎖の長さと二重結合の数があげられる．リン脂質分子の炭化水素の鎖の数は 14 から 24 の間である．また，2 本の鎖の一方には 1 個以上の二重結合がある場合が多い．炭化水素が短いと分子間の疎水性相互作用が弱まり，膜の流動性が高くなる．また，二重結合は炭化水素の鎖にねじれや屈曲を生じさせるため，各分子が密に並ぶのが妨げられて，やはり膜の流動性を高める．これらリン脂質の他に，細胞膜にはコレステロールも存在する．コレステロールは，炭化水素の鎖の二重結合によるねじれで生じたリン脂質分子間の空間を埋め，膜の流動性を低下させて二重膜を硬くする役割を担っている（図3.2）．

この他，細胞膜には，膜タンパク質と呼ばれる多くのタンパク質が埋め込まれている．これら膜タンパク質は，脂質分子の流動によって細胞膜に浮かんだように移動することもできる．また，一部の膜タンパク質は，細胞膜を貫通して細胞の接着や細胞内外の間の物質輸送に関わっている（図3.2）．このため，細胞は細胞膜で外界と隔てられてはいるが，決して外界から孤立しているわけではない．細胞膜の脂質や膜タンパク質の表面は，糖鎖が結合して修飾が施されている場合もある．これら糖鎖は，細胞表面に電荷（一般的にシアル酸による負電荷）を与えたり，ABO 式血液型検査での赤血球における抗原決定基とされるように，細胞の特徴を示す分子としても利用されている．

3.3 細胞小器官の種類と構造

細胞内には，細胞小器官と呼ばれる様々な構造体が存在し，それぞれが特定の機能を担うことで細胞の生命活動を支えている．3.2 節の細胞膜も細胞小器官ととらえられる．3.1 節でも述べたように，動物細胞と植物細胞のいずれにも存在する細胞小器官や，それぞれ一方にしか存在しないものもある．代表的な細胞小器官の構造を図 3.1 に示し，それらの機能と性質を表 3.2 にまとめる．

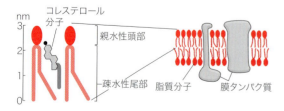

図 3.2 細胞膜を構成する脂質分子と脂質二重膜の模式図：脂質分子間を埋めるコレステロール分子や，脂質二重膜に埋め込まれた膜タンパク質も合わせて示す．

表3.2 代表的な細胞小器官の名称と機能

細胞小器官と構成要素の名称	機能と性質
共通 核：核膜，染色質，核小体	DNAの保持，RNAへの転写．核膜は細胞質基質から核質（染色質，核小体など）を隔てる．核小体ではリボソームのRNAを合成．
細胞膜	外界から細胞を隔てる．細胞の形態を保つ．
細胞質基質（サイトゾル）	半流動性の液体（ゾル）．植物細胞では原形質流動が起こる．嫌気呼吸の場．
細胞骨格：アクチンフィラメント，微小管，中間径フィラメント	細胞の形態維持や運動，さらに細胞小器官の配置や運動を司る．外力による変形への耐性を細胞に与える．
ミトコンドリア	細胞の活動に必要なエネルギー分子であるATP分子の合成．独自のDNAをもつ．
小胞体：粗面小胞体，滑面小胞体	非常に発達した膜系．粗面小胞体はリボソーム顆粒を蓄えた，タンパク質合成の場．合成されたタンパク質の輸送路．
ゴルジ装置	タンパク質への糖の付加．分泌性タンパク質を小胞にして送り出す．
動物細胞 中心体	微小管の重合の場．細胞分裂時に紡錘体の収束部位として核分裂に関与．
鞭毛	液体中での細胞の遊泳．
リソソーム	細胞内に侵入した異物や細胞内の不要物質の分解．
植物細胞 液胞	浸透圧の調整．不要物質の貯蔵と分解．
葉緑体	光合成を行う．独自のDNAをもつ．
細胞壁	植物個体の形体を支える．

3.3.1 核

核は，細胞内でもひときわ目立つ大きな小器官であり，ヒト細胞では直径が数 μm 程度にもおよぶ（図3.1）．通常1つの細胞に1個存在するが，なかには骨格筋のように複数の細胞が融合して多核となる場合や，ヒトの赤血球や血小板のように核がない細胞も存在する．核は脂質二重膜の2枚の膜で覆われている．これら核内膜と核外膜がまとまって，核膜を形成する．核膜の内側には中間径フィラメントが裏打ちしており（3.4節参照），核の形状を保つ役割を担っている．また，核膜には核膜孔と呼ばれる開口径およそ 10 nm の小孔が多数開いており，核内部と細胞質との間で様々なタンパク質やRNAなどの物質の輸送を行うことができる．

核の内部には，リボソームのRNAを合成する核小体や，遺伝情報を司るDNAなどが収められている．さらにそれらの間は核液という液体で満たされている．DNAは，長い2本の鎖状分子が直径 2 nm でらせん状に巻きつき合った構造をしており，この二重らせん鎖がヒストンというタンパク質に巻きついてコンパクトな形状にまとめられ，核の内部に納まっている（図3.3）．1個のヒストンにDNAが巻きついた構造をヌクレオソームと呼び，ヌクレオソーム同士が多数凝集して直径約 30 nm のクロマチン（染色質）線維となる．細胞分裂時には，クロマチン線維は凝集して染色体と呼ばれる高次構造体を形成する．ヒトの場合では，父親と母親のそれぞれから対となる染色体を受け継ぎ，常染色体は22対44本，性染色体が1対2本の合計23対46本をもつ（第2章参照）．

3.3.2 ミトコンドリア

ミトコンドリアは，細胞の活動に必要なエネルギーを保持する分子であるATPを産生する細胞小器官として，極めて重要な役割を担っている（第4章参照）．真核細胞では多数のミトコンドリアが存在し，これらは互いに融合や分裂を起こすため球状や棒状の形状に変化することが知られている．大きいものでは数 μm のサイズになる．

構造上では，内膜と外膜と呼ばれる2枚の膜で囲まれている特徴があり（図3.4），内膜は内部にひだ状に陥入している．このひだ状の部分をクリステという．また，内膜内部の部分を基質といい，内膜と外膜の間は膜間腔という．基質には，核のDNAとは異なるミトコンドリア独自の環状のDNAが存在する．このため，元来は独立した存在であった原核生物が，太古において真核細胞内に寄生し，細胞小器官へと変化したとの説も唱えられている．もっとも，ミトコンドリアをつくり上げて活動を維持するのに必要な遺伝情報はこの環状DNAだけではまかなわれず，核内のDNAも用いられている．

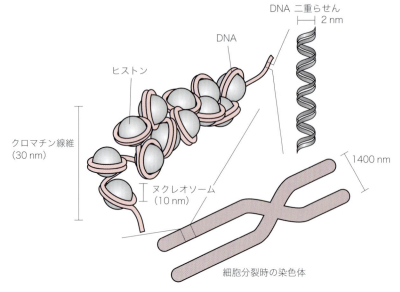

図3.3 クロマチン線維と染色体の構造

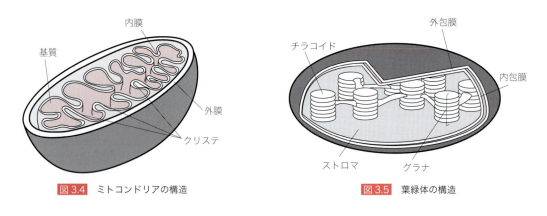

図3.4 ミトコンドリアの構造

図3.5 葉緑体の構造

3.3.3 葉緑体

　葉緑体は，植物細胞に特有の細胞小器官である．ミトコンドリアと類似する点が多く，内包膜と外包膜の2枚の膜で包まれており，直径は数 μm，独自の環状DNAをもち，分裂して数を増やすことも知られている．内包膜の内側には，チラコイドと呼ばれる円盤状の袋がみられ，このチラコイドが積み重なった構造はグラナと呼ばれる．内包膜とチラコイドの隙間の部分はストロマと呼ばれる（図3.5）．

　葉緑体は，植物における光合成が行われる場所として極めて重要である．光合成には明反応（光エネルギーを用いたATPの生合成）と暗反応（CO_2の固定と有機物の合成）があり，明反応はチラコイドで暗反応はストロマで起こる（第4章参照）．

3.3.4 小胞体

　小胞体は，ほとんどの真核生物の細胞内にみられ，細胞質全体に広がっている非常に発達した膜状の構造体である（図3.6）．粗面小胞体と滑面小胞体の2種類がある．粗面小胞体は，平たく広がった袋状をしており，膜の細胞質側の表面にリボソームが多数付着している．このリボソームは電子顕微鏡で顆粒状に観察され，表面が粗く見えることが粗面小胞体の名前の由来である．このリボソームはタンパク質を合成する分子装置であり，完成したタンパク質はほとんどが膜の内部か粗面小胞体の袋の内腔に蓄積される．続いて，これらタンパク質は，ゴルジ装置などが関わる複雑な経路を経て細胞表面に輸送される（3.3.5項参照）．このようにして，細胞外に排出される分泌タンパク質や細胞膜に埋め込まれる膜タンパク質がつくられる．

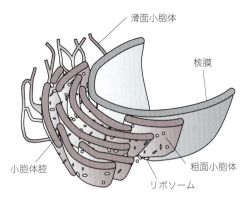

図 3.6　小胞体の構造

　滑面小胞体は，膜表面にリボソームの付着はみられず表面は滑らかである．形状は管状の網目構造をしている．粗面小胞体と滑面小胞体の管腔は連続しており，さらに小胞体は核膜の外膜とも連続している．滑面小胞体はコレステロールやその誘導体の合成に関わる（3.2 節参照）．

3.3.5　ゴルジ装置（ゴルジ体）

　ゴルジ装置は，扁平な袋が積み重なったような形状の膜構造体である．粗面小胞体の近傍に存在し，合成された分泌タンパク質の修飾や輸送に関わる．小胞体の内腔に蓄積されたこれらタンパク質は，小胞体の一部がちぎれてできる輸送小胞によって小胞体の外へ送り出される．ゴルジ装置はこれを受け取り，自己の膜と融合して内部に取り込む．

　ゴルジ装置の内部では，タンパク質への糖鎖の付加が完了して糖タンパク質となる．完成した糖タンパク質は，再び小胞の中に封入されて（分泌小胞），細胞質へと送り出される．ゴルジ装置が粗面小胞体から小胞を受け入れる面（cis 面）と，分泌小胞を送り出す面（trans 面）はそれぞれ決まっている．細胞内に送り出された分泌小胞は，細胞膜へと移動して融合する．内部の糖タンパク質のうち，分泌タンパク質はエキソサイトーシスにより細胞外へ放出され，膜タンパク質は細胞膜と融合した小胞の膜ごと細胞膜に埋め込まれる．

3.4　細胞骨格

　細胞は，一定の形に留まることがある一方で，変形を伴いながら伸展したり運動したり細胞分裂をしたりと，動的にもふるまう．また，細胞内でも，細胞小器官が 1 箇所につなぎ止められたり運動をしたりもする．これらは細胞骨格のおかげである．細胞骨格は，ヒトの骨のような硬い素材（リン酸カルシウム）ではなく，線維状のタンパク質でできている．しかも，これら線維は，構成単位となるタンパク質分子が多数会合して形成されている．線維の太さや構造および構成するタンパク質の違いにより，アクチンフィラメント，微小管，中間径フィラメントの 3 種類に分類される．

3.4.1　アクチンフィラメント

　アクチンフィラメントは細胞膜の直下に多数あって，細胞が形を維持したり変形したりしながら運動する場合，また細胞分裂時に細胞質を 2 つに括りきる際などに重要な役割を果たす．G-アクチンと呼ばれる球形モノマーが，多数重合しながららせん構造を形成して，直径約 7 nm の線維状のアクチンフィラメント（F-アクチン）になる（図 3.8 (a)）．線維は方向性をもち，両端はそれぞれプラス端およびマイナス端と呼ばれる．モータータンパク質（ATP のエネルギーを用いて運動するタンパク質）の一種であるミオシンは，一部の例外を除いてアクチンフィラメントに沿ってマイナス端からプラス端に向かって移動する．筋肉の収縮は，このアクチンフィラメントとミオシンとの相互作用によって起きている．

3.4.2　微　小　管

　微小管は，直径約 25 nm の管状構造をしており，アクチンフィラメントよりも剛直で長い．α と β の 2 種類のチューブリンと呼ばれる球状タンパク質が，らせん状に積み重なって中空の管を形成する（図 3.8

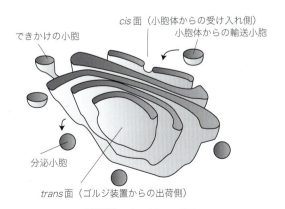

図 3.7　ゴルジ装置の構造

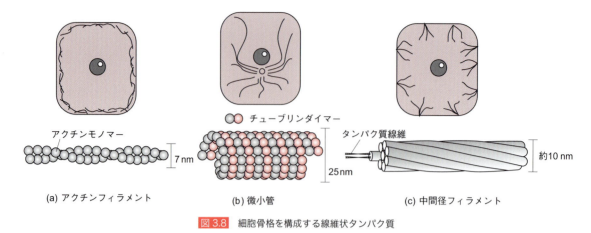

図 3.8　細胞骨格を構成する線維状タンパク質

(b)).この管は,αとβのチューブリンが交互に並んだ直鎖が,平行に13本寄り集まって形成されたともみなせる.微小管も方向性をもち,βチューブリンが出ている末端をプラス端,αチューブリンが出ている末端をマイナス端と呼ぶ.キネシンやダイニンといったモータータンパク質は,多くの場合,微小管の上をそれぞれプラス端およびマイナス端に向かって動き,これらに結合している細胞小器官を細胞内の特定の位置に配置する.また,細胞分裂の際には,染色体は微小管により引き寄せられ,生成する新たな細胞へそれぞれ移動していく.微小管は,動物細胞の繊毛や鞭毛内にも独特の配列をもって存在し,これら小器官の運動を担っている.

3.4.3　中間径フィラメント

中間径フィラメントは,アクチンフィラメントと微小管の中間の直径約10 nmの線維である.細胞の形態を保持し,特に外力に耐えられるように細胞を強化している.また核内膜の内側で裏打ちをし(核ラミナ),核の形状を維持する役割も担っている.細胞質に存在する中間径フィラメントの構造はロープに似ている.長く伸びた線維状のタンパク質がより合わされて束になり,さらにこの束がより合わされてロープ状の中間径フィラメントとなる(図3.8(c)).これらは,ケラチンフィラメント,ビメンチン,ニューロフィラメントなどに分類される.上皮細胞では,隣り合う細胞同士が結合するためのデスモソームという構造体において,ケラチンフィラメントが関与している(3.5節参照).核膜の裏打ちをしている中間径フィラメントは,平面的な網目構造をしている.

3.5　細胞間結合

多細胞生物において,多数の細胞が集まって組織や個体へと形成していくためには,細胞同士が直接的もしくは間接的に結合し合う必要がある.直接的な細胞間結合を形成させる分子装置としては,密着結合(tight junction),接着結合(adherent junction),デスモソーム結合(desmosome junction)とギャップ結合(gap junction)の4種類が知られている(図3.9).また,デスモソーム結合の類似装置として,細胞を基底膜につなぎ止めるヘミデスモソーム結合も存在する.

3.5.1　密着結合

密着結合は,上皮細胞において隣接する細胞同士を密着させて(3.7節参照),細胞の間から分子が簡単には漏れ出ないようにしている仕組みである.膜を4回貫通する4回膜貫通型タンパク質であるクローディンやオクルディンなどが機能し,これらタンパク質が隣接する細胞同士の限局した部位にベルトのように連続的に配置されて硬く結合し合っている(図3.10).

3.5.2　固定結合(接着結合,デスモソーム結合)

接着結合とデスモソーム結合は,隣り合う細胞の細胞骨格をこれらの結合装置を通じてつなぎ合わせて細胞同士を強く結合させている.対応する細胞骨格は,それぞれアクチンフィラメントと中間径フィラメントである.これら2つの結合を固定結合と総称することもある.隣接する細胞間の距離は25 nm程度である.

接着結合では,カドヘリンという1回膜貫通型タンパク質が,隣の細胞のカドヘリン分子と細胞間隙にお

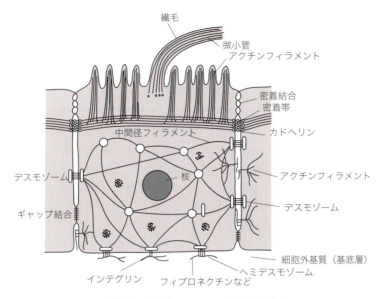

図3.9 動物細胞にみられる主な細胞間結合

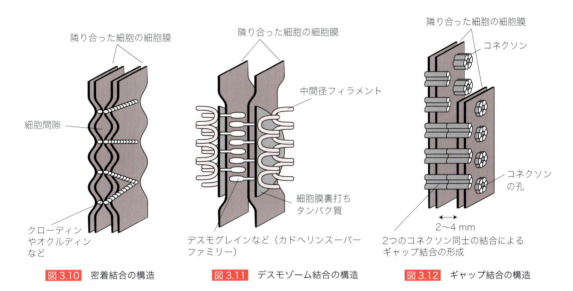

図3.10 密着結合の構造　　図3.11 デスモゾーム結合の構造　　図3.12 ギャップ結合の構造

いて直接結合する．この結合には Ca^{2+} が必要である．また，カドヘリンの細胞内部の端は，カテニンという別のタンパク質を介してアクチンフィラメントと結合している．上皮細胞では，接着結合が細胞周囲にわたって帯状に連なる構造（接着帯）が，細胞の頂端近くの密着結合の下に形成される（図3.9）．デスモゾーム結合でも，隣接する細胞が，カドヘリンの仲間（カドヘリンスーパーファミリー）であるデスモグレインなどのタンパク質を介して結合し合っている．このカドヘリンスーパーファミリータンパク質の細胞内部の端は，細胞膜の裏打ちタンパク質（プラコグロビンなど）に結合し，さらにこれら裏打ちタンパク質は中間径フィラメントであるケラチンフィラメントへとつながる（図3.11）．上皮細胞の底にも同様の構造がみられ，これをヘミデスモゾーム結合と呼ぶ（hemi，半分）．その名の通りデスモゾームの半分である1つの細胞分の構造が，細胞の下に存在する基底膜と結合する（図3.9）．カドヘリンではなくインテグリンが用いられるなど，構成するタンパク質も異なる．

3.5.3 ギャップ結合

ギャップ結合は，細胞膜間の間隔がわずか2〜4 nm で接している部位である．結合にはコネキシンと呼ばれるタンパク質が関与し，6個のコネキシンが集合して中空の円柱状構造を形成する．これをコネクソンといい，隣り合った細胞同士のコネクソンが連結し合って細胞間を橋渡し，直径がおよそ 1.5 nm の結合の孔を形成する（図3.12）．この小孔を通じて低分子量（1000 Da 程度）の分子や無機イオンを通すことができる．このため，細胞間で電気的あるいは代謝的な情報のやりとりが可能となり，例えば心筋細胞では Ca^{2+} を伝達物質に用いて拍動の同期が行われる．

3.6 細胞外マトリックス

3.1 節でみたように，細胞は動物細胞と植物細胞に分類でき，植物細胞は動物細胞にはない細胞壁を細胞膜の外側に有していた．細胞壁は，植物細胞が分泌した主にセルロースやペクチン，さらに木質の組織ではリグニンなどの線維状の多糖類が架橋されて，高度に織り合わされた構造をしている．高分子などの基質が，細胞間の間隙で形成するこのような複雑な構造物質を細胞外マトリックス（細胞外基質）という．

3.1 節で述べなかった細胞の分類として，浮遊系細胞と接着系細胞がある．動物細胞は，血液細胞のような浮遊系の細胞の他は，ほとんどの細胞が周囲に存在する細胞や基質に接着している．このように，動物組織にも細胞外マトリックスは存在する．動物細胞の細胞外マトリックスは，形態的な特徴から2つに大別することもできる（図3.13）．一方は基底膜型であり，厚さが 10 〜 100 nm の薄い膜構造を形成し，上皮組織の直下ならびに筋や血管の周囲など多くの組織に存在する（3.7 節参照）．他方は，結合組織の大半を占める無定形の間充織型である．これら細胞外マトリックスは，細胞が接着する足場として機能し，細胞，組織，臓器の構造を支持する役割を担うと共に，異なる組織同士を結合させたりあるいは隔てたりもしている．また，生理活性をもつ生体シグナル因子の保持場としても働く．このように，細胞外マトリックスは細胞との物理化学的な相互作用やこれら生体シグナル因子の供与によって，器官形成や創傷治癒さらにはがんの転移浸潤など様々に細胞機能の制御に寄与している（コラム参照）．

細胞外マトリックスを構成する主要な成分としては，網目状の骨格を形成する線維性タンパク質のコラーゲンおよびエラスチン，水和したゲル状の網目構造をなすプロテオグリカン，フィブロネクチンやラミニンなどの細胞接着性糖タンパク質，の3つのグループがあげられる．

3.6.1 線維性タンパク質（コラーゲン，エラスチン）

コラーゲンは，脊椎動物において最も豊富に存在するタンパク質である（総タンパク質量のおよそ25〜30％）．哺乳類では28種類の分子種が報告されており，大きなファミリーを形成している．これらのいずれもが，分子構造上の2つの特徴をもっている．第1に，アミノ酸がつながったポリペプチド鎖（α鎖と呼ばれる）において，「グリシン-アミノ酸X-アミノ酸Y」のアミノ酸配列の繰り返しが多数みられる．I型コラーゲンでは，アミノ酸Xにはプロリンが，アミノ酸Yにはヒドロキシプロリンが存在する場合が多い．第2に，3本のポリペプチド鎖が硬くねじれ合って，直径 1.5 nm のトリプルヘリックスと呼ばれる右巻のらせん状分子を形成する．このらせん状分子はさらに集合して，コラーゲンの種類により大きく3つの形態をとる．会合して直径 10 〜 300 nm のコラーゲン細線維となり，さらに集まってより太いコラーゲン線維を形成する線維性コラーゲンは代表的なものである（図3.14）．このコラーゲン線維は物理的強度が非常に高く，皮膚や腱などの組織の形状を維持したり機械的な強度を高めたりしている．この他に，ネットワークを形成して主に基底膜を構成するものや，コラーゲン細線維の表面に結合するものも知られている．

エラスチンは弾性線維の主な構成成分であり，靱帯などに多く含まれている．伸縮性のある分子が架橋し

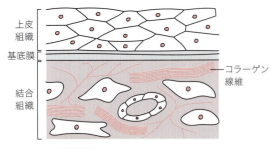

図3.13 細胞外マトリックスの模式図

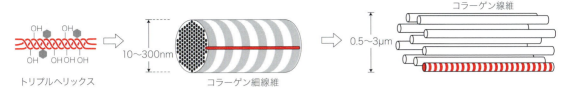

図3.14 コラーゲン線維の形成

て網目構造を形成しており，線維に弾性を与えている．

3.6.2 プロテオグリカン

プロテオグリカンは，直鎖状のコアタンパク質に対して，グリコサミノグリカン（GAG）と呼ばれる糖鎖がブラシ状に多数結合した構造をしている．GAGはムコ多糖とも呼ばれ，二糖のユニットの繰り返し構造をなす直鎖状分子である（図3.15）．プロテオグリカンを形成するGAGには，大別して，コンドロイチン硫酸，デルマタン硫酸，ヘパラン硫酸，ケラタン硫酸が知られており，これら糖鎖が様々な本数で様々なコアタンパク質に結合する．プロテオグリカンの例としては，アグリカン，バーシカンなどがある．ヒアルロン酸もGAGであるが，硫酸化されておらずコアタンパク質にも結合していない．これらプロテオグリカンやGAGは親水性であるため，高度に水和したゲル状のマトリックスを形成して組織に柔軟性を与えると共に，コラーゲンやエラスチン線維の間のマトリックスの空間を埋めて，圧力に対する組織の抗性を高める．このため，例えばアグリカンは軟骨組織や腱などに多く存在する．

3.6.3 細胞接着性糖タンパク質（フィブロネクチン，ラミニン）およびインテグリン

フィブロネクチンは，細胞接着性糖タンパク質として1973年に最初に発見された分子である．分子量がおよそ220 kDaの2本のポリペプチドが，ジスルフィド結合により結合して2量体を形成する（図3.16）．コラーゲンなどの細胞外マトリックス成分と結合すると共に，細胞膜表面の受容体であるインテグリンとも結合するため，細胞をマトリックスに接着させる重要な橋渡し役を担う．また驚くべきことに，この巨大分

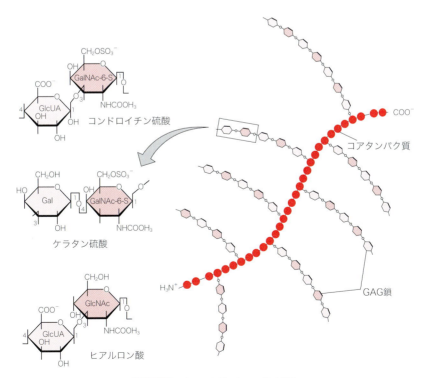

図3.15 プロテオグリカンの基本構造

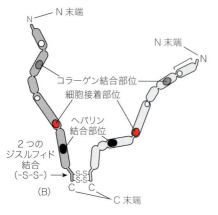

図3.16 フィブロネクチンの構造

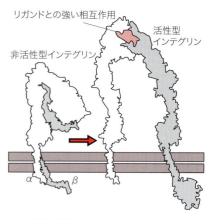

図3.18 インテグリンの構造変化

子の細胞への接着は，主に，「アルギニン-グリシン-アスパラギン酸（RGD）」のわずか3つのアミノ酸からなる配列によって担われている．このRGD配列に結合する細胞側の受容体はインテグリンである．

ラミニンは，3本のポリペプチドが十字型に会合した構造をしている．主に基底膜に存在する細胞接着性糖タンパク質である（図3.17）．ラミニンも，細胞外マトリックス成分であるコラーゲンやプロテオグリカンと結合すると共に細胞膜のインテグリンに結合して，上皮細胞を基底膜に接着させる役割を担う（3.7節参照）．

細胞接着の主要な受容体であるインテグリンは，α鎖とβ鎖の2種類の膜貫通型ポリペプチドからなっている．ヒトでは18種類のα鎖と8種類のβ鎖が見いだされており，これらが特定の組合せで24種類の

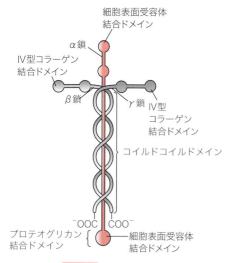

図3.17 ラミニンの構造

2量体を形成する．この組合せによって，コラーゲンやラミニンなど特定の相手を認識する．2つの鎖の細胞外領域は1:1で会合し，Mg^{2+}などの二価の金属イオン依存的に細胞外マトリックスのRGD配列などリガンドと結合する．面白いことに，インテグリン分子は，細胞非接着の場合は折れ曲がったコンパクトな構造であるのに対して，マトリックスと結合する活性化状態では伸びあがりダイナミックに構造を変化させる（図3.18）．また，細胞接着の際には，マトリックスと相互作用したインテグリンが細胞膜の1箇所に多数集積する構造がみられる．これをフォーカルアドヒージョンまたは接着斑と呼び，成熟した細胞接着装置の状態であると共に，細胞外のシグナルをインテグリンを介して細胞内に伝えることにも寄与している．

3.7 動物組織の構造

3.7.1 生物の階層性

これまでにみてきたように，通常，細胞には多様な細胞小器官が存在する．これら小器官をさらに細かくみていくと，タンパク質，脂質，糖，核酸などの様々な分子によって構成されている．これら分子も，様々な原子の集合体である．このように，より大きな構造へと並べてみると，「原子→分子→細胞小器官→細胞」という細胞に至る階層構造をみてとれる．さらに，多細胞生物では，細胞は，様々な結合装置を用いて隣接する細胞や細胞外マトリックスに接着し，高次の構造を形成する．特に，細胞同士が集合して，特定の形態と機能をもつに至った構造体を組織と呼ぶ．さらに異なる組織が集合して，特定の形と機能をもった器官を

形成し，同様の働きをする器官が組み合わさって器官系を構成する．ヒトの器官系は，骨格系，筋系，循環器系，消化器系，呼吸器系，泌尿器系，生殖器系，内分泌系，神経系，感覚器系に分類される（表3.3）．これら器官系が統合されて生物の個体がつくりあげられる．先程の階層構造に細胞から上位の構造体を付け加えると，「原子→分子→細胞小器官→細胞→組織→器官→器官系→個体」という，原子から個体に至る階層構造が理解される．

例えば心臓では，タンパク質分子であるアクチンフィラメントとミオシンが主体となって（3.4節参照），線維状の小器官（筋原線維）を形成する．この筋原線維をもつ心筋細胞が竹の節のようにつながって，横紋筋線維である心筋組織を形成し（表3.4），さらに心膜や房室弁など多くの組織と組み合わされて器官である心臓となる．心臓は血管やリンパ管，脾臓などと共に循環器系を構成する．

3.7.2　動物組織を形成する細胞の特徴

動物では，組織は上皮組織，神経組織，支持組織，筋組織の4種類に大別される（表3.4）．

上皮組織は，体や器官の表面・体腔および血管や消化管の内面を覆っている，細胞が密に並んだ層である．他の組織とは異なり，細胞の間を埋める細胞間質がほとんどない．上皮組織の下には結合組織が存在し，両者の間には基底膜がある（図3.13）．上皮組織は，細胞の形によって，扁平上皮，円柱上皮，移行上皮などに分類される．扁平上皮は薄く平たい細胞で構成され，腹部内臓の表面などに存在する．円柱上皮でみられる円柱状の細胞は，例えば胃や腸の表面にみられ吸収や分泌を行う．これら細胞は，上方向では隣接する細胞と接しないために，他の方向とは異なった構造をとる．この場合は，細胞に極性があるといい，開放している面を頂端側（apical side），反対側を基底側（basal side）と呼ぶ．

頂端側に微絨毛構造がみられる細胞もある．移行上皮は，細胞が変形すると同時に細胞間にズレをつくりやすく，表面積を拡大できる特徴をもつ．このため，多量の液体を輸送したり溜めるために，柔軟に変形することが求められる尿管や膀胱にみられる．

神経組織を構成する神経細胞も，極性をもった特徴的な非対称な形態をとる．細胞体からは複数の突起が伸び出ており，そのうちの最も長い1本が，細胞体からの情報を出力する軸索と呼ばれる神経突起である．他の突起は樹状突起と呼ばれ，軸索とシナプスを形成して情報を受け取る役目を担う．軸索は細胞体ともシナプスを形成する．また，神経組織には，神経膠細胞またはグリア細胞と総称される数種類の細胞も存在する．中枢神経ではアストロサイト，ミクログリア，オリゴデンドロサイトが，末梢ではシュワン細胞がある．オリゴデンドロサイトとシュワン細胞は，軸索の周囲に幾重にも巻きついて髄鞘と呼ばれる厚い鞘を形成し，軸索が電気的に興奮して情報を伝える際の絶縁体として機能することで，情報伝達の速度を高めるのに役立っている．

支持組織は，体を支え，各部を結合する役割を担っている．骨組織，軟骨組織，結合組織に大別される．このうち結合組織には，膠原線維，弾性線維，脂肪組織，靱帯，腱などが含まれる．皮膚がずれたりつまめたりするのは，線維に富んだ膠原線維と弾性線維が皮

表3.3　ヒトの器官系と機能

器官系	主な器官	主な機能
骨格系	頭，上肢，下肢，胸，脊柱などの骨格	支柱として体を支える．骨の内部の骨髄組織で造血を行う．
筋系	頭，上肢，下肢，胸腹部などの骨格筋	骨格系と連動して運動を行う．
循環器系	心臓，血管，リンパ管，脾臓	血液の循環による養分・酸素・老廃物の運搬．リンパ液の循環による細菌や異物の除去．
消化器系	口，食道，胃，小腸，大腸，肝臓，胆嚢，膵臓	食物を取り入れて消化し，栄養分を吸収する．
呼吸器系	肺，気管，咽頭，喉頭	酸素を取り込み，二酸化炭素を排出して，ガス交換を行う．
泌尿器系	腎臓，尿管，膀胱，尿道	尿を産生・運搬して，老廃物を体外に排出する．
生殖器系	精巣，卵巣，子宮	生殖細胞を産生する．胎児を育てる．
内分泌系	下垂体，甲状腺，副腎	ホルモンを分泌して，細胞や組織・器官の機能を調節する．
神経系	脳，脊髄，末梢神経	全身の細胞や器官の間で情報を伝達し，機能を調節する．
感覚器系	目，耳，皮膚，舌	外界の刺激を取り入れる．

表3.4 動物組織の分類

組織	細分化	細胞の種類や構造の特徴，構成組織など
上皮組織	扁平上皮	単層扁平上皮／重層扁平上皮（上皮，結合組織）
	円柱上皮	杯細胞（粘液を分泌する上皮細胞），（円柱）上皮細胞，基底膜
	移行上皮	
神経組織	神経細胞	樹状突起，ランヴィエ絞輪，軸索
	グリア細胞	アストロサイト，ミクロサイト，オリゴデンドロサイト，シュワン細胞
支持組織	骨組織 軟骨組織	
	結合組織	膠原線維，弾性線維，脂肪組織，靱帯，腱
筋組織	平滑筋組織	
	横紋筋組織	骨格筋／心筋（介在板）

下に存在するためである．また，靱帯は骨と骨とを，腱は骨と筋をつないでいる．

　筋肉を構成している筋組織は，平滑筋組織と横紋筋組織に区分される．後者はさらに，骨格筋の組織と心筋の組織に区分される．いずれの細胞においても，細胞質中に筋原線維という細い線維が存在する．平滑筋は紡錘形の細胞が集まって形成されており，細胞内には筋原線維が長軸方向に走っている．平滑筋組織は胃，腸，血管などの器官の壁の中に層状に展開しており，筋の収縮運動によって食物を運んだり血管の太さの調節を行ったりしている．骨格筋では，細胞が融合して筋管と呼ばれる細長い多核の構造体へと変化し，さらに成熟して筋線維を形成する．筋線維の中には多数の筋原線維が長軸方向に平行に走り，筋原線維は光の屈折率の違いから明暗の部分が周期的に並ぶ．このため，筋線維には横紋と呼ばれる横縞模様がみられるようになり，横紋筋組織の名前の由来となっている．筋原線維はアクチンフィラメントとミオシンフィラメントが同軸方向に規則的に配列しており，アクチンフィラメント間にミオシンが一様に滑り込むことで大きな収縮力を生み出している．心筋も横紋筋である．しかし，骨格筋のように細胞融合はせず，多数の細胞が介在板によってつながり網目状の筋線維を形成している．

■ 参考文献

1. 和田　勝：基礎から学ぶ生物学・細胞生物学，羊土社，2015.
2. *Molecular Biology of the Cell*, 6th ed. Garland Science, 2014.
3. 村松正實・木南　凌監訳：細胞の世界，西村書店，2005.
4. 藤田恒夫：入門人体解剖学，改訂第5版，南江堂，2012.

◇ 演習問題

問1 細胞膜の構造上の特徴について説明せよ．
問2 小胞体，ゴルジ装置，ミトコンドリアの構造と機能を説明せよ．
問3 細胞骨格を構成する3種類の線維状タンパク質をあげて，構造と機能を説明せよ．
問4 細胞間結合を形成させる分子装置をあげて，構造と機能を説明せよ．
問5 細胞外マトリックスを構成する3つの主要な成分をあげて，構造と機能を説明せよ．
問6 動物における4種類の主要な組織をあげ，それぞれの組織をさらに細分化して説明しそれらの機能をまとめよ．

COLUMN

● 細胞を培養する材料の硬さ・軟らかさが幹細胞の運命を左右する ●

　ES細胞（Embryonic Stem cell, 胚性幹細胞）やiPS細胞（induced Pluripotent Stem cell, 人工多能性幹細胞）が大きく報道されるなど，心臓や神経など多様な細胞へ変化（＝分化）する能力をもつ幹細胞（Stem cell）が，近年大きな注目を集めている．また，ES細胞ほど何にでも分化できる潜在力はないものの，特定の細胞種へと分化できる幹細胞が，我々の体の中にも様々な種類にわたって存在していることがわかってきた．体の細胞が損傷を受けたとき等には，これらの幹細胞が分化して失われた細胞を補うなどしている．このような幹細胞を特定の細胞種へと人工的に分化誘導して，再生医療などへ応用する研究も精力的に進められている．

　このような人工的な分化誘導を行うにあたり，シャーレなどに幹細胞を移して底面に接着させ，液体の栄養液（＝培養液）を入れて培養を行う．この培養液に様々な試薬を加えて，特定の細胞種への分化を促す手法がこれまでの研究では一般的であった．しかし近年になって，培養時に細胞が接着する材料の性質が，幹細胞の分化に大きく影響を与えることが明らかになってきた．

　骨髄に存在する間葉系幹細胞と呼ばれる幹細胞は，培養液へ適切な試薬を加えることにより，骨や筋に分化を誘導できることが知られていた．この間葉系幹細胞を，骨，筋，脳のそれぞれの組織の硬さ・軟らかさを模した材料の上で培養したところ，培養液に分化誘導用の試薬を加えなくても，硬い材料の上では骨へ，中程度の硬さの材料では筋へ，軟らかい材料の上での培養では神経へと，これら各細胞に分化されることが報告された（A.J.Engler, et al., *Cell*, **126**, 677-689 (2006))．すなわち，幹細胞の分化は，ホルモンなどの物質だけでなく，細胞周囲の基質の物性によっても制御されている可能性が示された．将来的には，試薬にたよることなく，細胞に接する材料の物性を上手く利用するだけで幹細胞の分化を自在に制御し，医療に有用な心臓や神経などの細胞を大量に培養できるようになるかもしれない．

4 生命機能維持のためのエネルギー代謝

　従属栄養生物である動物は，外界から食物を摂取し，吸収した栄養素を必要なものに変換・利用することで細胞や臓器の機能を維持する．一方，個体にとって過剰に摂取したものや不必要なものは分解され排泄される．この２つのプロセス―同化と異化―を合わせて「代謝」と呼ぶ．代謝は細胞機能を維持するための高分子（DNA やタンパク質など）をつくり出すだけではなく，生存に必須のエネルギー（ATP）を生み出す重要なシステムである．エネルギーを生み出す源は，三大栄養素のタンパク質，炭水化物と脂肪で，これらは複雑な代謝経路を介して共通の代謝産物であるアセチル CoA に代謝される．酸素が利用できる状況では，アセチル CoA はさらにミトコンドリアの TCA 回路で二酸化炭素に完全に酸化され，一方でエネルギー産生に重要な還元物質 NADH や $FADH_2$ が産生される．NADH や $FADH_2$ からの電子は，ミトコンドリア内膜上の複数のタンパク質に次々と受け渡され，最終的には酸素に渡される（電子伝達系）．この電子の受け渡しで生じるエネルギーはミトコンドリアの膜間腔へのプロトンのくみ出しに使われ，膜間腔とマトリックス間のプロトン濃度勾配と膜電位差を形成する．内膜にある ATP 合成酵素は，この電気化学的勾配を利用して細胞の共通のエネルギー通貨である ATP を合成する（酸化的リン酸化）．

4.1 代謝とは

　生体が生命活動を維持するために必要なエネルギーの産生と消費にかかわる化学反応のネットワークを「代謝」と呼ぶ．代謝は同化と異化に分けられる．前者はエネルギーを消費しながら低分子からタンパク質や DNA などの生体高分子の合成に関わる反応に，一方後者はエネルギー産生をもたらす食事由来の栄養素の分解に関わる反応などに代表される．成長過程の，あるいはがんなどを患った個体は例外として，成熟個体ではこの２つのプロセスは動的平衡状態にある．生体内代謝経路は，炭水化物，脂質，アミノ酸，核酸とエネルギーの大きく５つの代謝経路に分けることができる．これらはそれぞれが独立に存在しているわけではなく，複雑なネットワークを形成し緻密な制御のもと代謝の流れが決められ，時々刻々と変化している．真核生物，特に多細胞生物の哺乳類において，代謝経路は次の４つの特徴をもつ．

① 代謝経路は不可逆である．
② 代謝経路の流れは最初の律速反応によって決定する．
③ 臓器，細胞およびオルガネラ特異的な代謝経路が存在する．
④ 臓器や細胞に特異的な代謝制御機構が存在する．

4.1.1 代謝の中心分子：ATP

　同化と異化を繋ぐ最も重要な分子が，生体内の"共

通のエネルギー通貨"であるアデノシン三リン酸（ATP）である（図4.1）．ATPのリボース骨格の5番目の炭素にエステル結合でリン酸基が3つ繋がっているが，端にある2つのリン酸結合は不安定（高エネルギーリン酸結合）で，加水分解によりリン酸が1つあるいは2つ切り出されて，それぞれADPとAMPが生じる．この加水分解の過程でエネルギーが放出される．生体はATPからのエネルギーを高分子の生合成だけではなく，細胞内外の物質輸送，筋肉の収縮や神経伝達などの様々な生命活動に利用している．

4.1.2 エネルギー獲得の戦略

ヒトは，エネルギー獲得のために常に炭水化物，脂質およびタンパク質の3大栄養素を摂取している．これらは還元状態にあり，生体内で酸化されることでエネルギーに変換される．生体内で起きる酸化反応は，酸素を付加する代わりに水素を奪う脱水素反応を介した段階的な反応である．この酸化反応で生じる高エネルギー電子運搬体NADH（還元型ニコチンアミドアデニンジヌクレオチド，図4.2）が，酸化的リン酸化を介したATP産生の最も重要な分子といえる．これとは対照的に，生体内では基質レベルのリン酸化反応によるATP産生もある（後述）．これはATPの加水分解反応で生じる標準自由エネルギー変化よりも大きなエネルギー変化を生じうるホスホエノールピルビン酸や1,3-ビスホスホグリセリン酸などの化学反応を介している（解糖系）．つまり，生体内では下記の3つの大きなATP供給システム，①酸化的リン酸化，②解糖，③TCA回路があるといえる．

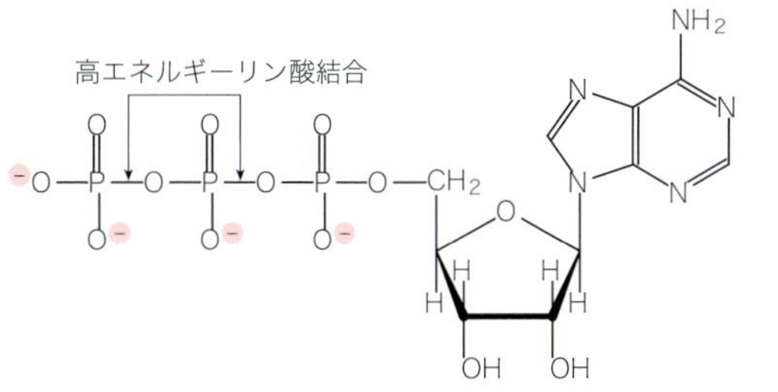

4.2 すべての細胞に存在する共通のエネルギー産生システム：解糖系

3大栄養素の1つである炭水化物は，小腸で単糖類まで分解され吸収される（図4.3）．ガラクトースとフルクトースはグルコースの代謝経路である解糖系の中間代謝産物に代謝されるため，炭水化物の代謝は解糖系を理解することに他ならない．解糖系は生体内のすべての細胞が有する共通のエネルギー産生システムで，血液由来のグルコースが主な出発材料となる．ヒトにおける正常血糖は80〜100 mg/dLで，血中のグルコース濃度が54 mg/dL以下になると生命維持が脅かされる．これは脳組織が他臓器と異なりグルコースを主なエネルギー源として利用しているからである．また，生体内ではミトコンドリアをもたない赤血球や酸素濃度の低い腎髄質が，解糖系によるグルコース代謝を唯一のエネルギー産生システムとして利用する．

4.2.1 解糖系の2つのステージ

解糖系は，10の酵素反応により，グルコース1分子からピルビン酸2分子を生じる代謝経路である．この代謝により2分子のATPとNADHが作られる．解糖系は，細胞内に取り込まれたグルコースがリン酸化されることから始まる．フルクトース1,6-ビスリン酸形成までの過程がエネルギー消費のステージで，ピルビン酸産生へ至るエネルギー回収と創出の最終ステージと続く（図4.4）．

▶ a. エネルギー消費のステージ

グルコースは，ヘキソキナーゼとホスホフルクトキナーゼと呼ばれる2つのATPを用いる酵素反応（ATPを利用する反応を触媒する酵素を一般にキナーゼと呼ぶ）によりフルクトース1,6-ビスリン酸に代謝される．これら2つの反応は解糖系における3つの不可逆反応のうちの2つに当たり，ホスホフルクトキナーゼの酵素反応は解糖系の代謝の流れを決定する最も重要な律速反応である．つまり，細胞のエネルギー状態が良い

図4.1 ATPの構造

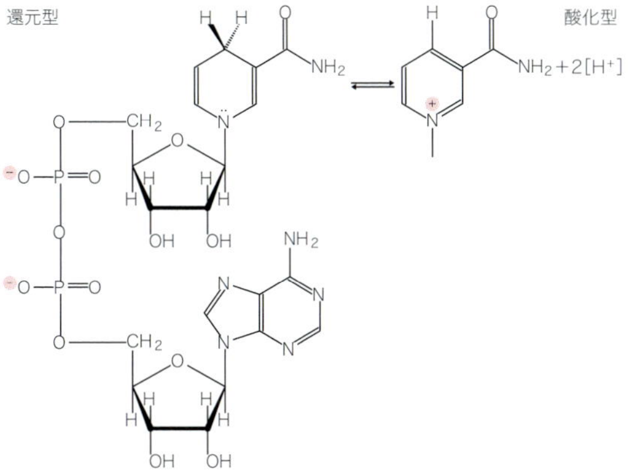

図4.2 NADHの構造

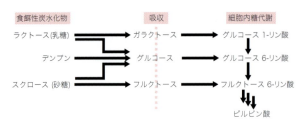

図 4.3 食餌から得られる多糖類は，種々の消化酵素によって単糖まで分解された後，腸管上皮細胞から吸収される

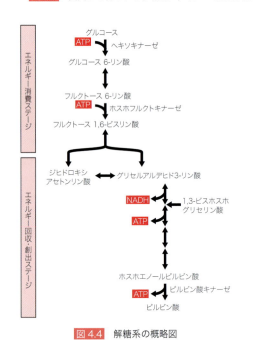

図 4.4 解糖系の概略図

な高エネルギーリン酸化合物であり，これがピルビン酸キナーゼによりピルビン酸に代謝される反応に伴い，リン酸基がADPへ移動しATPが生じる（解糖系第2の基質レベルのリン酸化反応）．つまり，これらの反応により，解糖系はグルコースからピルビン酸への代謝の過程で2分子のATPを生じることになる．また，ピルビン酸キナーゼの反応は第3の不可逆反応であり，ホスホフルクトキナーゼと並び代謝の流れを決める重要な反応である．

4.2.2 ピルビン酸代謝による解糖系の持続

解糖系の最終代謝産物のピルビン酸は，生体内では次の2つの代謝経路で別の中間代謝産物に変換されることで解糖系を持続させる（図 4.5）．嫌気的条件下（酸素が利用できない状況）では乳酸への代謝（乳酸発酵）で，一方，好気的条件下（酸素が利用できる状況）ではアセチルCoAを経てTCA回路（トリカルボン酸回路，別名クエン酸回路あるいはクレブス回路とも呼ばれる）で完全酸化される．これら2つの代謝経路に共通している重要な役割は，NADHのNAD$^+$への再酸化である．

酵母菌では，嫌気的条件下でピルビン酸からアセトアルデヒドへ変換し，さらにNADHを利用してエタノールへ還元することで解糖系を維持する（アルコール発酵）．前述したように，グリセルアルデヒド3-リン酸から1,3-ビスホスホグリセリン酸への代謝過程はNADHへの還元反応が共役しているが，解糖系を動かし続けるためにはこの反応へのNAD$^+$の持続的な供給が必須である．乳酸発酵は，ミトコンドリアが存在しない赤血球や激しい筋肉運動をしている骨格筋（酸素供給が不十分な状況）のサイトゾルで起こり，結果として乳酸が産生される．乳酸が局所的に高濃度になると細胞環境がアシドーシス（pHが低下）になるため，乳酸が除去されない状況ではいずれ解糖系は停止することになる．

一方，酸素が十分に使える状況下では，ピルビン酸

（[ATP]$_i$が高い）とこの酵素は不活化され解糖が抑制され，逆に低エネルギー状態（[AMP]$_i$が高い）では活性化し解糖が進む．

▶ b．エネルギーの回収と創出のステージ

フルクトース 1,6-ビスリン酸は次のステージで，3単糖のジヒドロキシアセトンリン酸とグリセルアルデヒド3-リン酸に分かれる．しかし，後者のみが最終ステージの出発基質として利用される．グリセルアルデヒド3-リン酸は，次にNAD$^+$の還元と共役した高リン酸基の導入により，高エネルギーリン酸化合物の1,3-ビスホスホグリセリン酸に代謝される．次の反応は，このリン酸基を直接ADPに渡してATPをつくる，いわゆる解糖系最初の"基質レベルのリン酸化反応"であり，エネルギー消費ステージで消費した等量のATPはこの反応で回収される．また，この反応ではNADHが生じることも解糖系の制御を考える上で重要である（4.2.2項参照）．続く2つの反応を経て形成されるホスホエノールピルビン酸はもう1つの代表的

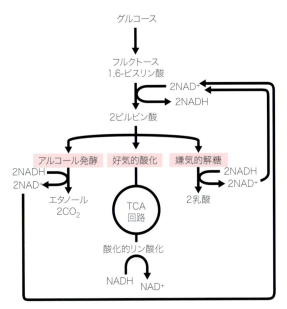

図4.5 酸素の有無によってピルビン酸の代謝は変わる

脱水素酵素複合体によりアセチルCoAへ変換され，TCA回路で二酸化炭素に完全酸化される過程でNADHがたくさん産生される（4.3.1項参照）．TCA回路ではNADHの再酸化は起きないが，ミトコンドリアの電子伝達系へNADHからの電子が流れることでNAD$^+$へ酸化される（後述）．つまり，生体内では酸素の利用状況に応じてピルビン酸が代謝されることで解糖系を動かし続けることが可能となる．

4.3 TCA回路におけるNADH産生：爆発的なエネルギー産生への序曲

酸素利用が可能な場合，好気的生物の多くの細胞では効率のよいエネルギー産生のために，解糖系で産生したピルビン酸をミトコンドリアのTCA回路で完全酸化する．この反応は3つのステップを触媒する3種類の酵素が複数個集まった大きな複合体酵素のピルビン酸脱水素酵素複合体によるアセチルCoAへの代謝から始まる（図4.7）．生じたアセチルCoAはオキサロ酢酸と縮合反応しクエン酸を生じることでTCA回路に入る．アセチルCoAは炭水化物からだけでなく，脂肪酸の酸化やアミノ酸の分解によっても生じる（図4.6）．つまり，三大栄養素がエネルギーに変換される際にはアセチルCoAが重要な代謝産物といえる．

ピルビン酸の炭素は，アセチルCoAを経てTCA回路で完全酸化されることですべて二酸化炭素に代謝さ

れ呼気中に排出される．TCA回路では酸素分子を基質とした酵素反応はなく，好気的条件でピルビン酸がこの代謝経路で代謝されるのは，酸素分子を最終電子受容体として利用する電子伝達系とTCA回路が密接に結びついているからである．

4.3.1 TCA回路ではNADHがたくさん生じる

TCA回路は8つの酵素反応から構成され，そのうち3つの反応で酸化反応に共役した形で1分子ずつNADHが生じる（図4.7）．また，ピルビン酸脱水素酵素複合体の酵素反応でも1分子のNADHが産生される．つまり，ピルビン酸1分子のミトコンドリアでの完全酸化により4分子のNADHが，グルコース1分子が完全酸化された場合には4×2+2=10分子のNADHが生じることになる．ミトコンドリアマトリックス内で産生されたこのNADHは，後述する電子伝達系複合体Iへ電子を供与しエネルギー産生に結びつける．

4.3.2 TCA回路では別のエネルギー供与体FADH$_2$を産生する

TCA回路の酵素は，コハク酸脱水素酵素複合体を除いてすべてミトコンドリアマトリックスに存在する．コハク酸脱水素酵素複合体はミトコンドリア内膜に一部埋め込まれ電子伝達系複合体IIの一部を構成しており，コハク酸をフマル酸へ代謝する際にもう1つの高エネルギー電子運搬体FADH$_2$（還元型フラビンアデニンジヌクレオチド）を1分子産生する（図4.7）．この分子は，NADHと異なり，電子伝達系複合体IIへ電子を供与することでエネルギー産生にかかわる（4.2.2項参照）．また，スクシニルCoAからコハク酸を生じる酵素反応では，スクシニルCoA分子内に存在する高エネルギーチオエステル結合からのエネルギーが基質レベルのリン酸化を誘導し，GTP（グアノシン三リン酸）を生じる．GTPはエネルギー的にはATPと等価と考えることができる．つまり，グルコース1分子が解糖系とTCA回路で完全酸化されると，10分子のNADH，2分子のFADH$_2$と4分子のATPが生じることになる．

4.4 電子伝達系と酸化的リン酸化によるATP産生

3大栄養素の酸化は，最終的にはミトコンドリアマ

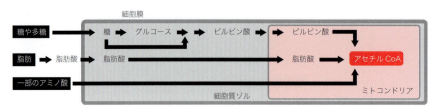

図 4.6 アセチル CoA 産生経路

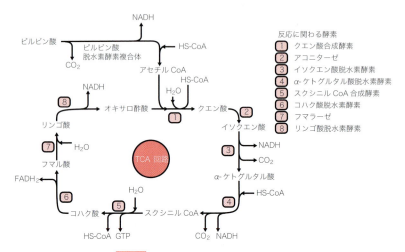

図 4.7 TCA 回路によるエネルギー産生

トリックスにおける NADH と FADH$_2$ の形成に繋がる．電子伝達系は，これら高エネルギー電子運搬体から電子を引き受けることでエネルギー電子運搬体を酸化し（NAD$^+$ と FAD に戻す），受け取った電子を最終電子受容体の酸素へ移動・還元し水を生成する．電子伝達系の過程で生じる自由エネルギーが ATP 合成を可能とする．電子伝達系はミトコンドリア内膜に組み込まれた 5 つのタンパク質複合体からなるが，実際電子伝達に関わるのは複合体 I から IV で，それぞれ NADH-CoQ レダクターゼ，コハク酸-CoQ レダクターゼ，CoQ-シトクロム c レダクターゼ，シトクロム c オキシダーゼとも呼ばれる．複合体 V が ATP 合成酵素である（図 4.8，図 4.9）．

4.4.1 NADH は高エネルギー電子運搬体

電子伝達系では，NADH が 2 個の電子を放出し酸化型に戻り，その電子が最終的に酸素に渡る．この過程の電子の流れは，電子を受け取った分子の側に，より電子を引き受けやすい分子があれば，その分子に電子が移動するといった自然な反応となっている．つまり，NADH は相対的に電子との親和性が低く（酸化還元電位が低い），酸素は電子を引き受けやすい（酸

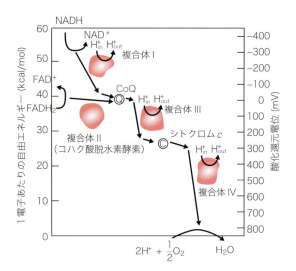

図 4.8 電子伝達系における酸化還元電位の差
電子は酸化還元電位の低い方から高い方へ段階的に流れる．

化還元電位が高い）性質をもっているといえる（図 4.8）．電子が遊離されるときには自由エネルギーが放出され，一方，電子を受け取り還元されるときにはエネルギーが必要になる．酸化還元電位に従って電子が分子間を移動するときには，このエネルギーの差分が遊離することになる．NADH から直接酸素に電子が

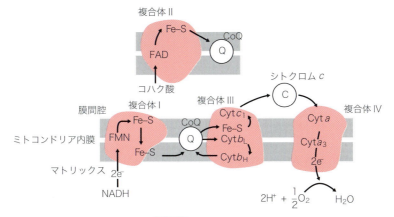

図4.9　電子伝達系

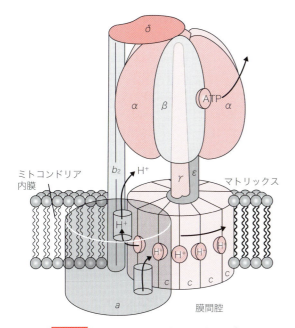

図4.10　ATP合成酵素のプロトン移動モデル

移動する場合には，218 kJ/mol（52 kcal/mol）ものエネルギーが発生すると計算できる．ADPとP$_i$からATPを合成するために必要な自由エネルギー変化は30.5 kJ/mol（7.3 kcal/mol）なので，理論的には7 mol程度のATPが合成できることになる．

しかし，生体内には一気にこの反応を行うことができる酵素が存在しないため，電子伝達系では3つの複合体を介して自由エネルギー変化を3分割している．1分子のNADHの酸化によって約3分子のATPが合成されるが，そうすると熱力学的効率は計算上42％となり，実際のミトコンドリアでは70％に達すると考えられ，エネルギー効率が30％以下の自動車エンジンと比較して生体は非常に高いエネルギー効率のシステムを備えていることがわかる．

4.4.2　電子伝達系における電子の流れ

NADHからの電子は複合体Ⅰへ流れ込む．複合体Ⅰは40個程度のサブユニットタンパク質で構成されており，次の電子受容体であるCoQ（コエンザイムQあるいはユビキノンとも呼ばれる）に引き渡す（図4.10）．複合体Ⅰ内で実際にNADHから電子を受け取る分子はフラビンタンパク質内のFMN（フラビンモノヌクレオチド）で，2個の電子を一度に引き受ける．その後，鉄硫黄クラスター（Fe-S）に1つずつ移動させ，そこからCoQへ渡る．

一方，FADH$_2$からの電子は複合体Ⅰを介さずにCoQへ移動する．複合体ⅡはTCA回路のコハク酸脱水素酵素複合体を含んでいるため，この酵素が産生するFADH$_2$からの電子は複合体Ⅱ内のFe-Sを経てCoQへ移動する．CoQは内膜中を移動し，複合体Ⅲのシトクロム（Cyt）へ電子を引き渡す．複合体ⅢにはFe-SといくつかのCytを含んでおり，この分子の間を電子が移動し，最終的にはミトコンドリア内膜の外表面で複合体ⅢとⅣの間を往復して電子を運ぶシトクロムcに移動する．シトクロムcから最後は複合体Ⅳの銅原子に電子が移動し，次にヘム鉄へ受け渡す．そこから1つの酸素分子に4つの電子と4つのプロトンが集まり，2分子の水ができる．吸気中の酸素のほとんどはこの複合体Ⅳで利用されている．

4.4.3　電子移動とプロトン輸送

電子伝達系の複合体Ⅰ，ⅢとⅣは，電子が移動する

際に遊離するエネルギーを利用して，プロトンをマトリックス側から内膜の外に能動輸送するプロトンポンプの機能をもっている（図4.9）．このプロトンの移動により，プロトンの濃度勾配とミトコンドリア内膜を挟んだ膜電位が生じる（電気化学的勾配）．一方，複合体ⅡからCoQへの電子の移動では自由エネルギーの変化が小さく，プロトンの汲み出しができない．

4.4.4 プロトン駆動力による ATP 合成（酸化的リン酸化）

電子伝達系がつくり上げたミトコンドリア内膜の両側にできたプロトン濃度勾配は，マトリックス側へのプロトン流入の駆動力になりうる（図4.10）．内膜に埋め込まれている ATP 合成酵素複合体（複合体V）はプロトンチャネルを含んでおり，このチャネルをプロトンが通過することで，ATP 合成酵素複合体が物理的に回転する．水車のように，プロトンの流れが ATP 合成酵素複合体という水車を回して，ADP と P_i から ATP をつくり出していると例えることができる．これまでの研究成果から，プロトン約3個の移動で1分子の ATP をつくり出せることがわかっている．結果的に，NADHとFADH$_2$の酸化に伴う電子移動により，それぞれおよそ3個と2個のATPが合成できる．バクテリアにも同じような酵素が細胞膜に存在している．バクテリアはプロトン濃度勾配の駆動力を使って栄養素を取り込んでいるが，電子伝達系が停止した場合には ATP を使ってプロトン濃度勾配を形成し栄養素を取り込むことが知られている．このように，ミトコンドリア内の ATP 合成は基質レベルでのリン酸化とまったく異なっており，電子授受による酸化還元反応とリン酸化反応がカップルしているため"酸化的リン酸化"と呼び区別している．

4.5 光合成とカルビン回路

炭水化物は，植物が光合成によってATPと還元物質であるNADPH（還元型ニコチンアミドアデニンジヌクレオチドリン酸）をつくり出し，これらを使って大気中に存在する二酸化炭素を還元してつくり出している（図4.11）．つまり，太陽エネルギーがヒトをはじめとする生物の生存を担保しているといえる．ここでは，植物の光合成と炭水化物生成システムであるカルビン回路について説明する．

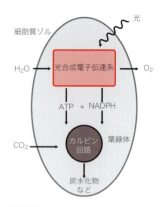

図4.11 植物における炭水化物産生

4.5.1 葉緑体の光合成

葉緑体（クロロプラスト）は，細胞あたり1～1000個あり，様々な形や大きさを呈しているが，典型的なものは長さ5 μmのレンズのような形をしている（図3.5参照）．葉緑体はミトコンドリアと同様二重膜で包まれており，外膜は低分子が自由に通過でき，内膜は物質透過障壁の役割を果たしている．ミトコンドリアと異なる点は，葉緑体には第3の膜としてチラコイド膜があり，そこで光合成が行われる．チラコイドは何層にも折りたたまれた1個の小胞で，円盤状の袋が積層したグラナが，積層していないストロマラメナで繋がっている．チラコイド膜と内膜の間の管腔はストロマと呼ばれ，ここで炭水化物の合成の一部が行われている．

4.5.2 4つのステップからなる光合成

光合成は大きく明反応と暗反応に分けられる．この2つの反応は光が当たっているときに起きるが，前者のみが光エネルギーに依存した反応である．明反応はさらに次の3つの過程に分けることができる．

① 光化学系Ⅱ（PSⅡ）と呼ばれる複合体タンパク質における光エネルギーの吸収と水からの電子引き抜き反応による酸素の産生

② 光化学系Ⅰ（PSⅠ）での光エネルギーの吸収に伴った，PSⅡからPSⅠへの電子伝達によるプロトンのチラコイド膜内腔への汲み込みとPSⅠでのNADP$^+$の還元

③ チラコイド膜内腔からストロマへのプロトン移動によるATP合成酵素複合体を介したATP合成

暗反応は，別名"炭素固定"と呼ばれる大気中の二酸化炭素の炭水化物への変換反応である．明反応はす

べてチラコイド膜上で，暗反応はストロマと細胞質で行われる．

4.5.3 クロロフィルによる光エネルギーの吸収と電子伝達

光の吸収と化学エネルギーへの変換を担うPS ⅠとPS Ⅱには，シトクロムのヘムと同じような構造を有したクロロフィルがタンパク質複合体と結合して存在する（図4.12）．グラナに存在するPS Ⅱのクロロフィルには，光エネルギーの吸収を行うものと光電子伝達系に関わる"スペシャルペア"と呼ばれるものがある．スペシャルペアのクロロフィルの励起は680 nmの波長の光を吸収することで惹起される．そのため，前者のクロロフィルが様々な波長の光を吸収し，スペシャルペアが励起できるだけのエネルギーに調節し転移する役割を果たしている．

励起されたスペシャルペアから電子が放出され，電子は可動性電子キャリアのミトコンドリアのCoQに類似したプラストキノン（Q）に移動する．電子を放出したスペシャルペアクロロフィルは強力な酸化剤になり，PS Ⅱの酸素発生中心（OEC）において水からむりやり電子を奪い元の状態に戻る．この反応で酸素が発生する（緑色植物以外では，水以外の電子供与体から電子を奪う）．プラストキノンの電子は次に，ミトコンドリアの複合体Ⅲと類似したシトクロム b_6f 複合体，さらに別の可動性電子キャリア（プラストシアニン，PC）を介してPS Ⅰへと流れる．

PS Ⅰの電子受容体は，700 nm付近の波長の光を吸収して励起されたクロロフィル（スペシャルペア）で，そこから放たれた電子は最終的にストロマ側にある電子伝達体フェレドキシン（Fd）-NADP$^+$レダクターゼ（FNR）を経由してNADP$^+$に渡りNADPHを産生する．

つまり，光エネルギーにより放出された電子は，PS Ⅱ→シトクロム b_6f 複合体→PS Ⅰ→NADP$^+$へ伝達されNADPHを産生する．一方，PS Ⅱからシトクロム b_6f 複合体への電子伝達に共役し，ストロマからプロトンの汲み込みが起き，酸素発生時のプロトン産生と相まってチラコイド内腔にプロトンが蓄積される．チラコイド膜にはミトコンドリア内膜と同じようにATP合成酵素複合体が埋め込まれており，ミトコンドリアでのATP合成とまったく同じ機構により，プロトン駆動力を使ってATPを合成する（光リン酸化）．光合成のATP合成は，チラコイド膜がミトコンドリア内膜と異なり一部のイオンを通過させることができるため，膜電位変化が生じず，ほとんどがプロトンの濃度勾配による．また，この光エネルギーにより駆動される電子伝達系では，フェレドキシンからの電子がFNRではなく，シトクロム b_6f 複合体に戻ることもある（循環経路）点も，光合成に関わる電子伝達系の特徴である．

4.5.4 葉緑体の炭素固定：カルビン回路

二酸化炭素から糖の合成経路はカルビン回路と呼ばれ，明反応で得られたATPとNADPHを利用して，二酸化炭素を三炭糖化合物内に固定する反応である．二酸化炭素は，五炭糖のリブロース1,5-ビスリン酸との反応により，2分子の3-ホスホグリセリン酸を生成する反応を介して取り込まれる．この反応を触媒する

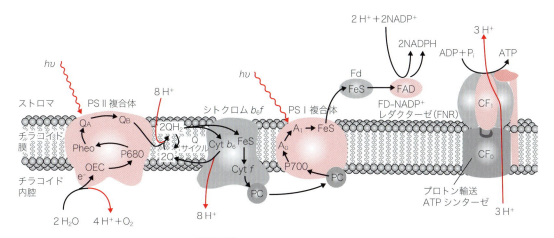

図4.12 チラコイド膜の電子伝達系

COLUMN

● がん細胞は，酸素が嫌い？ ●

1861年，パスツール（L. Pasteur）は，酸素が低い場合（嫌気的条件）では，酸素が十分にある場合（好気的条件）と比べて，酵母のアルコール生成量だけでなく，グルコース消費量も増えることを見いだした．酸素によって解糖系の代謝流速が低下するこの現象はパスツール効果と呼ばれる．これとよく似た現象は，激しい運動をしている骨格筋でもみられる．運動中の骨格筋では，必要な酸素が血液から十分に供給されないため，グリコーゲン（グルコースの組織での貯蔵物）分解により生じるグルコース 6-リン酸を急速に解糖系で代謝し乳酸を作ることでエネルギーを生み出し運動を支えている．

一方，1930年ワールブルグ（O. Warburg）は，がん細胞では，好気的条件でもグルコースの消費が旺盛で，解糖系で産生したピルビン酸をミトコンドリアで完全酸化するのではなく，乳酸に代謝することを発見した（ワールブルグ効果）．この特徴的ながんの代謝は，臨床でがんの診断を行うためのPET（Positron Emission Tomography）検査にも活用されている．この検査では，グルコースのC2に放射線ラベルしたフッ素を付加したフルオロデオキシグルコース（FDG）を体内に投与すると，がん細胞は正常細胞よりもグルコースを過剰に取り込むため，放射線が蓄積しイメージングが可能となる．しかし，最近の研究結果から，がん細胞が示すワールブルグ効果の原因はミトコンドリア代謝の障害ではなく，がん細胞自身が積極的にグルコースを乳酸に代謝する系を活性化しているだけでミトコンドリアの機能異常が原因ではないことがわかってきた．

酵素は，リブロース 1,5-ビスリン酸カルボキシラーゼ（ribulose 1,5-bisphosphate carboxylase, rubisco）で，葉緑体中の全タンパク質の 50％を占め，地球上のすべての好気的生物の生存を支える最重要酵素である．3-ホスホグリセリン酸はATPとNADPHにより解糖系を逆行することでグリセルアルデヒド 3-リン酸に代謝される（カルビン回路では，NADHではなくNADPHを用いる点が異なる）．産生されたグリセルアルデヒド 3-リン酸の一部はストロマから細胞質へ輸送されスクロースに代謝され，残りはリブロース 1,5-ビスリン酸に再生される．つまり，カルビン回路では 6分子の二酸化炭素を，明反応で得られた 18分子のATPと 12分子のNADPHを使って固定して 2分子のグリセルアルデヒド 3-リン酸をつくっている．この反応自体には先に述べたように光は必要ないが，暗くするとATPの消費を節約するために回路は停止する．

◇ 演習問題

問1 哺乳類の細胞における以下の問に答えよ．

(1) 解糖系とTCA回路はそれぞれ細胞内のどの分画で行われるのか．
(2) 解糖系（乳酸まで）あるいはTCA回路で 1 molのグルコースを代謝した場合，それぞれ何 molのNADHを産生するのか．
(3) 酸素が十分に利用できる状況下では，グルコースは最終的にどんな代謝産物に代謝されるのか．一方，酸素が利用できない場合にはどうか．
(4) 解糖系に依存してエネルギーを得る細胞はどんな細胞か．
(5) ミトコンドリア電子伝達系に電子を供与する物質は何か．また，それらは電子伝達系のどの複合体にそれぞれ電子を与えるのか．
(6) 電子伝達系で最終的に電子を受け取る分子は何か．
(7) 電子伝達系で電子が移動する間に，他にどのような仕事をしているのか．
(8) ミトコンドリアでATPを産生するための駆動力は何か．

問2 葉緑体における炭素固定で用いられる分子は何か．

5
生命の誕生から死まで：生殖，発生と分化，老化と寿命

　生命の誕生から死を，遺伝情報の受け渡しという観点から考えてみよう．我々の体を構成する体細胞は，父親と母親から受け継いだ2つのゲノムセットを有する．配偶子形成時には，減数分裂によってゲノム1セットに還元される．配偶子である精子と卵が受精という現象により受精卵となり，再び2つのゲノムセットを有することとなる．そして1つの受精卵を起源とし，発生と分化により個体形成が行われる．個体がもつ遺伝情報はこのように配偶子を介して次世代へ受け継がれるが，減数分裂時の相同染色体間の交叉により，両親から受け取ったものとは異なる遺伝情報を有する配偶子を子孫に受け渡すことになるのである．発生の過程は，卵に蓄えられた母親由来の因子の働きと，ゲノムにコードされた遺伝子の時間軸に沿った働きにより進行する．細胞同士がシグナルをやり取りして，細胞の運命が決定されていく．発生の過程で起きる細胞死はプログラムされており，個体の老化のメカニズムに関する研究から寿命を決めるメカニズムも遺伝子レベルで明らかにされつつある．

5.1 生殖と減数分裂

5.1.1 有性生殖と無性生殖

　単細胞生物の場合は，同じゲノムを有する個体の数の増加が，体細胞分裂（mitosis）に相当する増殖で行われる．一方，多細胞生物の場合，体細胞分裂は個体の成長や維持を行うためのものであり，個体数の増加は生殖（reproduction）を通じて行われる．生殖は，体の一部から新しい個体が発生するヒドラの発芽のような無性生殖と，特殊な生殖細胞を合体させて新しい個体をつくる有性生殖に分けられる．無性生殖では増えた個体はすべて原則として同じ遺伝情報を有する．これに対し，有性生殖は，2つの個体のもつ遺伝子を混ぜ合わせ，新しい組合せの遺伝子を有する個体をつくる過程に他ならない．真核細胞のゲノムは一般的に二倍体で，相同染色体のペアをn個有している．こ
れを一般的に$2n$と表記する．有性生殖の過程で形成される配偶子は減数分裂（meiosis）の過程で一倍体（n）となり，受精により雄性配偶子（精子）と雌性配偶子（卵）が融合することで二倍体（$2n$）の接合子（受精卵）となる（図5.1）．

5.1.2 体細胞分裂と減数分裂

　体細胞分裂では二倍体の細胞がDNAを倍に複製し，それぞれ2つの娘細胞に分配する．一方減数分裂では，二倍体の細胞がDNAを倍加させたあと（いわば$2n × 2$），2回の連続的な分裂（第一減数分裂と第二減数分裂）を経て一倍体の細胞を4つつくる．ただし後述するように，卵の場合は4つの均等な卵にはならないことが多い．

　減数分裂の過程を詳しくみてみると，これに先立つS期にDNAは複製され，染色体は2本の染色分体となっている．第一減数分裂の過程で相同染色体は寄り

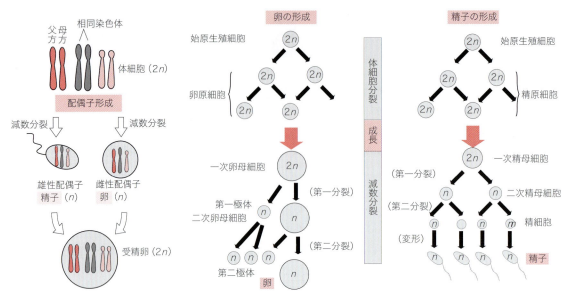

図5.1 ヒトにおける配偶子（卵と精子）形成

添って並び（対合），父親と母親由来の相同染色体間で交叉（crossing over）が起きる．この交叉のところで染色体の乗換えが起き，遺伝子の組合せが変わる．この遺伝的組換えはランダムに起きるので，父親由来の染色体と母親由来の染色体が混在した多様な染色体がつくられることとなる（図5.2）．相同染色体はそれぞれ独立して配偶子に分配されることになり，ヒトでは女性の場合23対の相同染色体があるので，その組合せは2の23乗（8.4×10^6）になる．第二減数分裂では染色分体が分離し，それぞれ1つの細胞に分配される．

5.1.3 配偶子の形成

有性生殖において配偶子をつくりだす器官が生殖腺で，雄では精巣，雌では卵巣である．減数分裂で生殖細胞が形成されるが，ヒトでの精子ができる過程（精子形成）と卵ができる過程（卵形成）はそれぞれ特徴がある．

▶ a. 精子形成

精細管と呼ばれる構造が精子形成の場であり，生殖細胞とそれを支持するセルトリ細胞（Sertoli cell）からなる．精細管と精細管の間を埋める間質にはテストステロンを分泌するライディッヒ細胞（Leydig cell）が存在する．生殖細胞の幹細胞に相当する精原細胞（spermatogonium）から一次精母細胞，さらに減数分裂の過程でつくりだされる二次精母細胞と精細胞が管腔に向かって並んでいる．1個の一次精母細胞が第一減数分裂により2個の二次精母細胞になり，第二減数分裂により4個の精細胞になる．一倍体である精細胞は精子（sperm）へと分化する．精子形成には主に次の4つの過程がある．

① ゴルジ体が融合して受精に重要な役割を果たす先体（acrosome）の形成
② 中心体から精子の運動に必要な鞭毛の形成
③ 精子の運動エネルギーを供給する多数のミトコンドリアの集合したミトコンドリア鞘の形成

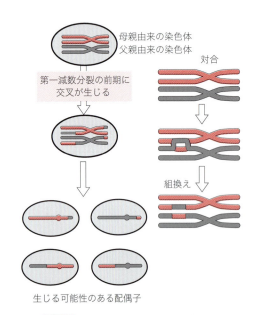

図5.2 配偶子の多様性を生み出す仕組み

④ 核タンパク質がヒストンからプロタミンに置換されることによりクロマチンの凝集が起き，核が不活性化

▶ b. 卵形成

卵原細胞（oogonium）が分裂を繰り返して数を増やし，第一減数分裂を開始し，一次卵母細胞となる．個体が成熟するまで第一分裂前期で停止している．個体が性的に成熟すると少数の細胞がホルモンの影響下で第一減数分裂を終え二次卵母細胞となり，さらに第二減数分裂を経て成熟卵となる．この過程で2個の極体が放出される．卵巣から卵が放出され受精する段階は種により異なる．ヒトの場合，二次卵母細胞が第二減数分裂中期で止まった状態で排卵され，受精において精子が細胞膜に接触した際に分裂を再開して，第二極体を放出して卵となる．減数分裂の細胞質分裂は細胞質を均等に分けることはなく，極体は著しく細胞質が少ない．一方卵の成熟過程でmRNAやリボゾームやタンパク質が蓄積する．

5.1.4 受　精

受精（fertilization）により個体の発生が始まる．このプロセスには，種特異的に引き起こされる先体反応（acrosome reaction）と，複数の精子が卵に入り込む現象（多精）を防ぐ多精拒否機構（rejection of polyspermy）が備わっている．

▶ a. 先体反応

精子が卵に近づくと卵表面にある特殊なマトリックスである透明帯（または卵黄膜）に存在する糖タンパク質と反応するが，このうちZ3は種特異的に精子の細胞膜上のZ3受容体と結合する．この結合が引き金となり，先体反応が起こる．先体反応では，精子内の先体胞中の加水分解酵素が放出され透明帯を分解して，精子の進入を可能とする．

▶ b. 多精拒否機構

精子の進入により卵の活性化が起きるが，その1つが多精拒否であり，もう1つが停止していた減数分裂の第二分裂中期からの分裂の再開である．この分裂再開には細胞内の遊離Ca^{2+}濃度の変動（カルシウムオシレーション）が必要とされる．卵の活性化が起きると，卵細胞膜直下に存在していた表層顆粒が細胞膜と融合し，顆粒内に含まれていた内容物を卵膜と細胞膜の間に放出する現象がみられる．これにより透明帯および卵細胞膜の性質が変化し，精子の進入ができなくなる．これが多精拒否機構として働く．

5.2 個体の器官形成，分化

5.2.1 初期発生の概略

我々のからだは，前後軸，背腹軸，左右軸をもち，外側は表皮，内側に筋肉，さらに内側は内臓といった特徴的な層構造になっている．1つの受精卵から複雑なからだができる発生の過程には種による違いがあるものの，共通する部分も多い．これは進化の過程を経ても普遍的な原則であるからだろう．前後軸と背腹軸の形成と特徴的なからだの層構造は，原腸胚（gastrula）までに達成される．まずこの初期発生の概略は，次の3つのステージ，

① 卵割（cleavage）の繰り返しによる細胞数の増加
② 三胚葉—外胚葉（ectoderm），中胚葉（mesoderm），内胚葉（endoderm）の形成
③ 原腸陥入（gastrulation）と呼ばれる，中胚葉と内胚葉の細胞が大規模な細胞運動により内部に移動する現象

により理解できる．これらの過程により，前後に伸びて前後・背腹で異なる構造を有し，外側が外胚葉，内部が内胚葉で，その中間が中胚葉からなる層構造を有する個体が発生する．

5.2.2 卵　割

卵には発生に必要な栄養として卵黄が含まれており，生物種によりその量や分布により卵割のパターンが異なる．ショウジョウバエでは，M期において細胞質分裂を伴わず，M期とS期を交互に繰り返して核の数を増やす表割（superficial cleavage）が生ずる．その後卵表面に核が集合し，卵表面から細胞質の仕切り（細胞膜）が落ち込んで，ひとつひとつの核が細胞質で隔てられた細胞となる．これにより多核性胞胚（syncytial blastoderm）から細胞性胞胚（cellular blastoderm）へと発生が進む．魚類や鳥類では動物極（animal pole）側が卵割する盤割と呼ばれる様式をとる．ウニでは等割と呼ばれるようにほぼ均等に卵割が進むのに対して，カエルでは動物極では割球が小さく，植物極（vegetal pole）では大きい不等割である．卵割が進み，桑実胚期，胞胚（blastula）期となる．この時期になると内部に胞胚腔（blastocoel）が生ずる．

5.2.3 三胚葉形成と原腸胚

カエルの場合，胞胚後期になると，黒褐色の動物極

表5.1 3つの胚葉から分化する組織・器官

胚葉	分化する組織・器官
外胚葉	・皮膚の表皮（毛，つめ，汗腺など） ・眼の水晶体，角膜，口唇上皮 ・脳，脊髄，脳神経，眼の網膜
中胚葉	・脊索 ・体節，脊椎骨，骨格，骨格筋，皮膚の真皮 ・腎臓，輸尿管，生殖腺 ・内臓筋（平滑筋），心臓，血管，結合組織
内胚葉	・消化管（食道，胃，小腸・大腸の内側の上皮） ・中耳 ・肺，気管

側の細胞が増えて，赤道面の下まで広がり，胞胚腔は動物極側に偏った位置にできる．発生が進むと，植物極側の赤道面近傍に半月状の溝ができ，この溝を通って外側の細胞が内部に侵入して陥入が開始される．この溝が原口（blastopore）と呼ばれ，原口の動物極側が原口背唇部（dorsal lip）であり，この領域の細胞が増殖しながら内部へ陥入を続け，胞胚腔の天井を伸長していく．このため内部では胞胚腔にかわり，広く空いた原腸が形成される．原口の出現以降からこの時期までの胚は原腸胚と呼ばれる．原腸の周りに内胚葉が，その外側に中胚葉が，最外層に外胚葉が位置することとなる．その後，外胚葉は胚の表面を覆う表皮と背側を前後に走る神経管に分化する．中胚葉からは脊索とその両側の部分から体節，腎節，側板が分化し，それぞれが表5.1に示す器官へと分化していく．内胚葉からは消化管の他に肺，気管に加え，中耳も形成される．ここで，皮膚を形成する表皮が外胚葉，真皮は中胚葉由来であるように，臓器によっては複数の胚葉由来である点は注意すべきである．

このように，脊椎動物などは三胚葉が形成され，各臓器・器官へと分化が進むが，三胚葉へと分化する前に将来生殖細胞になる細胞群が分化し，脊椎動物では始原生殖細胞と呼ばれる．中胚葉由来の生殖堤へと自律運動により移動する．これにより生殖腺形成が開始される．

5.2.4 誘導，分化，運命拘束

三胚葉形成から器官形成の過程を細胞レベルでみてみると，そこには細胞間のコミュニケーションによる誘導（induction）と分化（differentiation）の仕組みがある．このことを脊椎動物の眼の形成過程を例に考える．眼の構造のうち，水晶体（レンズ）と角膜は外側の表皮から，網膜は内側の神経管から生じる．神経管の前端がふくらみ脳胞ができると，この部分から袋状の眼胞がせり出し，やがて前端がややくぼんだ杯状の構造である眼杯となる．眼杯は表皮に働きかけ細胞を肥厚させる．厚くなった表皮は水晶体予定域として陥入する．眼杯自体は網膜へと分化する（図5.3）．この眼杯が表皮に作用するような，隣接する細胞集団への働きかけのことを誘導と呼ぶ．眼杯を取り除いた場合は表皮から水晶体はできない．一方，眼杯を頭部以外の表皮の下に移植しても水晶体は誘導されない．このように受け手側にも感受性が必要であり，反応性（competence）と呼ばれる．このように反応性のある表皮は，眼杯の誘導を受けて水晶体へと分化する．分化とは，表現型として目に見える形に変化したことをいう．しかし実際は，目に見える分化が起こる前に，分化への方向づけが起きており，この方向づけが起こったことを拘束（commitment）と呼ぶ．

5.2.5 体軸形成

三胚葉形成と器官形成を個体レベルでみてみると，この間で重要になってくるのが体軸の形成である．体軸には主に，①前後軸，②背腹軸，③左右軸があるが，前後軸と背腹軸の決定過程を中心にみてみよう．まず，ショウジョウバエでの形態形成過程を，そしてカエルの背腹軸の決定過程を述べることとする．発生の早い段階では，受精卵にすでに存在するタンパク質やmRNAから順次合成されるタンパク質が重要であり，これらは母親由来の遺伝子がこの役割を担うので，母

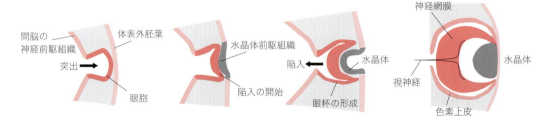

図5.3 脊椎動物における眼の形成過程

性効果遺伝子（maternal effect gene），その mRNA を母性 mRNA と呼ぶ．

▶ a．ショウジョウバエの体軸の決定

1980 年代にショウジョウバエ胚の突然変異体のスクリーニングにより，初期の形態形成の過程が，広い領域の決定から狭い領域の決定へと階層性をなして順次進行することが明らかとなった（図5.4）．これは主に次の3つのステップに分けられる．

① 前後軸の極性の決定
② 体全体を体節に区切り，各体節の極性を決める分節の過程
③ 各体節にアイデンティティー（identity）を与えて体節ごとに機能分化する過程

前後軸と前後末端の決定は，母性 mRNA によるところが大きい．前方のビコイド（bicoid）と後方のナノス（nanos）mRNA は卵細胞の前後に偏在しており，それぞれの mRNA が翻訳されるとビコイドとナノスのタンパク質の濃度勾配が胚の前後軸で形成される．前述のように，ショウジョウバエでは核だけが分裂する表割という形式をとり，多核細胞のような状態にあり，ビコイドとナノスが直接核に働きかけ，その濃度勾配のパターンに応じて転写因子であるギャップ遺伝子（gap gene）の発現を引き起こす．このギャップ遺伝子群，ペアルール遺伝子（pair-rule genes）群，セグメント・ポラリティー遺伝子（segment-polarity genes）群は分節遺伝子群と総称され，体節を形成していく．ペアルール遺伝子群も転写因子であるが，セグメント・ポラリティー遺伝子群はシグナル伝達に関与する場合が多い．

次は，このように形づくられた体節にそれぞれ固有の機能をもたせる過程である．体の一部の構造が他の構造と入れ替わるような発生異常が知られており，ホメオーシス（homeosis）と呼ばれていた．そして，この現象を支配する遺伝子をホメオティック遺伝子（homeotic gene）と呼んでいる．ショウジョウバエではこのような遺伝子は第三染色体上に 2 つある．アンテナペディア（Antennapedia）遺伝子群とバイソラックス（Bithorax）遺伝子群である．これは突然変異体のうち，それぞれ頭部の触角が脚に置き換わった変異体 Antennapedia（Antp）と 4 枚の翅をもつ変異体 Ultrabithorax（Ubx）に由来する．後者は，普通では胸部に 1 対の翅が生えるが，突然変異により胸部が 2 つできたために翅が 2 対（4 枚）となったものであり，Bithorax と呼ばれる所以である．その後，これら 2 つ

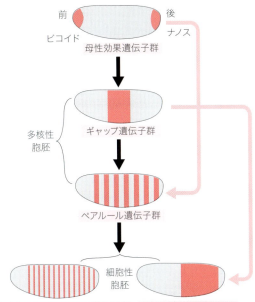

図5.4 ショウジョウバエにおける形態形成遺伝子の階層的発現

の遺伝子群が 8 つのホメオティック遺伝子から成り，その染色体上の配置と各遺伝子が作用する体節の配置が同じ並びになっていることがわかった．さらに脊椎動物でもこれらに相当する遺伝子群が存在し，それぞれ前後軸に沿ってショウジュバエと同様なパターンで発現することがわかったのである．ホメオティック遺伝子には 180 塩基の相同性の高いホメオボックス（homeobox）があり，翻訳されたタンパク質はホメオドメイン（homeodomain）と呼ばれる．ホメオドメインは DNA に結合し転写を調節する部分であり，進化の過程で保存されてきたと考えられる．脊椎動物では一連の遺伝子は *Hox* と呼ばれ，哺乳類では *HoxA-HoxD* の 4 セットあることが知られている．

▶ b．カエルの背腹軸の決定

次に脊椎動物のカエルの胚を例に背腹軸の決定がどのようになされるのかを述べる．カエルの場合，前述のように受精前の卵では動物極と植物極が決まっているが，受精と同時に背側と腹側の向きが決定する．それは，受精により卵細胞の細胞質の表層部分が回転し，その移動により，胚の背側を決定する母性因子が植物極から胚の片側の赤道付近まで移動し，結果として精子の進入した側と反対側が将来の背側となるのである．この因子により，核内に β-カテニンの蓄積が起こり，背側を決定する因子が誘導されることになる．これにより，胚の背側を決定づけるオーガナイザー

（organizer，形成体）と呼ばれる領域が形成され，背側の構造や神経系の形成が引き続き行われることとなる．

5.3　細胞分化と幹細胞

　発生の過程を細胞レベルでみると，発生の初期には高い増殖能を有し，未分化な状態であるが，やがて異なった形態や機能をもつようになる．このように発生過程で細胞が特殊化することが細胞の分化である．個体を構成する細胞は，同一の遺伝情報をもつが，分化した細胞ではそれぞれに特徴的な遺伝子が発現している．成体では多くの細胞は細胞増殖という観点からみれば，休止した状態にあるが，成体でも消化管の上皮のように，多くの細胞が失われ，それに相応する数の細胞がつくられる場合がある．これは細胞再生と呼ばれる．増殖能という点から，以下の3つの細胞群に分けられる．

① 分化した細胞で細胞再生は行われない：神経細胞，心筋など
② 体性幹細胞（somatic stem cell）（細胞再生系）：皮膚，消化管，造血組織など
③ 条件的細胞再生系：分化した細胞で，通常は1，2年で1度位のゆっくりしたペースで分裂するが，状況に応じて再生する能力を有する：肝臓など

　幹細胞（stem cell）とは，特定の細胞に分化して，組織や器官・臓器を形成する能力をもつと同時に，未分化のまま増殖を続けることができる細胞と定義される．幹細胞が分裂して2つの娘細胞ができると，一方は分化して特定の機能を現すようになり，もう一方は幹細胞にとどまるという非対称分裂を行い，自己複製をすることが，幹細胞の特徴である．このように分裂を繰り返して，分化した細胞を供給し続けるが，造血幹細胞の場合はつくり出される細胞は多種類に及ぶ．これらの幹細胞が体性幹細胞と呼ばれるのに対して，初期の胚から取り出され，個体を構成するどのような細胞にも分化することができる幹細胞を胚性幹細胞（ES細胞，embryonic stem cell）と呼ぶ．

5.4　プログラムされた細胞死

　細胞死（cell death）は，ネクローシス（necrosis）とアポトーシス（apoptosis）と呼ばれる状態に大別される．細胞が何らかの損傷を受けた場合など細胞が徐々に膨らみ，ミトコンドリアも膨らんでやがて崩壊し，細胞膜も破れて細胞質が流れ出て周囲に炎症が引き起こされる場合をネクローシスと呼ぶ．これに対してアポトーシスは「自発的に起きる細胞死」と表現されることが多い．発生の過程で観察されることも多く，プログラム細胞死（programmed cell death）と呼ばれることもある．アポトーシスのシグナル伝達はカスパーゼと呼ばれるタンパク質分解酵素の連鎖反応によって伝達される．細胞内のミトコンドリアからシトクロムcというタンパク質が細胞質に放出され，カスパーゼの連鎖反応が始まる場合と，細胞外からのシグナルが引き金となる場合がある．後者はウイルス感染した細胞を殺すために起きる場合などで，Fasというシグナル分子が受容体に結合し，これを活性化することによりカスパーゼの連鎖反応を引き起こすことが知られている．カスパーゼはDNAを分解する酵素を活性化するのでDNAを180〜200塩基に断片化する．断片化したDNAが検出されることもアポトーシスの特徴である．

5.5　老化・寿命

5.5.1　細胞の老化——テロメア

　成体では体細胞分裂により細胞の数を増やしていくが，この増殖は無限に可能であろうか．皮膚線維芽細胞を継体培養した場合，およそ50回の細胞分裂後に分裂能が失われることが知られている．これはテロメア（telomere）と呼ばれる染色体末端のDNA構造の短縮によると考えられている．テロメアはTTAGGGが10000塩基ほど繰り返されている構造で，この繰り返し部分の一番端は相補鎖がなく，折り返されたループ状の構造を取っており，テロメア結合タンパク質によって安定化している．体細胞の分裂では50〜100塩基ずつ短縮していくことが確認されており，細胞分裂のカウンターの役割を果たしていると考えられている．発生の初期や成体の幹細胞では，テロメアの短縮を元に戻すテロメラーゼ（telomerase）という酵素が発現しており，テロメアの短縮が起こらず，何回でも分裂することができる．テロメラーゼがない体細胞ではいずれ分裂能を失うので，これを細胞老化と捉えることができる．これが個体の老化の1つの要因と考え

COLUMN

● **体細胞クローンとリプログラミング** ●

同じ遺伝子構成をもつ細胞集団あるいは個体をクローン（clone）という．一卵性双生児はこの意味でクローンといえる．体細胞の核を未受精卵の核を取り除いたものへ導入して，個体へと発生させたものを体細胞クローンと呼び，アフリカツメガエルでの成功例は1962年に報告されている．哺乳類では1997年に報告されたヒツジの"ドリー"が有名で，その後マウスを含め様々な動物種での成功例が報告されている．体細胞の核は，分化に伴いDNAのメチル化など様々な修飾などにより，生殖細胞の核とは異なった状態にあるが，未受精卵細胞内環境が体細胞の核のDNAをリセットするわけであり，この核のリプログラミング（reprogramming）の機構は未だ不明な点が多く，現在盛んに研究されている分野である．体細胞に4つの遺伝子を導入してES細胞様の幹細胞をつくり出せることが2006年に報告された．このiPS（induced pluripotent stem）細胞は，再生医療への応用が始まっているが，核のリプログラミングの分子メカニズムは，生物学的な意味で大変興味深い．

られている．

5.5.2 老化・寿命と遺伝子

それでは，個体の老化，寿命を決める仕組みはどこまで明らかにされているだろうか．老化あるいはヒトの寿命に環境要因が関係することは間違いない．過食などによるメタボリックシンドロームは寿命短縮に働く．一方，長寿の家系の存在や，遺伝的早老症という病気があることで，遺伝子の働きで老化や寿命が影響を受けることがわかってきている．早老症の1つウェルナー症候群（Werner syndrome）はDNAヘリカーゼの一種をコードしている遺伝子の変異による常染色体劣性遺伝病である．この遺伝子がコードしているタンパク質はエクソヌクレアーゼ活性も有し，DNA損傷の修復に関与しており，遺伝情報の安定化に寄与していると考えられている．

このように，老化の原因としてDNA損傷の蓄積や活性酸素ストレスなどが考えられてきたが，近年カロリー制限と寿命の延長が注目されている．線虫やショウジョウバエの研究から，インスリン様増殖因子，インスリン受容体，PI3Kに至るシグナル伝達系の遺伝子変異が寿命の延長をもたらすことが明らかにされてきた．これらの変異はエネルギー代謝を低下させるもので，実際カロリー摂取を制限することで同様に寿命の延長が認められた．酵母の研究で *Sir2* という遺伝子のサイレンシングに関連する遺伝子の機能が高まると寿命が延長されることがわかってきた．*Sir2* のマウスやヒトのホモログであるサーチュイン（Sirtuin）がカロリー制限で発現が増加することもわかった（図5.5）．ヒトでもカロリー制限による寿命延長効果があ

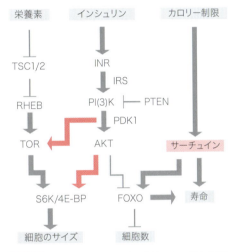

図5.5 カロリー摂取と寿命の関連したシグナル伝達

るのか注目されている．カロリー過剰摂取によるメタボリック症候群が，寿命を短縮する効果があることを考え合わせると興味深い．こうしたアンチエイジング研究は今後ますます盛んに行われるであろう．

■ **参考文献**

1. 井出利憲：分子生物学講義中継 Part3，羊土社，2004．
2. 村井耕二：発生生物学，化学同人，2008．
3. Jonathan Slack 著，大隅典子訳：エッセンシャル発生生物学 改訂第2版，羊土社，2007．

◇ **演習問題**

問1 体細胞分裂と減数分裂の分裂過程の違いを4つあげよ．

問2 減数分裂により多様な遺伝子の組合せが可能な理由を2つあげよ．

問3 ヒトの卵形成の特徴を，減数分裂のステージと関連づけて説明せよ．

問4 受精における先端反応と多精拒否の機構を説明せよ．

問5 外胚葉，中胚葉，内胚葉由来の組織・器官を3つずつあげよ．

問6 誘導という現象を脊椎動物の眼の形成過程を例に説明せよ．

問7 ショウジョウバエの体軸形成過程における形態形成遺伝子発現の階層性とは何か説明せよ．

問8 テロメアの働きについて説明し，テロメアの短縮しない例を2つあげよ．

6 生物の進化

生命はどのようにして誕生し，またどのように多様性を獲得してきたのだろうか．これら生物の進化に関わる命題に従って，始めに地球上で最初の細胞が生じて特定の分子が遺伝子情報を伝達・発現し，また進化した過程について考える．膜に包まれたこれらの分子は，自己複製する細胞に不可欠である．続いて，小さなバクテリア様の細胞から，今日の動植物にみられるようなはるかに大きくて複雑な細胞へと進化した変遷について述べる．さらに単細胞が多細胞生物を形成し，専門化した細胞が協調して器官をつくり上げるに至った経過について考える．最後に，動物の基本構築にみられる共通パターンがボディプラン成立の基盤となっていること，この保守性が多様性と進化に重要な意味をもつこと，さらにそれを上回るような新機軸がかたちの変化を生みだしたことについて考察する．

6.1 生命の誕生 ─自然発生説から微生物の発見まで

生命はどのように誕生したのだろうか．この命題について最も始めに突き詰めたのはアリストテレス（Aristotle）であり，紀元前4世紀にまで遡る．アリストテレスは西欧文明の起源とされるギリシャが到達した自然理解の高みにあり，自然を詳細に観察することで得られた成果として，西欧の生物学に大きな影響を与えた．彼は，昆虫やダニが自分たちの親以外に露・泥・ゴミ・汗から自然に発生することを観察しており，またエビ・ウナギが泥から自然に生じることも確信していた．これはアリストテレスによる生物の「自然発生説」と呼ばれ，ルネサンス時代の14〜16世紀まで世間に広く受け入れられていた．その自然発生説を初めて実験することで否定したのが，レディ（F. Redi 1665）である．彼は，2つの容器のそれぞれに死んだ魚を入れ，片方には目の粗いメッシュで蓋をし，もう片方には何もかぶせない状態で数日間放置することで，蓋をしない方の魚においてのみウジが湧くことを観察した．このように簡素な実験ではあるものの，当時実験という手法を用いて証明することがどれほど希少で価値のあるものであったかをうかがわせる．その後1860年パスツール（L. Pasteur）がかの有名なS字状の白鳥の首型丸底フラスコを用いた実験を行った（8章コラム参照）．彼は，フラスコの底に肉汁を入れガラスの口をS字状に引き延ばして煮沸したあとに放置しても，内部の肉汁は腐敗しなかったことから，生物は外界からやってくると結論付けた．これはのちの顕微鏡を用いての微生物の発見につながった重要な実験として位置付けられている．

6.2 化学進化説

20世紀になると，地球の誕生に伴ってどのように最初の生命が生じたのかについて議論されるようになった．1922年にオパーリン（A. I. Oparin）は原始海洋から生命が誕生することを唱えた．それは以下の段階を経て起こると考えられる．

① 原始地球を構成する多くの無機物から，有機物が生じる．
② 原始海洋は高分子有機物を含む．
③ 原始海洋の中で，脂質がミセル化した高分子集合（コアセルベート）ができる．
④ この高分子集合が有機物を取り込んで，最初の生命が誕生した．

これをオパーリンのコアセルベート説と呼び，原生動物などの細胞内の原形質と多くの類似性をもつことから，生命発生の一段階として想定された（1936年）．

この最初の生命の起源に関わる実験がユーリー（H. C. Urey）とミラー（S. L. Miller）によって1953年に行われた（ユーリー=ミラーの実験）．彼らは，当時原始地球の大気組成と考えられていたメタン，水素，アンモニアを無菌化したガラスチューブに入れ，水の存在下で長期加熱しながら放電したところ，アミノ酸が生ずることを示した．これはオパーリンの原始地球に存在する無機物から最終的にアミノ酸が生じたという仮説を裏付ける実験的基礎を与えるかのようにみえた．しかしその反駁として，有機化合物の普通の実験室的合成では，常に非対称分子の2つの型の均等な混合物（ラセミ体）が得られる．つまりユーリー=ミラーの実験では常にアミノ酸のラセミ体が形成されるのに対して，自然界では天然タンパク質の成分であるアミノ酸は完全に左の対象体のみという矛盾がある．

6.3 新しい化学進化説

新しい化学進化説は，セントラルドグマ（central dogma，中心教義ともいう）の発見に伴って新たに唱えられた化学進化説である．このセントラルドグマは，1958年にクリック（F. H. C. Crick）により，飛躍的発展を遂げつつあった微生物遺伝学および分子遺伝学的研究を基に生物の一般原理として考えられた．すなわち，全ての生物において遺伝情報は核酸分子の中に塩基配列というかたちで刻まれており，それが子孫に伝えられるときには核酸から核酸へと伝達され（DNA→DNA），形質を発現するときには核酸からタンパク質へ伝達される（DNA→RNA→タンパク質）．そしていったん遺伝情報がタンパク質に移されると，それがタンパク質から核酸へ戻されたり，あるいはタンパク質から他のタンパク質に移されるようなことはない．したがって核酸やタンパク質の生合成においては遺伝情報は一方向にのみ流れ，ひとたび情報がタンパク質に出てしまうとそれから逆に流れることはない．

このセントラルドグマに則って，各段階における物質のいずれかが土台となった仮説が存在する．まず始めにRNAワールド仮説は，リボザイム（1981年）やレトロウィルスの逆転写酵素（1970年）の発見から，最も有力な説として受け入れられている（ウーズ（C. R. Woese，）1967年）．リボザイムとは，RNAを構成成分とする触媒，つまりRNA酵素のことである．そして逆転写酵素とはRNAを鋳型にしてDNAを合成する酵素を指すため，遺伝情報がRNAからDNAにも流れるという従来の考えを覆すものであった．すなわちRNAが存在しさえすればタンパク質は作製され，かつDNAも形成されるという，中心的位置を占める物質としてRNAが存在したという仮説である．

またプロテインワールド仮説は，セントラルドグマのあらゆる反応に酵素の触媒は関与しているゆえに重要であるとの主張である．まずアミノ酸ができ，重合してポリペプチド，さらにタンパク質がつくり出され，これが触媒として働いて生命をつくり出したという仮説である．ただし，ペプチド自体には複製能力がないことがこの説の重大な欠点と考えられている．

一方でDNAワールド仮説は，DNAリガーゼ機能をもつデオキシリボザイム（2004年）の存在が確認されたことから，DNAもRNAと同じように触媒作用をもつことが明らかとなった．

6.4 原始生物の誕生

生命を構成する成分がどこでつくられたかについては，いくつかの説がある．宇宙から隕石によって供給された説，大気中のメタンや二酸化炭素からつくられた説，海の満ち引き時の潮だまりに生命のスープが溜まり泡からつくられた説などがある．太古の岩石の分析からアンモニア，メタン，水素は豊富になかったことが明らかにされ，ユーリー=ミラーの実験は忘れ去られたように思えた．ところが，のちに彗星や小惑星に有機分子が豊富にみつかったことから，一転してこの実験の擁護がなされるようになった．これらの有機分子はガスへの放電によってできるものと近いアミノ酸であることも知られている．結局のところ，宇宙に由来したとの見解に落ち着いている．

これと並ぶ最近の有力な説は，海底火山の噴出孔付

近の高温・高圧環境のもとで，メタンやアンモニアから硫化水素が還元することによりアミノ酸などの有機物がつくり出されたというものである．まず，16S リボゾーム RNA の配列に基づく現存生物の分子系統進化学的解析によると，高温・高塩・強酸といった異常環境に生息するメタン生成細菌は，従来の原核生物や真核生物とは異なり，独立した第 3 の生物群の古細菌 (Archaea) として存在することが明らかになった（ウーズ，1977 年）．すなわち，古細菌，真正細菌（バクテリア (Bacteria)，つまり古細菌を除く全ての原核生物），真核生物 (Eucarya) の 3 つのドメインに分類されるというものである．古細菌は生息環境が地球上の原始的環境に酷似していると言われている．3 つのドメインの系統関係に関して，1989 年に「古細菌は真正細菌よりも真核生物に近縁である」という結論がもたらされている．

また 1985 年にブラックスモーカー（酸性の熱水噴出孔）の発見から，硫黄細菌が硫化水素などから水素を取り出し，二酸化炭素に結合して有機物をつくり出すことが考案された．ところが，二酸化炭素を有機物にするにはエネルギーが要り，そのエネルギーを供給するためには酸素が必要となる．このジレンマを打開するためにヴェヒターズホイザー (G. Wächtershäuser) は，硫化水素と鉄が反応することによって黄鉄鉱と極微量なエネルギーが得られることを見出した．ところがこのエネルギーは有機物の産生を実現するほどの量ではなかった．そこで彼は，その中間体として一酸化炭素の存在を打ち出した．この一酸化炭素は触媒としても特異な能力をもっていることが知られている．つまり硫化水素，黄鉄鉱，一酸化炭素があれば生命が誕生すると提唱したのである．実はこれにも反駁があり，それは産生される有機物の濃度の問題であった．ある一定量の有機物が存在しなければ，やがてそれは分解され，ましてやそれをもとに様々な生命体を構成するような分子は作製されなかっただろう．

そこでラッセル (M. Russell) とマーティン (B. Martin) は，ロストシティーと呼ばれる高アルカリ性を示す熱水噴出孔の発見から打開策を打ち出した（1994 年）．彼らは，鉄とニッケルと硫黄を触媒として，逆クレブス回路を使って水素と二酸化炭素から，ナトリウムやプロトンの濃度勾配を用いた化学浸透圧により，一定量のエネルギーを産生したと考えた．これによって少なくとも有機物が産生されると見込まれたのだ．

このように約 40 億年前の海の誕生からまもなく起こった生命の黎明期に，最初の生物は，光の届かない海の奥底でわずかなエネルギーを用いて硫化水素などから有機物をつくり出し，ひっそりと暮らしていたと考えられる．現在でもその末裔と思しき古細菌類は存在し，海底熱水噴出孔付近の数百度に達する環境の中で，ほぼ同じ環境で同じ一連の反応を行って生命をつないでいると思われる．

6.5 真核生物の初期進化と共生説

今から約 32 億年前に，光を用いてエネルギーをつくり出すことのできる生命が誕生した．この生物は，従来生命を傷つける存在であった光エネルギーを利用し周囲に無尽蔵にある二酸化炭素を反応させることによって，効率的にエネルギーを得るようになった．それまでの生物は環境中にある栄養分を分解するだけであったが，自ら光合成でエネルギーをつくり出すことにより，噴出孔以外の場所でも生きられるように進化したと考えられている．

最初に誕生した生命は硫化水素などの栄養資源を分解する古細菌であった．そこから資源のないところでも自分自身で栄養をつくって生きていける化学合成細菌・光合成細菌（シアノバクテリア，あるいは α 族プロテオバクテリア）などの真正細菌が誕生した．その増殖に伴い海底で暮らしていた古細菌の中からそれを食べるために適応する原始真核生物が出現した．真正細菌の進化は自分で栄養をつくり出す生産者としての進化でもある．それに対して原始真核生物は，他の生物がつくり出す栄養に依存して進化した．細菌類は小さな体で最小限の遺伝子をもち，増殖速度を最大にする戦略を取ったが，原始真核生物は栄養を自分の体内に取り込んで消化するために，細胞の大型化を図った．さらには細胞膜の発達とともに次第に核の構造がつくられるようになった．この核の存在はのちの進化の方向性に大きく影響を及ぼした．またそれは一方で副産物として酸素がつくられるというリスクのある方法であった．当初，原始真核生物は無酸素状態の海底で暮らしていたが，27～20 億年前頃，酸素が増加したことにより，環境が大きく変化したことがわかっている．現在鉄鉱層から得られる鉄のほとんどはこの時期につくられ沈殿した酸化鉄である．酸素は生命にとっては毒物であったため，有害な酸素に触れた生物は死滅した．海中に酸素が増えるに従って，原始真核生物は酸

素の脅威にさらされるようになったのである．

　有害酸素対策には2つあげられよう．まず1つ目は，酸素分解酵素の発明である．これは酸素が遺伝子を傷付けることから自分の身を守るためである．さらに重要でダイナミックともいえる2つ目は，異なる生命，つまりシアノバクテリアを取り込むことである．この時点で誕生していた細菌の中には酸素を利用してエネルギーをつくり出すものがいた．原始真核生物は細菌を食べる際にはいったん体内に取り込んでから消化・吸収をする．しかし彼らは，光利用細菌を取り込んだ段階で消化せずに自分の体内で生かし続け，酸素の利用をさせるようになったと考えられている（共生説，マーティン（B. Martin）2002年）．太古の昔に生命の取り込みが行われていた証拠は，人間の体内のみならずほとんどの生物の細胞内に見られる．それがミトコンドリアであった．

　原始真核生物はミトコンドリアを体内に保有することによって，従来毒物でしかなかった酸素を利用して大きなエネルギーを獲得する方途を得た．それ以外にも複数の生物が互いに取り込み，あるいは取り込まれていきながら激変する環境の中を生き延びていったのだろう．酸素に対抗する能力をもてなかった生物は死滅するか，あるいは酸素のない環境で生き延びる工夫をするしかなかった．我々の細胞の中にあるミトコンドリアは核内の遺伝子とは別の遺伝子をもっており，はるか昔に宿主の細胞に取り込まれた別の生物だといわれている．またミトコンドリア以外の鞭毛や葉緑体なども，この時期に異なる生命が合体することによりできたといわれており（連続共生説，マーグリス（L. Margulis）1970年），その名残は現在の生命に刻まれていることだろう．

　こののちの約20億年前には本格的な真核生物が誕生する．彼らは，大きな体にエネルギー，そして様々な機能と膨大な遺伝子をもつようになった．ところで細菌類は現在でも衰えることなく繁栄を続けているが，最小限の遺伝子で生存する選択をしたため，大きなかたちの変化には至っていない．光合成細菌を取り込んで自分の体内で光合成をするようになった真核生物の中からは，植物へと枝分かれしていくものが出現した．もともと光エネルギーを栄養分につくり替えるという能力は細菌がもっていたものであるが，その細菌を取り込むことにより，光合成の能力をもった真核生物が誕生した．葉緑体をもたなかった真核生物は積極的に栄養を取り込んでいかなければならないため，運動能力を発達させた．一方で，植物は動かなくとも栄養を得ることができた．32億年前に細菌が始めた光合成は，このようにして真核生物でも可能になり，そこから生まれた植物は独自の進化を選んだと考えられる．

6.6　ミトコンドリア・イブ

　雄には精子が，雌には卵子がある．いずれもその核にある遺伝子を手渡すが，普通の状況では卵子のみがミトコンドリアを次世代へ伝える．このミトコンドリアDNAの母系遺伝を利用して，全人類の祖先が17万年前にアフリカで生きていた「ミトコンドリア・イブ（今日生きている全人類にとって最後の共通祖先となる女性）」にまでたどることができる（カン（R. Cann），ウィルソン（A. Wilson），ストーンキング（M. Stoneking）1987年，図6.1）．

　全ての真核生物は，核ゲノムのほかにミトコンドリアゲノムをもつ．ミトコンドリアゲノムは核ゲノムに比べて小さく，遺伝子群は密に詰め込まれており，ヒトに至ってはイントロンがまったく存在しない．ヒトのミトコンドリアゲノムは16,569塩基対からなり，37遺伝子を含む．核ゲノムが直鎖状DNAで各染色体に分かれて格納されているのに対し，ミトコンドリアゲノムは1本の環状DNAであり，ミトコンドリア1個あたり約8,000分子の環状DNAが存在する．ミトコンドリアの遺伝暗号は，普遍的な遺伝暗号と異なるものが存在する．ミトコンドリアに局在するタンパク質の一部は核ゲノムがコードし，細胞質で合成されたのちミトコンドリアに輸送されるものがある．ミトコンドリアDNAと核DNAの決定的違いは変異速度である．ミトコンドリアDNAの変異速度は平均して核DNAに比べて20倍近く速い．つまり進化が速いということになる．この進化速度から，最後の共通祖先の時代が約17万年前と見積もられている．

　受精時に精子由来のミトコンドリアは切り離され，核のみが卵子と結合する．つまり受精卵のミトコンドリアは母性遺伝とされている．そこで世界の5つの地域集団から現在生きている147人のミトコンドリアDNAを採取しその変異解析に基づいて系統樹を作成して，人類の祖先，いわゆるミトコンドリア・イブを探る試みが行われた．その結果，現代人の祖先は全てアフリカの集団につながり，人類の起源はアフリカに17万年前にいた1人の女性から引き継がれたもので

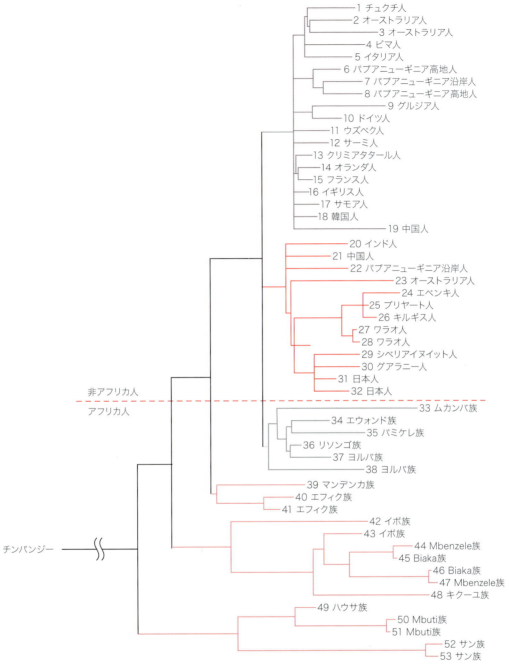

図 6.1 ミトコンドリア・イブ：147 人の人種・民族のミトコンドリア DNA のゲノム配列に基づいて作成された系統樹．非アフリカ人の祖先をたどると，全てアフリカ人と共通の祖先から分かれている．

あると推測された．それに加えて，人類の 10〜20% にヘテロプラスミー（出自の異なるミトコンドリアの混在）がみられることがわかり，それは父方のミトコンドリア DNA の混入というよりはむしろ，突然変異であることが明らかになりつつある．

6.7 生物の多様性

今日の地球上にみられる生物の多様性は約 40 億年の進化の結果である．科学によっても生命の起源の詳

細は不明であるが，地球形成後約10億年（35億年前）には生命が確立したことを示唆する証拠がある．約12億年前までは，全ての生物はバクテリアなどの単細胞生物であった．

顕生代の生物多様性の歴史は，ほぼ全ての動物の門が揃った約5億4000万年前のカンブリア爆発の時期に開始し，急速に発展した．その後，大量絶滅として分類される定期的な多様性の大量消失があったほかには，約4億年の間，地球的規模の生物多様性の変化には傾向はなかった．

化石記録に示された見掛けの生物多様性は，ここ数百万年間が地球史上で最も豊富である時期であることを示唆している．しかしながら，全ての科学者がこの観点を支持している訳ではない．なぜならば，新しい地層ほど保持され利用可能であることにより化石記録がどれくらい強く偏っているか，不確実であると考えられているためである．化石収集の偏りについて修正を加えるならば現代の生物多様性は3億年前とあまり異なっていないと主張する人もいる．現在の種の地球規模・マクロな推定値は，200万種から1億種の幅があり，最良の推定値は1000万種の近傍である．恒常的に新しい種が発見されるが，発見されても未だ分類されていないものもある．陸生の多様性の多くは熱帯雨林で観察される．

6.8 ヘッケルによる発生反復説

19世紀を代表する比較動物学者のヘッケル（E. H. P. A. Haeckel）は，数多くの脊椎動物の胚を収集し，咽頭胚のかたちが種を越えて互いに似かよっていることを発見した．咽頭胚とは咽頭弓，つまりエラ

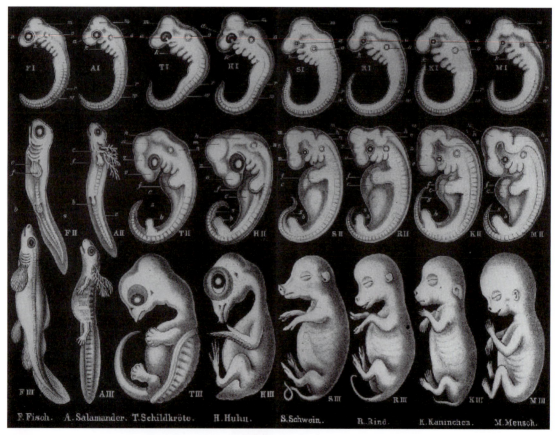

図6.2 ヘッケルの保存された胚発生段階：最上段において左から順に，魚，サンショウウオ，カメ，ニワトリ，ブタ，ウシ，ウサギ，ヒトの咽頭胚が並ぶ様子が観察される．これらは咽頭弓を特徴として互いに良く似たかたちをしている．また下へ向かって発生が進むにつれて，魚は魚らしく，トリはトリらしく，そしてヒトはヒトらしい姿かたちとなる．さらにヘッケルは「個体発生（ontogenesis）は系統発生（phylogenesis）を繰り返す」ことを提唱し，これはヘッケルの反復説と呼ばれる（1866年）．

の原基の連なりが最も顕著に現れる初期の発生段階を指す．彼の「保存された胚発生段階の図（図6.2, 1874年）」では，最上段において左から順に，魚，サンショウウオ，カメ，ニワトリ，ブタ，ウシ，ウサギ，ヒトの咽頭胚が並ぶ様子が観察される．これらは咽頭弓を特徴として互いによく似たかたちをしている．また下へ向かって発生が進むにつれて，魚は魚らしく，トリはトリらしく，そしてヒトはヒトらしい姿かたちとなる．さらにヘッケルは「個体発生（ontogenesis）は系統発生（phylogenesis）を繰り返す」ことを提唱し，これはヘッケルの反復説と呼ばれる（1866年）．ヘッケルの系統樹（図6.3）の幹の根元のところにはモネラという原核生物の無核の単細胞が位置しており，これが進んで真核生物の有核のアメーバとなる．さらに多細胞段階のシンアメーバ，自由遊泳性のブラステア（胞胚動物），そして後生動物の共通祖先であるガスト

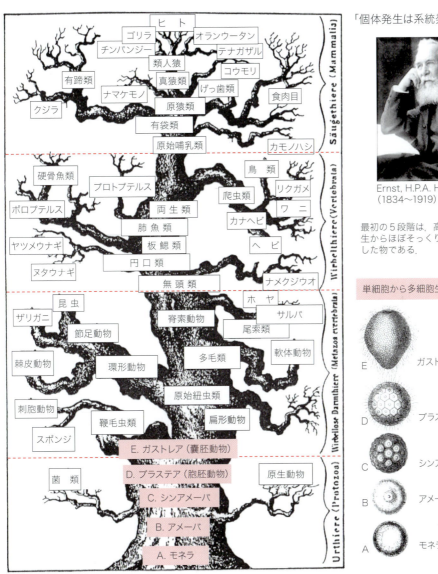

Ernst, H.P.A. Haeckel
(1834～1919)

「個体発生は系統発生を繰り返す」

最初の5段階は，高等動物の個体発生からほぼそっくりそのまま再構築した物である．

単細胞から多細胞生物へ

図6.3　ヘッケルの進化樹：幹の根元のところにはモネラという原核生物の無核の単細胞が位置しており，これが進んで真核生物の有核のアメーバとなる．さらに多細胞段階のシンアメーバ，自由遊泳性のブラステア（胞胚動物），そして後生動物の共通祖先であるガストレア（嚢胚動物，簡単なカイメン）へと続く．また幹の部分の脊索動物を経てホヤやナメクジウオへ，無顎類や円口類を経てヤツメウナギへ，サメやエイなどの板鰓類やポリプテルスを経て硬骨魚類へ，肺魚類や両生類を経て爬虫類，そして鳥類へ，原始哺乳類や有袋類，さらには原猿類や類人猿を経て最終的にヒトへと続く様子が観察される．

レア（嚢胚動物，簡単なカイメン）へと続く．これは新しい進化段階が祖先型の発生段階の最終に付け加えられるというものである．つまり，個体発生は系統発生の短縮された，かつ急速な反復であり，この反復は遺伝および適応の生理的機能により条件付けられているという主張である．

このヘッケルの系統樹の根幹部を高等脊椎動物の胚発生段階と比較してみると，先ほどのアメーバーガストレア段階が，脊椎動物の受精卵-原腸胚期に相当し，その後，神経胚，咽頭胚へと続くわけだが，彼は例えば発生段階としての二胚葉と腔腸動物の二胚葉が同じと考えた．現在，このヘッケルの説は間違っていると指摘されているが，それでも一見，彼の言わんとすることは理解できなくもない．個体発生は系統発生の反復はしないが，発生の初期ほど進化的により古い形質が現れる傾向にあるという考えが一般的には根強い．

しかし，よくよく考えてみると，咽頭胚へと至るまでは特に受精卵などは種によって大きさやかたち，卵割方式，発生の必要日数も様々であることから，実のところ咽頭胚期に最も似かよった状態になると思われる．つまり，咽頭胚から器官形成が行われる時期の保存された胚のかたちが種を越えて重要な意味をもつと考えられる．これは発生砂時計モデルと呼ばれており（ラフ（R. A. Raff）1996年），現在最も受け入れられている．例えば我々のように顎をもつ脊椎動物の顎口類と顎をもたないヤツメウナギなどの無顎類は，咽頭胚部の形態やそこで働く遺伝子群にも大きな違いはみられないということがわかっている．それが最終的には一方は顎関節を伴う上下顎をもち，もう片方は吸盤状の口をもつようになる．つまり，この咽頭胚期とは進化的に変更が効きにくい胚発生段階なのである．

6.9　脊椎動物のかたちの拘束と進化

動物の身体の基本構築に普遍の共通パターンがあり（これをバウプラン，あるいは構築プランと呼ぶ，ウッジャー（J. Woodger）1945年），それが永続的で不変である根拠は，おそらく部分的に形態形成が発生によって拘束を受けているからである．バウプランは祖先的な形質と派生的な形質の両者を含み，その起源を問うため，幼生段階と，さらには個体発生全段階に現れる形質を包含しなければならないことから，発生的な視点が必要となるのである．そして拘束とは，生物の淘汰において，その可能な反応の幅に制約を押し付ける，あるいはバイアスを掛けることである．この拘束には構造的，機能的，遺伝的，発生的，細胞学的，代謝的な要因があげられる．例えば遺伝的拘束については，入れ子状の発現パターンを示す一連のホメオボックス遺伝子（Hox コード：マンレイとカペッキー（N. R. Manley and M. R. Capecci）1995年）が定める形態学的特徴は，ボディプラン成立の基盤となっていることが知られている．ホメオティック突然変異は，身体の部分をつくり上げるシステムに内在的な拘束の存在を示しており，カスケードの中のそれぞれの遺伝子の保守性をも上回る状態にある．この保守性と拘束が，多様性と進化の可能性のためのストラテジーとなっていると捉えることもできる（ゲーハルト（Gerhardt）1995年）．

6.10　相同性を破壊する進化的新機軸

ヘッケルは相同性を破壊する進化的新機軸としてヘテロクロニー（heterochrony）という発生のタイムテーブルの変化による進化と，ヘテロトピー（heterotopy）という発生の位置の変化による進化という2つの概念を提唱した．前者のヘテロクロニーには，アホロートルのような幼型成熟（ネオテニー）も含まれる．また後者のヘテロトピーには顎の進化が例としてあげられる（重谷（Y. Shigetani et al.）2002年）．そして進化といえばビーグル号航海記で有名なダーウィン（C. Darwin）がガラパゴス諸島における発見をもとに『種の起源』を出版し（1859年），自然選択説を唱えるに至った．彼の名著に書かれているように，ガラパゴスの各島々に住むダーウィンフィンチのくちばしは，それぞれの島に独特なかたちをしていることがわかっている．例えば地上生のフィンチは幅広甲高のくちばしのかたちをしておりペンチのように木の実を割るのに適している，一方でサボテンフィンチは長細のくちばしのかたちをしており花を吸うのに適している．これらくちばしの発生過程におけるいくつかの分子生物学的解析によれば，幅広甲高になればなるほど骨形成因子の1つ Bmp4（bone morphogenetic protein-4）発現が強くまた発生初期から発現し，また一方で長細のくちばしではカルモジュリン（calmodulin）発現が腹側で強いことがテービンの研究グループによって明らかとなった（アブツァノフ（A. Abzhanov et al.）2004年）．

COLUMN

● 脊椎動物の祖先は？ ●

1870～1880年に掛けて動物系統分類学や比較発生学の分野で我々脊椎動物の祖先についての研究が盛んに行われ，尾索類であるホヤのオタマジャクシ幼生と頭索類のナメクジウオに白羽の矢が立った．共に発生様式が脊椎動物的であることがコワレフスキーによって報告され（A. Kovalevski, 1867, 1871），このどちらが脊椎動物に近いのかと長い間論議されてきた．

この議論に終止符を打ったのは，ヒト，ホヤ，ナメクジウオの全ゲノム比較解析であり（2008年），その結果，ナメクジウオが最も初期に進化したことが明らかとなった．つまり，脊椎動物と尾索類と頭索類の関係は，これら全ての共通祖先から最初に頭索類が進化して，そこからさらに脊椎動物と尾索類へと分かれたと考えられた．なお脊椎動物は基礎的要素を保持しながら頭索類から進化したことがわかった．このように，ゲノム全体を対象とした網羅的解析が行われたことで，ほぼ完全な証明がなされたのである．これは脊索動物の進化と脊椎動物の起源を明らかにするものであり，脊椎動物の進化についてダーウィンの進化論発表以来の懸案となっていた問題を一気に解決することになった．

つまり，ヘテロクロニーとヘテロメトリー（heterometry，遺伝子量の変化）による違いがこれらの形態的相違を進化的に生み出したのだろうと考えられた．ダーウィンが『種の起源』を出版してまさしく160年経って漸くダーウィンフィンチのくちばしの形態的違いについての分子的情報の見解がなされたのである．また最近では，ゲノムプロジェクトの進行に伴ってゲノム配列上の突然変異や非翻訳領域の情報を得ることで，産生されるタンパク質の特徴の違いに基づく違いが想定されるようになった．そこでヘテロタイピー（heterotypy）という新しい概念も生まれ（ギルバート（S. F. Gilbert）2006年），これはタンパクの異種性による進化と考えられている．

参考文献

1. オパーリン，石本　真訳：生命，岩波書店，1962.
2. ニック・レーン：生命の跳躍，みすず書房，2010.
3. ニック・レーン：ミトコンドリアが進化を決めた，みすず書房，2007.
4. S. F. Gilbert, D. Epel：Ecological Developmental Biology: Integrating Epigenetics, Medicine, and Evolution. 1st ed, Sinauer Associates Inc, 2008.
5. ブライアン・K・ホール，倉谷　滋訳：進化発生学ボディプランと動物の起源，工作舎，2001.

◇ 演習問題

問1 ユーリー＝ミラーの実験で生ずる物質は何か．またこの実験の短所は何か．

問2 セントラルドグマに則った新しい化学進化説で最も支持されているのは，何のワールド仮説か．

問3 16SリボゾームRNAの配列に基づく現存生物の分子系統進化学的解析で分けられた3つの生物群（ドメイン）とは何か，全てあげよ．

問4 酸性熱水噴出孔において硫黄細菌が有機物をつくり出す上で問題となる点は何か．

問5 「個体発生は系統発生を繰り返す」ことを提唱したのは誰か．

問6 バウプランとは何か．

問7 相同性を破壊する進化的新機軸として，幼型成熟（ネオテニー）を説明する概念は何か．

7 遺伝子工学の基礎

　遺伝子工学（gene technology, genetic engineering）とは，遺伝子の本体であるDNAを細胞から取り出して，人工的な操作を加えて利用する技術や方法に関する学問体系である．その基盤となるのは，DNAから遺伝子産物であるタンパク質を細胞につくらせる「遺伝子組換え」技術である．いまや生命科学の研究に利用されるだけに留まらず，医薬品，畜産・農水産食品，個人識別などあらゆる分野において応用されている．

　本章では遺伝子工学の基礎を学ぶ．これらの技術は分子生物学の隆興と共に1970年代以降開発が進み現在に至る．特に近年開発されたCRISPR/Cas9などのゲノム編集技術は，遺伝子の配列を自在に編集する画期的な手法である．これらを用いれば，実験に用いる細胞の遺伝子を改変するのみならず，理論的には我々ヒトの遺伝子さえも自在に改変することが可能になってきた．医学的には遺伝子疾患の予防や治療への応用が期待されているが，ともすれば，自分が望む遺伝子をもつ「優秀な」子どもを産む技術として転用できてしまう．このように遺伝子工学によって，人間はもはやSF物語としてではなく現実世界のものとして「生命の創成」という神々の領域にすでに足を踏み入れている．したがって，この技術・学問を正しく理解することは，生命科学を研究する人はもちろん，現代を生きるすべての人にとって不可欠なことである．

7.1 遺伝子工学の利用

7.1.1 遺伝子組換え技術の意義

　生命体の構造と機能を決定する設計図は遺伝子であり，その本体はDNAである（2章参照）．遺伝情報であるDNAの塩基配列はタンパク質に翻訳され，タンパク質が細胞内で機能することで，生命体に生存に適した構造と機能が付与される．21世紀に入ってすぐにヒトゲノム計画が完遂し，我々人類はその基本設計図であるDNAの全塩基配列情報を手にしている（13章参照）．このことは，もしDNAを自在に操作することができれば，生命の基本設計図を自由に書き替えることができることを意味している．現段階ですでに，細胞から任意の遺伝子を取り出して，その産物であるタンパク質をつくること，特定の遺伝子を欠損した細胞や動物を作製すること，さらに任意の遺伝子の特定部位の塩基配列を希望通りに変化させて変異タンパク質をつくることなどが可能となっている．こうした技術は，遺伝子の機能を明らかにしていく生命科学研究において不可欠である[1)～4)]．さらにこれらは製薬や医療への応用も可能である．そこで本章では応用例の1つとして，遺伝子工学を用いてヒト型インスリンを大量生産する作業工程をみながら，そこで具体的にどの

ような遺伝子工学技術が用いられているのかを学ぶことにする．

7.1.2 遺伝子組換え医薬品第1号：ヒト型インスリン製剤

　インスリン（insulin）は，膵臓の β 細胞から分泌されるペプチドホルモンの一種であり，その代表的な作用は，血糖値（血液中のグルコース濃度）を低下させることである．膵臓の β 細胞機能が悪くなり，インスリンが十分に分泌できないと，血糖値が異常に高くなる病態（糖尿病）を引き起こす．インスリンは2つのペプチド鎖（21アミノ酸残基のA鎖と30アミノ酸残基のB鎖）が2ヵ所のジスルフィド架橋（S-S結合）を介してつなぎ合わされた構造をしている（図7.1）．ヒトの場合，第11番染色体の短腕にあるインスリン遺伝子からプレプロインスリン（preproinsulin）が最初につくられる．プレプロインスリンは小胞体内で，シグナルペプチド部分が切り離され，さらにA鎖とB鎖がつなぎ合わされたプロインスリン（proinsulin）となる．プロインスリンのままだと，生理活性はインスリンの約10％に過ぎない．プロインスリンは小胞体からゴルジ装置を介して分泌顆粒内に貯蔵され，そこでさらにA鎖とB鎖からなるインスリンと副産物であるCペプチドに分けられる．生体においてインスリン放出のための刺激が作用すると分泌顆粒から細胞外に放出され，数分のうちに血糖値は低下する．

　インスリンは血糖値の恒常性維持に重要なホルモンであり，糖尿病の治療に用いられている．世界の糖尿病の患者数は2017年の時点で4億2500万人であり，年間500万人ペースで増加しており今後も増加傾向にあるとされる[5]．さらに糖尿病に関連する死亡数は年間400万人にのぼり，世界の糖尿病の医療費は7270億米ドル（約80兆円）にも上昇し続けている．日本にも昔から糖尿病はあり，織田信長は糖尿病性神経症を患っていたといわれ，信長の晩年の性格に糖尿病が大きな影響を与えていたのかもしれない．初めて膵臓からインスリンが抽出されたのは1921年で，カナダの整形外科医バンティング（F. Banting, 1923年度ノーベル生理学・医学賞受賞）によって成し遂げられた[6]．1923年には初めてインスリン製剤が発売されている．しかし初期のインスリン製剤はウシやブタの膵臓から抽出していたため，微量しか取れずに高価であること，不純物が混入する危険を伴うこと，ヒトのインスリンとはアミノ酸の配列の一部が異なるために副作用を生じやすいことなど多くの問題があった．その問題を克服するため，遺伝子組換え技術を用いて，1979年に米国ジェネンテック社が世界で最初にヒト型インスリンを大腸菌で生産させることに成功し，1982年には米国イーライリリー社が世界初の遺伝子組換え医薬品として販売を開始した．その後，ヒト型インスリン製造方法には様々な技術的改良が加えられ，より効率的な方法へと修正されつつ，今日に至っている．

7.1.3 ヒト型インスリン生産に利用される遺伝子工学技術

　以下に，実験レベルで使用するためのヒト型インスリンを遺伝子工学の技術を用いて生産する方法を段階的に示していく．図7.2は作業の全工程について大まかな流れをまとめたものである．各工程にて用いられる遺伝子工学の技術については別途に解説をしていくことにする．なお，以下に述べるヒト型インスリン生産方法は，現在製薬会社などで生産されている方法そのものではなく，あくまでも遺伝子工学の基本技術を理解するための具体的な一例として記述していることに留意されたい．

　まず第1段階として核酸を調製する．ヒト組織（この場合，できればヒト膵臓組織の一部を利用することが望ましい）からメッセンジャーRNA（mRNA）を抽出する．このmRNA抽出物の中にはヒトのインスリン遺伝子から転写されたmRNAも含まれている．次いでmRNA抽出物に対して逆転写酵素（7.4節参照）を使って相補的DNA（cDNA）を合成する．このcDNAの中には，プロインスリン（インスリンの前駆

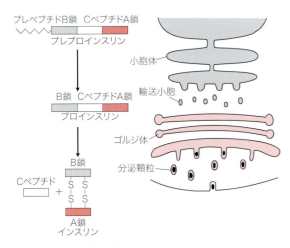

図7.1　インスリンの構造

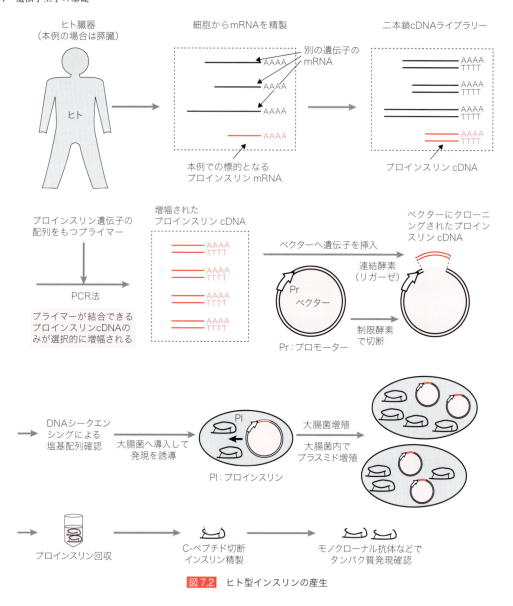

図7.2 ヒト型インスリンの産生

体）翻訳領域の cDNA が含まれているはずである．しかしながら，この段階ではプロインスリンの cDNA の量は非常に微量であり，かつ他の遺伝子 cDNA が多種多様に混在する「ライブラリー」の中に紛れ込んでしまっている．したがって，次の作業は，この合成 cDNA ライブラリー全体の中から，ヒトのプロインスリン遺伝子 cDNA のみを取り出し（単離し），取り出した cDNA の量をその後の作業に使えるレベルまで増やすことである．この技術は遺伝子単離増幅技術（遺伝子クローニング技術）と呼ばれる．このクローニング技術によって，我々は目的とする遺伝子を純度が高い状態で取り扱えるようになった．遺伝子クローニング方法にはいろいろあるが，ここでは PCR 法（ポリメラーゼ連鎖反応法，7.5 節参照）を利用する方法を採用する．すでに塩基配列のわかっている cDNA であれば，PCR 法を用いることによって，鋳型とする cDNA を極めて簡便に増幅することができる．インターネットを利用すると，ヒトの第 11 番染色体短腕に存在するインスリン遺伝子情報を得ることができ，容易にプロインスリンのタンパク質翻訳領域の塩基配列を知ることができる．なお，プロインスリン翻訳領域の塩基数は 261 塩基であり，PCR 法を使って容易に増幅できる大きさである．

PCR 法によって目的のプロインスリン cDNA を増

幅した後に，タンパク質発現ベクターと呼ばれる遺伝子運搬体に cDNA を 1 分子挿入する（図 7.2；7.6 節参照）．ベクターはいわば遺伝子を乗せるための「乗り物」である．一般にタンパク質発現ベクターにはプラスミドと呼ばれる環状 DNA やウイルス（ファージ）が使われる．発現ベクターには，組み込む cDNA の上流部位に遺伝子転写の開始を指令する塩基配列（プロモーター配列）や転写の終了を指令する塩基配列などの情報が含まれるように予め構築されている．ひとたびベクター内に遺伝子が挿入されれば，組換え DNA 体として半永久的に cDNA を維持し，増幅することができる．これが遺伝子組換え技術の本質といえる．なお，研究の現場では，このようにプラスミドベクターに遺伝子 DNA を挿入することで単一クローンを単離する工程を遺伝子クローニングと呼ぶことも多い．さらに発現ベクターにクローニングされた挿入 cDNA が正しい塩基配列を有していることを，DNA シークエンス法（7.7 節参照）を用いて確認する．

次いでプロインスリン翻訳領域 cDNA を導入した発現ベクター（プラスミド）を大腸菌に導入する．発現ベクターの入った大腸菌は抗生物質への耐性などの形質が変化するため（形質転換），選別が可能になる．単一コロニーから選別した大腸菌内で，導入されたプラスミドは自己増殖するとともに，大腸菌内でプロインスリン遺伝子が働いて，プロインスリンをつくり出す．大腸菌が指数関数的に増殖するにつれて，つくり出されるプロインスリンはさらに飛躍的に増加する．生成されたプロインスリンを回収し，さらに C ペプチド部分を切断してインスリンと C ペプチドに分けた後に，インスリンのみを精製する．実際にインスリンが得られたかどうかを判定するために，活性測定，質量分析法，免疫抗体法などによって活性，純度や収量の良否を検証する（7.8 節参照）．このようにヒト型インスリンを実験室で生成することができるが，上述の実験に用いられた遺伝子工学の技術については，以降の節で詳しくみていくことにする．

7.2　組換え DNA

7.2.1　組換え DNA 法の開発

遺伝子を人工的に操作するという神々の領域に最初に足を踏み入れたのは，バーグ（P. Berg, 1980 年度ノーベル化学賞受賞）であった．彼は原核細胞（大腸菌）の DNA の一部を取り出し，ウイルス由来の DNA に組み込んだ．この融合 DNA には，動物細胞に感染し動物細胞内で増殖するというウイルスとしての本来の性質が保持されていると共に，大腸菌 DNA としての働き，すなわち大腸菌の中で自身の DNA を複製する働きも併せもっていた．さらに，この融合 DNA を動物細胞に感染させたところ，動物細胞には本来存在するはずがない大腸菌の遺伝子が動物細胞の中で発現した．このことは，遺伝子情報さえ人工的に細胞内に導入されれば，その遺伝子情報がいかなる生物に由来するものであろうとも，細胞は忠実に遺伝情報を転写，翻訳して，その産物であるタンパク質を「人工的に」産生することを示している．1972 年のバーグによる組換え DNA 法の発明以来，遺伝子クローニング技術には様々な改良が加えられ，生命科学の発展に多大なる貢献を果たしている．

7.2.2　組換え DNA の危険性

組換え DNA 技術は生命科学の発展に大きく寄与した一方で，生命そのものに対する重大な危険性をはらんでいる．例えばヒトにとって非常に猛毒となる遺伝子を組み込んで形質転換を起こした細菌が無制限に増殖するようなことがあってはならない．そのため組換え DNA の導入を行う細菌やウイルスには，予め様々な危険性への防御策を講じており，仮に実験室の外に漏れ出たとしても決して生き延びられないように工夫されている．また，生物兵器などへの応用の危険性やクローン人間などに代表される倫理的・社会的問題にも十分に配慮しなければならない．1975 年にバーグらが発起人となって，アシロマ会議（Asilomar Conference, 米国カリフォルニア州アシロマにおいて開催されたことからこのように呼ばれる）が開催され，28 カ国 150 人以上の専門家によって遺伝子組換えに関するガイドラインが策定された．科学者自らが研究の自由を規制してまでも社会責任を負うことを決定したことで歴史的な会議として名を留めている．現在の生物学・生命科学は様々な倫理的問題を抱えており，生命科学における倫理規制のさきがけとしてアシロマ会議の意義は大きい．このガイドラインに従って，日本では 1979 年に「組換え DNA 実験指針」が取り決められた．2003 年には遺伝子組換え生物による生物多様性の破壊を防ぐためにカルタヘナ議定書が締結された．2004 年に国内法「遺伝子組換え生物等の使用等の規制による生物の多様性の確保に関する法律」（通

称，カルタヘナ法）が制定され，従来の指針に代わって規制の中心的役割を担っている．

7.3 DNA合成反応の原理

プロインスリン遺伝子からインスリンを産生する遺伝子組換え実験の各作業工程を学ぶにあたり，まずDNA操作の基本として，試験管内で核酸を合成する仕組みについて学びたい．

図7.3に示すとおり，DNAが合成される際にはいくつかの材料が必要である．代表的なものには鋳型・プライマー・DNAポリメラーゼ・デオキシリボヌクレオチドがあげられる．DNAの合成は，ある核酸（DNAまたはRNA）を鋳型（template）として，その配列に相補的な配列を合成するかたちで行われるため，鋳型の必要性は自明である．

DNA合成の最初のステップは，プライマー（primer）配列が鋳型に結合することである．プライマーは，鋳型の配列に相補的な配列からなる短い（20〜30塩基程度）オリゴヌクレオチドである．これが鋳型の配列を相補的に認識して結合することで，DNA合成を開始する起点が定まる．

核酸を合成する酵素をポリメラーゼ（polymerase）といい，合成される核酸の種類によって，DNAポリメラーゼ，RNAポリメラーゼに分けられる．DNAポリメラーゼは，DNA配列を鋳型として用いてDNAを合成する酵素である．RNAポリメラーゼはDNAを鋳型としてRNAを合成する酵素であり，すなわち転写を行う．7.4節で説明する逆転写酵素はDNAポリメラーゼの一種であり，RNA配列を鋳型としてDNAを合成する．これらの酵素は，核酸に結合するとともにプライマー配列の位置からDNA合成を開始する．ここで酵素はプライマー配列の3′末端の隣に，鋳型に相補的な塩基をもつデオキシリボヌクレオチド（dNTP）を1つずつ付加することで合成反応を進める（図7.3）．このように合成反応は必ず5′→3′の方向に進むことに留意する．合成が進むにつれて酵素もDNAの伸長方向に向かって移動するため，対応する鋳型配列が存在する限り合成反応が続くが，鋳型がなくなるところで合成反応は停止する．

7.4 逆転写酵素

逆転写酵素（reverse transcriptase）は一本鎖RNAを鋳型としてDNAを合成（逆転写）する酵素である．1970年にテミン（H.M. Temin）とボルティモア（D. Baltimore）が独立して発見した（共に1975年度ノーベル生理学・医学賞受賞）．逆転写酵素はレトロウイルスが増殖するために必須の因子として発見された．例えばエイズ*はレトロウイルスの一種であるHIVが原因であるが，RNAしかもっていないため逆転写してcDNAをつくり，増殖する．そこでHIVの逆転写酵素作用を阻害し，HIVの増殖を妨げることによって，

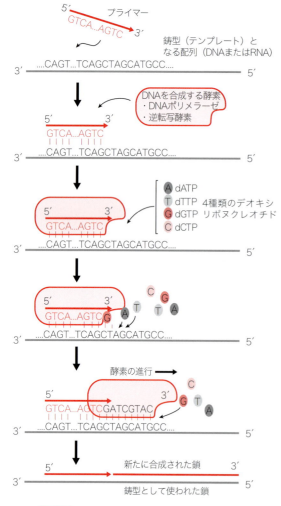

図7.3 DNAを合成する反応の基本的な動作原理

---

*エイズ（acquired immune deficiency syndrome, AIDS），後天性免疫不全症候群とは，免疫細胞にヒト免疫不全ウイルス（HIV）が感染して，免疫細胞を破壊してしまうために，後天的に免疫不全を引き起こす病態のことである．

エイズ治療薬への利用がなされている．逆転写酵素の発見により，遺伝情報は DNA から RNA への転写によって一方向にのみなされるという考え（セントラルドグマ）が修正され，遺伝情報は RNA から DNA へも伝達され得ることが明らかとなった．

ここで，遺伝子工学を用いてインスリンを産生する例に戻って，逆転写反応がどのように利用されているのかを復習したい．インスリンの遺伝子が発現している細胞は主に膵臓の β 細胞であり，ヒト膵臓から mRNA を精製することが最初の工程であった（図7.2）．得られる mRNA は膵臓で発現する多種多様な遺伝子の mRNA が混在した状態にあるが，この mRNA 群を一括して逆転写反応にかけて，相補的 DNA（cDNA）を合成する．

この反応を詳細にみたものが図7.4である．mRNA から cDNA を合成する際にまずプライマーを必要とする．ここで，真核生物の mRNA は尾部に必ずポリ A 配列をもつため，これに相補的なポリ T 配列を DNA 合成のプライマーとして利用することが多い（オリゴ dT プライマー）．あるいは，A，C，G，T の4塩基がランダムに並んだランダムプライマーを利用することもある．

これらのプライマーを起点として，一本鎖 RNA である鋳型に相補的な DNA（cDNA）が合成される．この段階で RNA-DNA のハイブリッド二本鎖ができているが，ここで RNA 分解酵素 H（リボヌクレアーゼ H）を用いて RNA を分解し，一本鎖の DNA のみを残す．一本鎖 DNA はこのままでは不安定であるため，その後，DNA ポリメラーゼを用いてこの相補鎖を合成することで，最終的に安定な二本鎖 DNA が完成する．これをその後，cDNA ライブラリーの作製や PCR 法の鋳型 DNA に利用する．このように，逆転写酵素は，合成したいタンパク質の cDNA を合成する際に利用され，遺伝子工学にとって欠くことのできない道具となっている．

7.5 PCR 法による遺伝子増幅

ヒトのゲノム DNA（30億塩基対）のように非常に膨大な DNA から，数百塩基対の特定の DNA 断片だけを選択的に探し出すことは，極めて困難な作業である．しかし1983年マリス（K.B. Mullis，1993年度ノーベル化学賞）によって発表された PCR 法（ポリメラーゼ連鎖反応法）を使うと，膨大な DNA の中から約100～数千塩基対の特定の DNA 断片だけを選択的に短時間で大量に増幅させることができる．しかも極めて微量な DNA を鋳型にして DNA を増幅することができるため，PCR 法は遺伝子クローニングへの利用ばかりではなく，疾病の遺伝子診断や絶滅生物の遺伝的研究，犯罪捜査などにおける個人識別への利用など，生命科学以外にも非常に広範に利用されている．

その原理は図7.5に示した通りである．まず，二本鎖 DNA は水溶液中で高温になると変性し一本鎖 DNA に分かれる（熱変性）．そこから温度を下げていくと相補的 DNA は互いに結合し再び二本鎖となる（アニーリング）．PCR 法では DNA のこの性質を利用し，

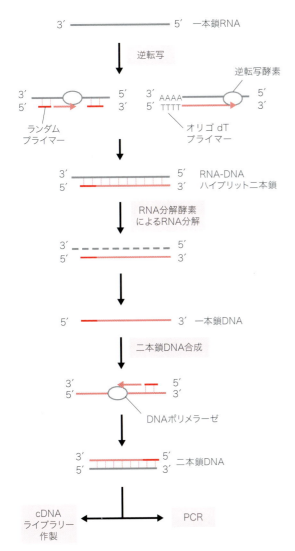

図7.4　逆転写酵素による cDNA 合成

7 遺伝子工学の基礎

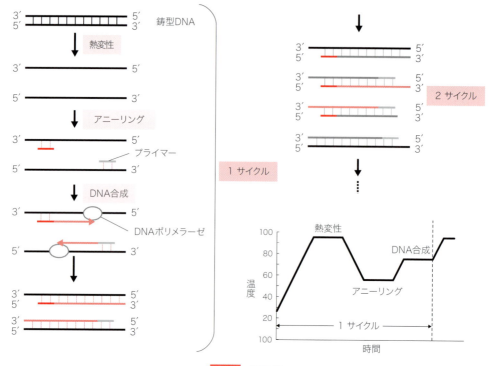

図 7.5 PCR 法

温度を繰り返し変化させる間に DNA 合成を行って二本鎖 DNA を増幅させる．具体的には下記のように，鋳型 DNA，DNA ポリメラーゼ，大量のプライマーおよび dNTP を混合した溶液で，変性・アニーリング・DNA 合成の 3 ステップを繰り返し 25 〜 40 サイクル行うことで，特定の配列をもつ DNA の量を大量に増幅する．

① 熱変性：変性が起こる温度は，DNA の塩基構成および塩基数によって異なり，長い DNA ほど高い温度が必要になる．

② アニーリング：温度を 50 〜 60℃ に下げることでアニーリングを誘発する．この際，長い相補的 DNA 配列どうしが元通りに再結合するよりも，短いプライマー配列の方が結合しやすい性質がある．さらにプライマー量を DNA 量よりも圧倒的に多くしておくことで，DNA-プライマー結合が DNA-DNA 結合よりさらに優先的に起きる．

③ DNA 合成：DNA-プライマー結合の状態で DNA ポリメラーゼが働くと，プライマーが結合した部分を起点として一本鎖 DNA に相補的な DNA が合成される．二本鎖 DNA が合成された後に，再び高温に戻すことで一本鎖 DNA への変性を繰り返す．通常の生物に由来する DNA ポリメラーゼは熱変性により失活してしまうが，好熱菌から抽出した耐熱性 DNA ポリメラーゼなどを用いることで失活せずに連続して反応サイクルを進めることができる．

7.6 制限酵素と DNA リガーゼ

7.6.1 制限酵素とは

組換え DNA 法の実現には，制限酵素（restriction enzyme）および DNA リガーゼ（ligase）と呼ばれる重要な 2 つの酵素の発見が不可欠であった．非常に長い DNA の中から特定の遺伝子のみを対象としてクローニングするためには，DNA を切断して断片化しなくてはならない．核酸を切断するタンパク質のことを核酸分解酵素（ヌクレアーゼ，nuclease）と呼ぶ．ヌクレアーゼには DNA を分解するデオキシリボヌクレアーゼと RNA を分解するリボヌクレアーゼ，さらに両方を分解することができるヌクレアーゼがある．DNA ヌクレアーゼは分解の様式によって，DNA 鎖の内部（endo-）で切断する DNA エンドヌクレアーゼと DNA 末端で外側（exo-）の 5′ 端または 3′ 端から削るように分解する DNA エキソヌクレアーゼに分けら

れる．制限酵素は代表的な DNA エンドヌクレアーゼであり，DNA 中の特定の塩基配列を認識して，決まった部位で DNA 鎖を切断する．逆にいえば，特定の塩基配列がない場所では DNA を切断することができない，条件付きの酵素といえる．この条件があるために，常に決まった塩基配列部位で DNA を切断して DNA 断片を取り出して，加工するための設計が可能になる．

制限酵素は 3 種類（I 型，II 型，III 型）に大別され，I 型と III 型は DNA 塩基配列認識部位からは離れた部位の DNA を切断する．II 型の制限酵素は DNA の特定塩基配列を認識し，認識した部位ないしその近傍の特定部位で切断する．組換え DNA 実験に用いられるのは殆どが II 型の制限酵素である．なお，I 型制限酵素の発見者アルバー（W. Arber），II 型制限酵素の発見者スミス（H.O. Smith）は，制限酵素を利用して DNA 構造の解析へと応用したネイサンズ（D. Nathans）と共に，1978 年ノーベル生理学・医学賞を受賞している．

7.6.2　制限酵素による DNA の切断

本来，細菌における制限酵素の役割は，細菌がファージなど外来遺伝子の特定塩基配列を認識して切断・分解することで外来 DNA を排除（これを「制限」とよぶ）する自己防衛機構であった．このとき，細菌自身の DNA が切断されない理由は，自己の DNA にはメチル化などの DNA 修飾が生じており制限酵素が作用できないようになっているためである．制限酵素には *Eco*RI や *Hind* III などの非常に多くの種類がある．これらの名前の由来は，発見された細菌の種類による．属名の最初の 1 文字（大文字）と種名の最初の 2 文字（小文字）をイタリック体で記して，さらに株名などを 1 文字付けて表す．同一株から複数の酵素が分離されれば，発見順にローマ数字が付けられる．例えば，*Eco*RI は大腸菌（*Escherichia coli*）R 株から最初に発見された酵素であり，*Hind* III はインフルエンザ菌（*Haemophilus influenzae*）d 株から 3 番目に発見された酵素である．現在では数百種類の制限酵素が発見されており，その多くは 4～6 塩基配列を認識するものである．

*Eco*RI，*Hind* III は代表的な II 型制限酵素であり，II 型制限酵素の特徴は二本鎖 DNA 中の回文（パリンドローム，palindrome）構造をもつ塩基配列を認識して切断することにある．回文構造とは二本鎖 DNA の 2 つの鎖における配列どうしが，5′ 端から読んだ際に

```
5′---G│AATTC---3′     5′---A│AGCTT---3′
3′---CTTAA│G---5′     3′---TTCGA│A---5′
     Eco RI                Hind III
          (a) 粘着末端

5′---GAT│ATC---3′     5′---GTT│AAC---3′
3′---CTA│TAG---5′     3′---CAA│TTG---5′
     Eco RV                Hpa I
          (b) 平滑末端
```

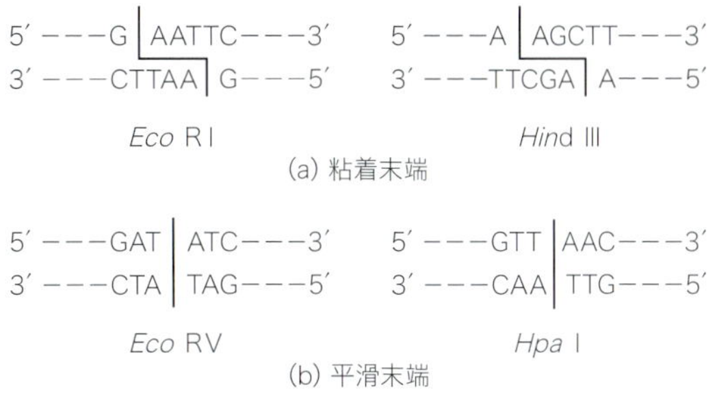

図 7.6　制限酵素による DNA 切断端

まったく同じ配列となるものをいう．代表的なものを図 7.6 に示す．DNA の切断端が 5′ 端または 3′ 端のどちらかに突出するように切断される場合を粘着末端（sticky end）または付着末端（cohesive end）と呼ぶ．一方，DNA 切断端が平滑に切断される場合を平滑末端（blunt end）と呼ぶ．この切断端の性状は DNA 断片を連結する際に重要になる．

7.6.3　DNA リガーゼによる DNA の連結反応

プロインスリン翻訳領域 cDNA の例に戻って，実際に制限酵素と DNA リガーゼが使われる場面を確認すると，PCR 法で大量増幅させたプロインスリン cDNA を大腸菌の細胞内で発現させるためにプラスミドの発現ベクターに挿入する場面になる（図 7.2 参照）．

環状 DNA であるプラスミドベクターに cDNA を挿入するためには，まず制限酵素を使ってベクターを 1 カ所で切らなければならない．すでに示した通り，特定の制限酵素を用いて切断することで，その切断端はその酵素に特有の配列および形状となる（図 7.6）．ここで，ベクター側の切断端がもつ配列に対する相補的な配列を cDNA の両端に付加しておくと，cDNA とベクターの末端どうしを比較的容易に連結できる．連結反応は DNA 連結酵素（DNA リガーゼ）が行う．

このような制限酵素と DNA リガーゼによる遺伝子クローニングを言い換えると，環状ベクターの DNA 配列と cDNA 配列を連結する際には，まずベクターを制限酵素というハサミで切る必要がある．その際に生じる切断端の塩基配列に相補的なものを，挿入する cDNA の両末端にも存在するように設計しておけば，ベクターをハサミで切った部分と同じ形状で相補的な配列になるため，末端どうしが鍵と鍵穴の関係のようにきっちりとかみ合う．ここで DNA リガーゼがノリとして働き，両者をつなぎ合わせることで連結反応が完了する．

7.7 塩基配列決定法（DNA シークエンシング法）

DNA 塩基配列を知ることの意義は 7.1.1 項に記載してあるので，本項ではその方法について述べる．様々な方法があるが，1977 年にサンガー（F. Sanger, 1958 年度ノーベル化学賞，1980 年度ノーベル化学賞）が開発したジデオキシ法を基本として改良が加えられたキャピラリー電気泳動法が現在の主流である．DNA 塩基配列法の開発によってサンガーと同時にノーベル化学賞を受賞したギルバート（W. Gilbert）の手法は現在ではほとんど用いられない．ジデオキシ法では，まず配列を読みたい一本鎖 DNA の特定の位置に相補的なプライマーを用意し，DNA 合成開始点を決める．次いで 4 種類のデオキシリボヌクレオチド（dATP・dGTP・dCTP・dTTP）を加え，DNA ポリメラーゼを用いて，一本鎖 DNA を鋳型にして DNA 鎖を合成する．

ここで重要なことは，上記に加えて，低濃度のジデオキシヌクレオチド（ddATP・ddGTP・ddCTP・ddTTP）をそれぞれに異なる蛍光色素で標識して反応液の中に入れておくことである（図 7.7）．DNA ポリメラーゼが DNA を合成していく途中でジデオキシヌクレオチドを取り込むと，次のデオキシリボヌクレオチドが結合することができないため，その分子の合成反応はその時点で停止する．結果として蛍光色素標識のあるジデオキシヌクレオチド塩基で停止した様々な長さの DNA 断片が混在して生じる．この DNA 断片を特殊な高分子の水溶液を充填した毛細管（キャピラリー）内で電気泳動し，試料中の DNA 断片をその塩基数の順に短い順に並べていく．停止した部位の蛍光色素を検出することによって DNA 配列を解読することができる（図 7.7）．

蛍光色素標識によるキャピラリー電気泳動法によって，短時間で大量の塩基配列を決定することが可能になった．さらに近年では新たな原理に基づく次世代シーケンサーと呼ばれる自動塩基配列解析装置が次々と開発されており，ゲノム DNA 塩基配列解読の超高速化，大量解読化が飛躍的に促進されている（第 11 章）．

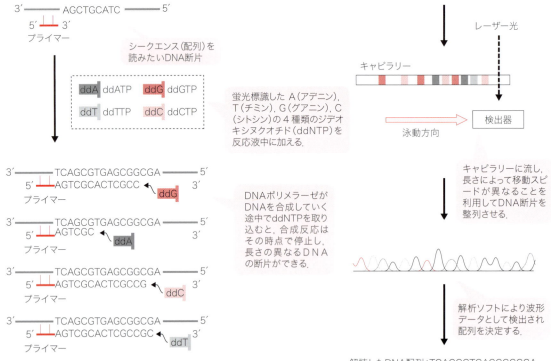

図 7.7　DNA シークエンシング法

7.8 抗体によるタンパク質の検出

7.1.3項において遺伝子工学技術によって作製されたヒト型インスリンの濃度や糖尿病患者血液中のインスリン濃度を測定する場合，インスリンを特異的に認識して結合する抗体（antibody）を用いることによって，インスリン量を測定することができる．こうした測定には再現性が求められ，多くの患者・検体において常に一定の反応があるように質を保つ必要がある．その際に最も重要なのが抗体の質であり，常に同じ抗体を使うのが望ましい．

生体に侵入した異物である抗原はリンパ球の一種である脾臓B細胞に認識される．1つのB細胞は1種類の抗体しか産生しないが，通常は多数のB細胞が存在してそれぞれが抗体を産生するため，通常動物の血液には1つの抗原を認識する抗体として多くの分子種が混在している．このように動物の免疫反応の結果つくられた抗体は，研究に利用する場合，ポリクローナル抗体とモノクローナル抗体の主に2種類に分けられる．ポリクローナル抗体は抗原で免疫した動物の血清から作製するために，雑多な抗体分子種の混合物となる可能性があり，抗原への結合度や特異性にばらつきが出やすい．また，同じ質の抗体を大量に保持し続けることは不可能である．この問題点を克服したのがモノクローナル抗体である．モノクローナル抗体では，1つのエピトープ（抗原決定基）に対する単一の分子種となるため，抗原特異性がまったく同一の抗体となる．高力価の抗体が得られ，ほぼ半永久的に同質の抗体が産生可能である．さらに免疫原となる抗原の精製を要しないなど，ポリクローナル抗体にはない利点を有しており，免疫学のみならず医学を含む生命科学にとって欠かすことのできない材料となっている．

初期の産生方法ではマウスに抗原を接種し，その脾臓からB細胞を採取していたため，産生される抗体はすべてマウス由来であった．このため，ヒトに利用する場合，マウス由来の抗体自体が抗原として認識されてしまう問題があった．しかし，1990年代に，チャイニーズハムスター卵巣（CHO）細胞内に，ヒトの免疫グロブリン遺伝子を発現するプラスミドを使って直接形質転換し，ヒト化したモノクローナル抗体を産生する方法が開発された．その後，様々なヒト化抗体を得る方法が開発され，上述の抗原性の問題を回避することができた．こうしたヒト化モノクローナル抗体の医学・生命科学への利用価値は極めて高い．現在，非常に多くのモノクローナル抗体を利用した臨床診断検査キットが販売されている．また，抗体医薬品の開発競争も熾烈であり，現在バイオテクノロジーを利用した医薬品の3分の1以上がモノクローナル抗体医薬品であるといわれる．

7.9 組換え遺伝子の細胞内導入

組換えDNAがどのような機能を有しているかを調べるには，遺伝子が生きた細胞内に導入されて，複製・転写されて，組換えDNA情報に基づくタンパク質が働くことによってはじめて知ることができる．元来，生物界にはウイルスが感染する際に外来遺伝子を細胞内に取り込むシステムが存在している．このとき，感染を受けて利用される大腸菌を宿主（host）と呼び，寄生するウイルスは遺伝子の運び屋（ベクター）となる．こうした生命現象を利用することによって，原核細胞のみならず真核細胞においても，遺伝子組換え体を細胞内に導入することが可能である．

これに対して，近年は動物由来の培養細胞に遺伝子を導入するためにウイルスを用いない手法が主流になっている．リポフェクション法では，負の電荷をもつDNAの周囲に正電荷をもつリポソームを結合させて膜成分の中にDNAを閉じ込め，これを細胞膜に融合させることで細胞内にDNAを導入する．あるいはエレクトロポレーション（電気穿孔）法では，細胞に高電圧パルスをかけ，細胞表面にあいた小さな孔からDNAを導入する．

一般的に原核細胞への遺伝子導入に比べるとヒト培養細胞など真核細胞への導入効率は悪い．すなわち，用いた細胞のすべてに外来DNAが導入されるわけではない．そこで遺伝子が導入されたものとされなかったものを容易に区別する方法が考案されている．その方法も様々で，ある種の抗生物質に対して抵抗性をもたせて，培地に抗生物質を加えても生き残る細胞だけを選択したり，ベクターに色を発現するタンパク質を組み込ませたりして，遺伝子導入された細胞を区別するようにする．このようなものを選択マーカーと呼ぶ．

また，生きた細胞の中での遺伝子やタンパク質の振る舞いをより詳細に観察するために，下村脩（2008年度ノーベル化学賞）が発見した緑色蛍光タンパク質（GFP, green fluorescent protein）が頻用される（図

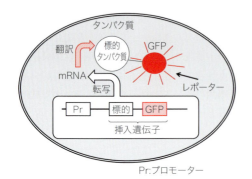

図7.8　レポーター遺伝子としての緑色蛍光タンパク質(GFP)

7.8).自分が研究対象としているタンパク質を細胞内で発現させる際に,それをコードする遺伝子と,GFPをコードする遺伝子を連結してベクターに挿入しておくと,ベクターが導入された細胞内で,目的タンパク質とGFPは融合した状態で発現する.これを蛍光顕微鏡下で観察することで,生きた細胞内でのタンパク質の発現の状態や存在箇所(細胞内局在)を可視化することができる.

7.10　遺伝子組換え・遺伝子改変生物

　遺伝子組換え技術は細胞レベルに留まらず,動植物の個体に対しても適用する技術が開発されてきている.こうした遺伝子組換え動植物はまさに生きた試験管といえる.これによって細胞レベルでは計り知れなかった様々な生命現象が組織レベル・個体レベルで解き明かされている.従来から用いられてきたのは主に,特定の遺伝子の発現を増加させて個体への影響を調べるトランスジェニック動植物と,遺伝子を欠失させて個体への影響を調べるノックアウト動植物であった.これらに加えて,近年では,外部から遺伝子を導入することで,細胞および個体が本来もっていた遺伝子の配列を改変するゲノム編集技術が開発されており,21世紀のもっとも革命的な技術の1つと評されるに至った.このゲノム編集の手法は,生命科学研究の実験室でも頻繁に用いられるようになりつつあるが,疾患の予防や治療といった医療目的での応用も視野に入ってきた.しかしながら,我々ヒトの遺伝子を改変できることのインパクトは必ずしも喜ばしいものとは限らず,大きな倫理的問題をはらんでいる.

7.10.1　CRISPR/Cas9 による遺伝子ノックアウト

　細胞内の遺伝子をノックアウト(欠失)したり,外来遺伝子を導入したり,遺伝子配列を自分の望みの配列に変化させるために近年特に利用頻度が高いのが,2013年に報告されたCRISPR/Cas9システムを利用した手法である[7].CRISPR(クリスパー)システムとはもともと,細菌がファージに感染して外来遺伝子が入ってきた際の獲得免疫機構として細菌に備わっていたものである.すなわち,ファージなどの外来遺伝子が細菌に入った際に,ファージのDNAの一部を細菌のゲノム内に取り込むことでこのファージに感染した「記憶」として残す.この配列をCRISPR(clustered regulatory interspaced short palindromic repeats) と呼ぶ.これはRNAとして転写されて,細菌がもつCas9タンパク質と複合体を形成し,同じ配列をもつファージに再感染した際に,そのファージゲノムを切断することで細菌が自身を防御するシステムである.この細菌がもつ免疫システムを生命科学の実験に応用することで,ヒトなどの真核細胞で遺伝子を編集する便利なツールとして利用されるようになった.

　まずCRISPR/Cas9システムを用いて遺伝子をノックアウトする原理を,一例をあげて示す(図7.9左).欠失したい遺伝子のなかにNGGの3塩基配列(N = A,C,G,Tのいずれでもよい)をもつ部分を探し,その5′側に隣接する20塩基をDNA切断の標的配列として選ぶ.この20塩基と同じ配列をもつRNAをつくらせるが,その際,Cas9タンパク質に結合する別のRNA配列と連結させて「ガイドRNA」と呼ばれる融合RNAをつくらせる.ガイドRNAは,Cas9タンパク質に結合する一方で,ゲノムDNA上で標的配列の部分を認識して結合する.結果としてガイドRNAは,二本鎖DNAを切断するCas9タンパク質を,切断したいDNAの部位に呼び込む(ガイドする)働きをもつ.

　したがって,細胞内のある遺伝子をノックアウトしたい場合には,細胞内にガイドRNAとCas9タンパク質を導入すればよい.ガイドRNAにより標的配列に呼び込まれたCas9タンパク質は標的配列の二本鎖DNAを切断する.すると細胞では,切断されたDNAを修復しようとする機構が自発的に働くが,その際に切断末端を少し切除した後に連結する.このようなDNAの損傷修復機構を非相同末端連結とよぶが,こ

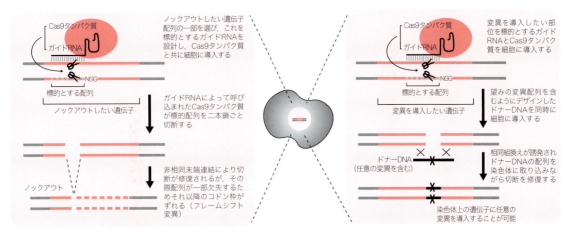

図7.9 CRISPR/Cas9システムによる遺伝子ノックアウト・遺伝子改変の原理

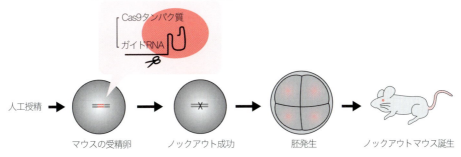

図7.10 CRISPR/Cas9を用いたノックアウトマウスの作製方法

の修復の際に数〜数十塩基（場合によってはそれ以上の長い配列）が切除されてしまうため，その後の配列と連結した際にコドンの読み枠がずれる可能性が高い（フレームシフト変異）．したがって，その遺伝子からの正常なタンパク質の発現を抑えることができる．

7.10.2 CRISPR/Cas9による遺伝子改変

CRISPR/Cas9システムを用いれば，7.10.1項に示した遺伝子ノックアウトだけではなく，遺伝子の塩基配列を望み通りの配列に置き換える遺伝子改変も可能である（図7.9右）．自分が望む遺伝子変異を導入したいDNAの近辺に標的配列を設定して，それを認識するガイドRNAを準備してCas9タンパク質と共に細胞内に導入する．ここまではノックアウトの場合とほぼ同じ準備であるが，さらに，望みの塩基配列をもつように予め準備しておいた「ドナーDNA」断片（100〜2000塩基程度）も同時に細胞に導入する必要があり，この点がノックアウトの場合と異なる．

ドナーDNAが存在する状態で二本鎖DNAが切断されると，切断部分とほぼ同じ（相同な）配列をもつドナーDNAとの間で相同組換え（組換え修復）機構が働き，結果としてドナーDNAの配列を取り込む形で二本鎖DNAの切断が修復される．そのため，ドナーDNAに予め準備しておいた「変異」配列がある確率で細胞の染色体DNA内に取り込まれる．

7.10.3 CRISPR/Cas9によるノックアウトマウスの作製

このような遺伝子の編集手法を用いることで，マウス個体の全細胞において特定の遺伝子をノックアウトしたノックアウトマウスや，遺伝子を任意の配列に編集した遺伝子改変マウスを誕生させることも可能である．図7.10は例としてCRISPR/Cas9システムを利用してノックアウトマウスを作製する原理を簡略化して示す．

遺伝子ノックアウトを行う細胞としてマウスの受精卵を用いれば，ノックアウトされた受精卵から発生する個体の全細胞で遺伝子がノックアウトされていると

考えられる．そこで人工授精により受精卵を準備し，そこに目的の遺伝子をノックアウトするように設計したガイド RNA と Cas9 を導入する．ある確率でノックアウトが成功するが，その後に卵割が起きて 2 細胞，4 細胞と胚発生が進むのであれば，産まれるマウスの全細胞でノックアウトされた状態だと理論的には考えられる．ただし実際には，産まれるマウスは必ずしも全細胞で均一にノックアウトされているとは限らず，ノックアウトされた細胞とされていない細胞が混在するキメラマウスが誕生する可能性がある．また，2 セットもつ遺伝子のいずれともノックアウトされているとは限らず，1 セットのみノックアウトされたヘテロマウスが誕生する可能性もある．したがって，誕生後に遺伝子が全身で正しくノックアウトされているか，ホモかヘテロかを確認する必要があり，必要に応じて交配による完全ノックアウト個体の確立が求められる．

7.10.4 ゲノム編集の倫理的問題

前述のように，ゲノム編集技術は生命科学研究において有用なツールであるのみならず，我々ヒトの遺伝子を改変しうる"究極のツール"として医療応用に期待がかかるようになった．例えば，遺伝子変異による疾患をもつ患者から細胞を単離し，その遺伝子を CRISPR/Cas9 技術で正常型のものに改変したうえで患者の体内に戻すことで，その疾患の治療に繋がることが期待される．あるいは，そのような患者が自分の子に同じ遺伝子疾患を受け継がせたくない場合に，受精卵の段階でゲノム編集を施すことで，産まれてくる子の遺伝子を全細胞で正常型に戻すことも理論的には可能であろう．要望は尽きず「できることなら同時に，家族性のがんを発症するリスクのある遺伝子変異も直してから産みたい」という要望があっても無理からぬことである．様々なかたちで医療の恩恵を受けて現代を生きる我々にとって，これらの新しい医療のかたちも拒む理由はないのかもしれない．

しかしながら，これは同時に，産まれてくる自分の子を自由自在，意のままにゲノム編集してから産むことも理論的には可能であるということを併せて考えなければいけない．例えば，背格好，目鼻立ち，頭の良さ，…，これらを決める遺伝子が存在するとして，これらを自分好みに改変してから出産することも同様に可能である．この考えはすでに「デザイナー・ベビー」論として世界で議論の的となっている[8]．これは倫理的に問題ないのだろうか．問題だからこれは許すことはできないというのならば，ではどこに善し悪しの線を引けばよいのだろうか．

技術の進歩はとどまるところをしらず，遺伝子工学の発展に寄り添うかたちで発生工学もまた急速に発展を遂げている．クローン動物を作製する技術は進化を遂げ，理論的にはもはやクローン人間の作製が可能なレベルに到達していると考えられ，それを阻むものは最早我々の心の中の倫理観のみである．クローン人間が増えると同じ遺伝子をもつ集団が生じて遺伝的に危険だから受け入れられないとする考えも防波堤のように存在はするが，ゲノム編集技術を使って適度に多様性をもたせてかつ優秀なデザイナー・ベビーをつくればそれもクリアできるかもしれない．そのような時代には，子孫をつくるために生殖さえ必要ないといえるのかもしれない．そのような時代が訪れたときに，ヒトは子孫をつくることに何か意味を感じているのだろうか．

7.11 遺伝子工学から発生・再生医療へ

ヒトの生体細胞は特殊な細胞を除き，別の性質をもつ細胞へと分化できるような未熟な細胞へは逆戻りしないと考えられていた．これはいわば発生学のセントラルドグマであった．ところがある遺伝子操作をすれば，分化した皮膚から取りだした線維芽細胞から，胚性幹細胞（ES 細胞）のように，すべての細胞に分化できる分化多能性（pluripotency）と，分裂増殖を繰り返しても性質を維持できる自己複製能を併せもつ細胞（いわゆる"万能細胞"）に変換できることが，山中伸弥によって 2006 年に発表された．これが iPS 細胞（人工多能性幹細胞，induced pluripotent stem cells）である．iPS 細胞の開発により，受精卵や ES 細胞を使用せずに多能性細胞を単離培養することが可能となった．この研究は発生学のセントラルドグマを覆した点で学問的に意義があると共に，次世代の再生医療への応用が期待される画期的な発見であった．特にヒト iPS 細胞が確立されたことによって，患者自身の細胞から幹細胞を得ることができる点やヒト ES 細胞の作製において懸案であった，受精卵から発生の途上にある胚盤胞を滅失することに対する倫理的問題を抜本的に解決できる点などから，臨床応用への期待が非常に高い．実際の臨床応用へは多くの克服すべき問題は残されているが，現在日本をはじめ，世界中の研

究者がしのぎを削って研究に取り組んでおり，いずれは解決されるものと思われる．1972年にバーグによって始まった，「遺伝子組換え」技術を中心とする遺伝子工学は，半世紀にも満たないうちに分子生物学や分子遺伝学の勃興とともに急速な発展を遂げ，これからもその勢いは増すばかりであろう．技術の革新的進歩が新たな発見を生み，それがまた新たな技術開発に繋がっている．いまや生命科学は爆発的に飛躍し，新たな次元に突入しているといえる．それは医薬品，畜産・農水産食品，個人識別などあらゆる分野において人間の福祉に貢献することが期待される．一方で，生殖医療をはじめとする倫理的な側面，技術の反社会的利用や生態系への影響など，地球規模で検討しなければならない課題も多い．そのためにも正しい知識を身につけ，客観的な判断が下せる準備をしておくことが肝要と考える．

■ 参考文献

1. 石田寅夫：ノーベル賞の生命科学入門 遺伝子工学の衝撃，講談社，2010．
2. 松村正實ほか編：新遺伝子工学ハンドブック（実験医学別冊），羊土社，2010．
3. 柴 忠義：遺伝子工学（バイオテクノロジーテキストシリーズ），講談社，2012．
4. 山本 雅・仙波憲太郎編：遺伝子工学集中マスター，羊土社，2006．
5. IDF DIABETES ATLAS 8th EDITION, www.diabetesatlas.org，2017．
6. ロイストン・ロベーツ著，安藤喬志訳：セレンディピティー——思いがけない発見・発明のドラマ，化学同人．
7. Ran, F. A. et al.: Genome engineering using the CRIPR-Cas9 system. Nature Protocols, 8（11）：2281-2308．2013．
8. ポール・ノフラー著，中山潤一訳：デザイナー・ベビー ゲノム編集によって迫られる選択，丸善出版，2017．

◇ 演習問題

問1 遺伝子工学技術を使ってインスリン遺伝子を単離するにあたり，細胞や組織からmRNAを抽出するところから始めたが，(a) なぜ染色体上にあるインスリンのDNAを単離するのではなくてmRNAを単離したのか？ (b) その際，なぜmRNAを単離する細胞として膵臓β細胞が望ましいとされるのか？

問2 全体で4000塩基対の環状プラスミド内に，次の制限酵素切断部位が存在する．この環状プラスミドをEcoRⅠ，HindⅢで処理し，完全消化した場合に認められるDNA断片の大きさをすべてあげよ．
・EcoRⅠサイト：150，1300，2700，3500
・HindⅢサイト：600，900，2000，2100

問3 図7.5にみられるPCR反応は理論的にはサイクルを1回経るごとに2倍のDNAが合成されるため，n回の反応サイクル後には1つのDNAから2^n倍のDNAがつくられることになる．しかし実際の反応では理論通りの効率で合成されるわけではない．1サイクルでの合成効率が90％の反応の場合，30サイクル後にはDNAの量は何倍に増幅されているか，答えよ．

問4 図7.9のようにCRISPR/Cas9システムを利用して，ある遺伝子のノックアウトマウスを作製する計画を立てた．ここで，(a) ノックアウトしたい遺伝子のなかから標的配列を選ぶ際に重要視すべきポイントは何だろうか．また，(b) 産まれてきたマウスが仮にヘテロマウスであったとすると，作製の過程でどのような現象が起きたためにヘテロになったと想像されるか．(c) あるいは，キメラマウスが産まれた場合はどのような経緯でキメラになったと考えられるか．それぞれ可能性を考察せよ．

8 食品・医薬品と生物

我々の普段の食事には生物，特に微生物の力を利用して加工した食品，すなわち「発酵食品」が多数存在する．発酵食品の歴史は古く，発酵に関わる微生物や酵素が発見される前から人類は発酵食品を食してきた．一方，微生物が抗生物質をつくり出せることを発見したのは 20 世紀中頃であり，その後，様々な医薬品が発見され，感染症や生活習慣病の治療薬開発につながった．本章では，微生物や酵素の機能が発酵食品や医薬品にどのように利用されているかをまとめる．さらに，遺伝子組換え技術により改変された農作物を利用した食品である「遺伝子組換え食品」や大腸菌や動物細胞によって生産される「バイオ医薬品」についても紹介し，食品や医薬品と生物との関わりについて学習する．

8.1 発酵食品

8.1.1 発酵とは

飲み残したワインを放置しておくと，微生物の作用で酪酸や低級脂肪酸などを生成し「腐敗（decomposition）」する．一方で，食酢はアルコールから微生物の作用で「発酵（fermentation）」により製造する．運が良ければ，飲み残したワインも食酢になる．「発酵」も「腐敗」も同じように微生物の作用で起こるもので，微生物からすればどちらも自身が生育するために「食事」をしているだけである．では，「発酵」と「腐敗」の区別はどこにあるのか．一般的な定義としては，微生物の作用によって，人の役に立つ食品や物質を生成することを「発酵」，人が食べられないようなモノに分解することを「腐敗」という．つまり，「発酵」と「腐敗」は，いずれも微生物による有機物の分解，変性を指しており，人の害となる場合に「腐敗」，益となる場合に「発酵」と呼んでいる．例えば，「納豆」は日本の代表的な発酵食品であるが，外国人から見れば腐敗物にしかみえないかもしれない．このように，「発酵」と「腐敗」は人の価値基準で判断されるもので，曖昧なものなのである．

微生物と発酵の関係を明らかにしたのはフランスの科学者，パスツール（L. Pasteur）である．パスツールは，1861 年に有名な"白鳥の首フラスコ実験"によりそれまで信じられていた自然発生説を否定し，「すべての生物は生物から発生する」ことを証明した．さらに，ワインから分離した酵母を用いることで，発酵が微生物によって行われることを証明した．当時は，アルコール発酵や乳酸発酵といった，微生物が嫌気状態（anaerobic condition，空気，酸素に触れない状態）で生命活動，すなわち有機物（糖類）を分解し微生物の生育に必要なエネルギー代謝を行う現象を指していた．その後，ドイツの医者，コッホ（H. H. R. Koch）が微生物の純粋培養法を確立，さらに微生物と病気との関連性を明らかにし，炭疽菌や結核菌，コレラ菌を発見した．この 2 人の功績により微生物と発酵の分野の研究が加速した．また，1929 年にイギリスのフレミングがペニシリンを発見したことを契機に抗生物質発酵が始まった．さらに，アミノ酸発酵，有機酸発酵，核酸発酵，ビタミン発酵といった産業への応用展開が行われることとなった．これらの発酵は好気状態（aerobic condition，空気，酸素を与えた状態）で行わ

COLUMN

● 白鳥の首フラスコ実験 ●

フランスの科学者パスツールは，①フラスコに肉汁を入れ加熱した後，②そのフラスコの口を長く引き伸ばし，白鳥の首のように下方へ湾曲させた口をつくり，その後，③この白鳥の首フラスコの口を閉じないで放置しても微生物が発生しないことを示した．さらに，④このフラスコの首を折ると微生物が増殖し，首を折らなくてもフラスコの肉汁を湾曲した首の部分に浸し，フラスコ内に戻すことでも微生物が増殖することを示した．これは，白鳥の首のように湾曲した長い口が外部からくる微生物をトラップしたために微生物の増殖が起きないと結論付け，それまでの自然発生説を否定した．

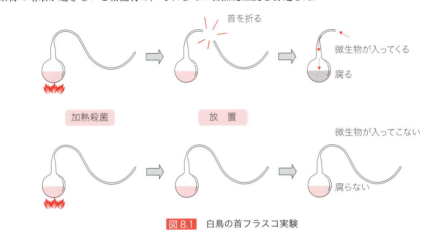

図 8.1 白鳥の首フラスコ実験

れ，当初の発酵の定義であった「嫌気状態での生命活動」とは異なるが，現在では発酵は「微生物による有機化合物の変換」と定義するのが一般的となっている．また，この過程で，野生株の力を利用する発酵から，微生物の代謝を操作した育種株につくらせる発酵に発展している．

8.1.2 食品分野の微生物

微生物がつくる酵素などの生物機能を利用して，食品がもともともっていた成分を分解・合成させ新たな別の成分に加工された食品を「発酵食品」と呼ぶ．たとえば，醤油は大豆と小麦，清酒は米，ワインは葡萄の成分を微生物によって，味，香り，物性，色などを変えて，それぞれ新たな食品に仕上げられている．我々は数千年も前から発酵食品を食しており，これらはその国の気候風土や産物，嗜好性が大きく反映されている．発酵食品の歴史が食物の文化といっても過言ではないかもしれない．

一口に発酵食品といっても，利用する微生物の種類により，大きく3つに分類できる．主なものとして，アルコール飲料の生産に関わる酵母，醤油や味噌などの生産に関わるカビ，ヨーグルトやチーズ，漬物や納豆の生産に関わる細菌である．これらの呼び方は俗名であり，学名ではそれぞれの菌を属（genus）と種（species）によって細かく分類・命名されている．例えば *Saccharomyces cerevisiae* は，清酒，ビール，ワイン，パンなど非常に多くの食品で利用されている酵母である．また，*Aspergillus oryzae* は，コウジカビの代表種であり，利用分野は多岐に渡り，清酒・味噌・醤油・みりんなどがある．*Acetobacter aceti* は，酢酸菌とも呼ばれ，酢の製造に利用される．以下では，代表的な微生物発酵と食品との関わりについて具体的な例を紹介する．

8.1.3 アルコール発酵

多くの生物は酸素を利用してグルコースを CO_2 にまで分解し，莫大なエネルギーを取得している．一方，微生物の代謝は酸素のない（嫌気）条件下では，グルコースは無機物まで完全には分解されず乳酸やエタノールなどの有機物ができる（図8.2）．前者を好気呼吸，後者を嫌気呼吸という．アルコール発酵を行うのは主に酵母 *Saccharomyces cerevisiae* であり，酵母が

行う嫌気呼吸では，脱炭酸酵素であるピルビン酸デカルボキシラーゼ（pyruvate decarboxylase, EC 4.1.1.1）によってピルビン酸から CO_2 が除かれてアセトアルデヒドができ，さらにアルコール脱水素酵素（alcohol dehydrogenase, EC 1.1.1.1）により還元されてエタノールができる．

アルコール発酵の代表的な食品としては，ワイン，ビール，日本酒といった酒類があげられるが，パンもアルコール発酵を利用してフワッとした独特の食感を得ている．ワイン，ビール，日本酒はアルコール発酵させたままの状態で飲む醸造酒，焼酎やウイスキーは醸造酒を蒸留しアルコールや香気成分を濃縮したもので蒸留酒と呼ぶ．葡萄の糖分から直接アルコール発酵をするワインや原材料のデンプンから糖に分解するプロセス（糖化）を得てアルコール発酵をするビールな

ど，酒類により発酵方法は様々である．

＜ワイン＞

ワインは，葡萄果汁を原料にしてワイン酵母（分類学的には S. cerevisiae）によるアルコール発酵でつくられる．このように果汁などに含まれる糖を直接発酵する方法を「単発酵（simple fermentation）」という（図8.3）．単発酵は，後述する複発酵に必要な糖化などの工程がなく，最も簡単な酒造りである．リンゴを原料としたシードルや馬の乳を原料とした馬乳酒がこれに含まれる．赤ワインは赤色または黒色の葡萄果皮や種子を果汁中に残して発酵させる．アントシアニン色素とタンニンを製品中に溶出させており，渋みがある．白ワインは緑色葡萄または赤葡萄の果皮を除いた果汁を発酵させる．赤ワインでは，ワイン酵母によるアルコール発酵の他に，風味をまろやかにするために乳酸菌（主に Oenococcus oeni）を使用して葡萄由来の酸味の強いリンゴ酸を酸味のまろやかな乳酸（リンゴ酸よりも，酸味が弱く穏やか）に変換するマロラクティック発酵（malo-lactic fermentation）を行う．リンゴ酸は malic acid，乳酸は lactic acid なので malo-lactic fermentation と呼ばれている．

＜ビール＞

ビールの主原料は，大麦，ホップ，水とビール酵母（分類学的には S. cerevisiae）である．大麦の糖質はデンプンであり，ビール酵母はデンプンを直接利用できないため，アルコール発酵を行うためには糖化処理を行う必要がある．糖化処理は大麦に含まれる酵素（アミラーゼ：amylase, EC 3.2.1.2）を利用する．大麦を発芽させると，自身のもつ酵素によりデンプンを糖化して，いわゆる麦芽になる．この麦芽に酵母を働かせると，酵母は麦芽中の糖分（麦芽糖）をアルコール発

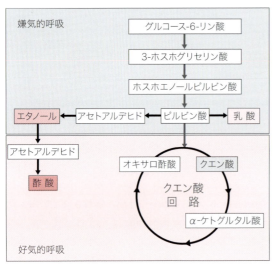

図8.2　発酵と代謝経路

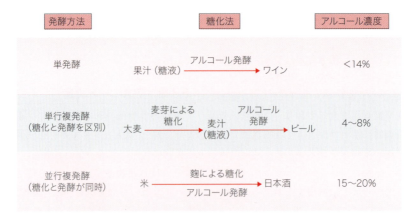

図8.3　発酵方法の分類（単発酵・単行複発酵・並行複発酵）

酵して，ビールをつくる．この方法は，麦芽の製造（糖化）とアルコール発酵を区別して行うので，「単行複発酵（serial complex fermentation）」と呼ぶ．ビール酵母には，アルコール発酵の進行に伴い，酵母が液面に凝集する上面発酵酵母（分類学的には *S. cerevisiae*）と下面に沈殿する下面発酵酵母（*Saccharomyces uvarum*）の2種類が存在する．また，上面発酵により製造されるビールを「エール」，下面発酵により製造されるビールを「ラガー」と呼ぶ．

<日本酒>

日本酒は，米のデンプンを米麹の働きで糖化しながら，そこでできた糖を即座に酵母でアルコール発酵させる．このように，2つの発酵反応を同時に進行させることから「並行複発酵（parallel complex fermentation）」と呼ばれている．米麹はデンプン糖化酵素をもつ麹菌（*Aspergillus oryzae*）を蒸した米に植えつけたもので，アルコール発酵中は嫌気条件下のため麹菌は増殖ができず，糖化は米麹をつくった際に増殖した麹菌の酵素が反応を進行させている．アルコール発酵におけるアルコールの最終濃度は，原料の糖分の濃度に依存する．

このためビールでは4～8％のアルコール濃度が限界であるが，糖化とアルコール発酵を同時に行う日本酒では最大20％ものアルコール濃度まで発酵が可能である．並行複発酵は東アジアによくみられる発酵方法で，韓国のマッコリや中国の紹興酒に代表される黄酒などが日本酒と同じ並行複発酵でつくられている．

8.1.4 アミノ酸発酵

アミノ酸発酵は，微生物が栄養源をとって生育に必要な様々な生体成分に変換していく仕組みを利用してアミノ酸をつくる方法である．アミノ酸発酵には，近年の健康食品に含まれるアミノ酸単体あるいはペプチドの他に，味噌，醤油，納豆といった発酵食品がアミノ酸発酵に分類することができる．伝統的な発酵食品では原料に含まれるタンパク質を分解してペプチドやアミノ酸を生成している．一方，健康食品に含まれるアミノ酸などはグルコースなどの糖からアミノ酸の生合成経路を利用して発酵生産されている（図8.4）．我が国においても，L-グルタミン酸を効率よく生成させる微生物の発見以来，アミノ酸発酵の研究が急速に

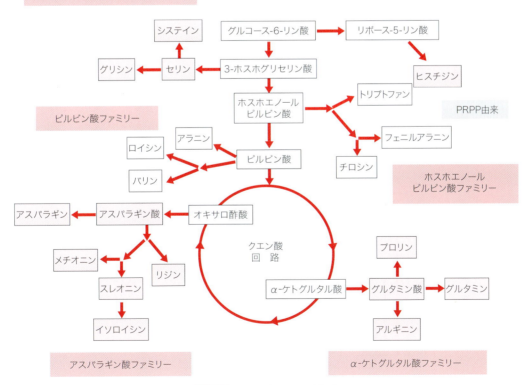

図8.4　アミノ酸発酵と代謝経路

進展し，今ではタンパク質を構成するほとんどのアミノ酸が発酵法で製造可能である．

＜味噌＞

味噌は，大豆と米または麦を主原料として，麹菌（*Aspergillus oryzae*, *A. sojae*）を働かせてデンプンを糖化させると同時に強力なタンパク質分解酵素によってタンパク質を分解させ，ペプチドやアミノ酸を大量に含む「麹」をつくる．さらに，食塩を加えて固定発酵で熟成させる．この際，耐塩性酵母（*Zygosaccharomyces rouxii* や *Candida versatilis*）や好塩性乳酸菌（*Tetragenococcus halophilus*）を加えて熟成を行うことで，アルコール，有機酸，エステル化合物などが生成され，独特の風味が得られる．

＜醬油＞

醬油は，味噌とほぼ同じ製法であるが，大きな違いは原料と加える塩水の水分量である．醬油は大豆と小麦を主原料として，味噌同様に麹菌（*A. oryzae*, *A. sojae*）を働かせて「麹」をつくる．その後，大量の塩水を加えて「もろみ」をつくり，液体で熟成させる．この際，味噌と同様に耐塩性酵母や好塩性乳酸菌を加えて熟成を行う．熟成した「もろみ」は，圧搾，濾過，火入れすることで醬油となる．

＜納豆＞

納豆は，蒸した大豆に納豆菌（*Bacillus subtilis*）を加えてつくる．納豆菌は *Bacilllus* 属であり胞子を形成することから，蒸した大豆を熱いうちにワラに包むことで多くの菌が死滅するのに対して，納豆菌は生き残って生育することができる．納豆菌のタンパク質分解酵素（プロテアーゼ）の作用により大豆タンパク質を分解することで，うまみの素となるアミノ酸が蓄積する．また，納豆特有のネバネバ物質は，アミノ酸の一種であるグルタミン酸が高分子化（ポリマー化）したポリグルタミン酸である．

＜アミノ酸＞

栄養ドリンクやサプリメント，カップ麺などの成分表示にはアミノ酸の表示がみられるが，このアミノ酸もほとんどが発酵によってつくられている．アミノ酸生産においては，本来，細胞内のタンパク質合成に使われるべきアミノ酸が，その合成経路から逸脱して細胞外に排出させる異常な発酵が起きている．つまり，正常なアミノ酸合成経路をやめさせて，発酵中間体を他の経路に導くことにより，様々なアミノ酸の生産を可能としている．最初に工業的な生産が行われたアミノ酸発酵は，コリネ型細菌（*Corynebacterium glutamicum*）を用いたグルタミン酸発酵であった．現在では，*C. glutamicum* 以外にも，同じくコリネ型細菌の *Brevibacterium flavum* などが利用されている．生合成経路の初段階に位置するグルタミン酸，アラニン，バリンなどは，発酵条件の最適化が必要であるが野性型の株を用いて生産することができる．一方，生合成経路の最終段階にあるリジンなどの生産では，代謝経路の改良を行った変異株が用いられる．前駆体（アスパラギン酸-β-セミアルデヒド）を共有するL-ホモセリン（L-スレオニンやL-メチオニンの前駆体）への合成経路を遮断（ホモセリンデヒドロゲナーゼ（homoserine dehydrogenase, EC 1.1.1.3）欠損）するとともに，アスパルトキナーゼ（aspartokinase, EC 2.7.2.4）へのフィードバック阻害を解除することで生産を行っている（図8.5）．

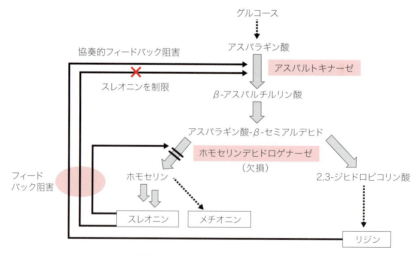

図8.5　アミノ酸生産の例：リジン発酵

8.1.5 有機酸発酵

＜酢酸発酵：食酢＞

酢酸発酵とは，酢酸菌の作用によりアルコールから酢酸ができるものである．このため，本章の冒頭に書いたように，アルコール飲料を放っておくと，食酢になることがある．食酢醸造に使用する主な酢酸菌は，*Acetobacter aceti* や *Gluconobacter oxydans* である．これらの菌をアルコール発酵の生成物であるエタノールに作用させると，アルコール脱水素酵素によりエタノールを酸化しアルデヒドを生成．さらにアセトアルデヒド脱水素酵素（acetaldehyde dehydrogenase：ALDH, EC 1.2.1.10）により酢酸を生成する．この反応には酸素を必要とするため，発酵液の上面に菌体が膜をつくり発酵を行う．

＜乳酸発酵：ヨーグルト・チーズ＞

乳酸発酵とは，乳酸菌の作用により酸素のない嫌気条件下で乳酸ができるものである．この反応は，動物の筋肉中で急激な運動（無酸素運動）時にエネルギーを得るための「解糖」とまったく同じである．乳酸発酵の発酵形式には2種類あり，グルコースから乳酸のみが生成する「ホモ発酵型」と，乳酸だけでなくエタノール，酢酸や二酸化炭素を生成する「ヘテロ発酵型」に分けられる（図8.6）．また，理論的にはホモ乳酸発酵の代謝産物は乳酸だけのはずであるが，実際には乳酸のほかに，ごく微量のエタノール，酢酸，ギ酸，アセトアルデヒド，ジアセチル，アセトインなどが副生する．この副生成物が食品に風味を与える．

ヨーグルトは，草食動物などの乳に含まれる乳糖を分解して乳酸などの有機酸を生成させてつくられる．生成した有機酸は乳の腐敗防止のほか，風味付けにも寄与している．伝統的なヨーグルトの製造では通常2種類のホモ型乳酸菌を使用するが，この組み合わせなどで製品の風味がかわる．代表的な乳酸菌としては，ブルガリア菌（*Lactobcillus delburueckii subsp. bulgaricus*）とサーモフィルス菌（*Streptococcus thermophilus*）が用いられる．しかし，これらの菌は胃酸に弱いため，腸まで達することができないことが明らかになっている．このため，近年では生きて腸まで届くことが確認された菌として，「プロバイオティクス」と呼ばれる乳酸菌やビフィズス菌が注目されている．

チーズは，乳に乳酸菌を含むスターターとレンネット（キモシンとも呼ぶ）を加えてカード（凝乳）とホエイ（乳清）に分け，このカードを分離・脱水し，食塩を加えてからカビや細菌などによる発酵，熟成をさせてつくる．レンネットは当初，子牛の第4胃から抽出して使用していたが，現在ではカビの一種であるケカビ（*Mucor pusillus*）の培養液から精製した代用キモシンを使用している．スターターには，乳酸菌では *Lactococcus lactis* や *Leuconostoc mesenteroides* が，カビでは青カビの *Penicillium roquefortii*（ブルーチーズ）や白カビの *P. comemberti*（カマンベールチーズ）などが使用され，特有の香りと味を付与させる．

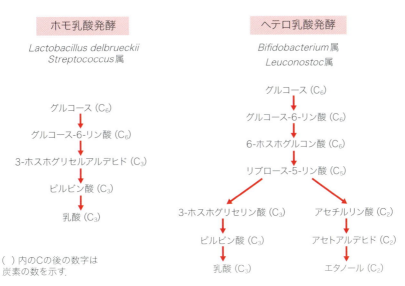

図8.6　ホモ乳酸発酵とヘテロ乳酸発酵

COLUMN

● プロバイオティクス ●

　ヒトの腸内には100種類以上，100兆個以上の腸内細菌が生息しており，糞便のうち，約半分が腸内細菌，またはその死骸であるといわれている．宿主であるヒトや動物が摂取した栄養分の一部を利用して生活し，他の種類の腸内細菌との間で数のバランスを保ちながら，一種の生態系（腸内細菌叢や腸内フローラと呼ぶ）を形成している．腸内細菌の活動は，①腸内での消化・吸収，食物の分解，②ホルモン調整，③ビタミンKなど必須物質の生産，④腸の蠕動運動を助長，⑤有害物質の分解，⑥免疫力の向上，といった健康に寄与する作用に加え，⑦有害物質の産出，といった健康を阻害する作用や⑧アレルギー発症，⑨発がんなどの病気にも関連しており，正と負の双方の作用の可能性が示唆されている．プロバイオティクスとは腸内細菌叢のバランスを改善して，健康維持に有益な働きをすることが認められている微生物のことをさす．腸内細菌叢を良好に保つために，生きたまま腸内に到達可能な乳酸菌や，ビフィズス菌に代表される *Bifidobacterium* 属，さらに乳酸桿菌と呼ばれる *Lactobacillus* 属の細菌が栄養源に利用できる物質（オリゴ糖など，プレバイオティクス）を含んだ多くの食品が開発・実用化されている．さらに，ヒトの腸内に生息する細菌が腸内免疫においても重要な役割を担っていることが確認されており，疾患の病態解明や新しい治療対象として実用化が期待されている．近年ではメタゲノム解析や単一細胞レベルでの腸内細菌叢の解析が進み，構成する菌種の同定のみならず，代謝やタンパク質発現を介した複雑な相互関係が明らかになっている．

8.2 遺伝子組換え食品

8.2.1 品種改良と遺伝子組換え

　人類は古くから，植物や動物の品種を交配させることにより，優れた品種をつくり出し，育てやすさや美味しさを追求した品種改良を進めてきた．約10,000年前の農耕の開始とともに，交配育種と突然変異といった品種改良により野生植物（雑草）から栽培種を創り出してきた．交配育種による品種改良は，おしべとめしべによる交配を行い，得られた雑種から優良個体の選別を行う．また，突然変異による品種改良は，自然に起こる，または人為的に起こした遺伝子の突然変異体の中から優良個体の選抜を行う．この交配や突然変異から得られた個体からの優良個体の選抜を繰り返すことにより，最終的に目的の個体を取得する．この品種改良により性質が安定した品種を得るためには，最低でも10年以上の育種期間が必要となるのが一般的である．このように人類は植物や動物を交配して品種改良したり，また酒や味噌などの食品をつくるために微生物を利用したりするなど，生物のもつ機能を上手に活用してきた．

　遺伝子組換え技術は，このような生物のもつ機能を上手に利用するために開発された技術の1つで，ある生物から目的とする有用な遺伝子だけを取り出し，改良しようとする生物に導入することにより，その有用な性質を付加する画期的な技術である．自然では交配しない生物の遺伝子を利用することができるため，従来の掛け合わせによる品種改良では不可能と考えられていた特長をもつ農作物をつくることができる．これまでの品種改良による育種技術と比べて，①他の有用な性質を変えることなく，目的とする性質のみを付加できる，②育種期間を短縮できる，③従来の育種では交配できない生物の遺伝子を導入できる，などの特徴がある（図8.7）．

　遺伝子組換え技術を用いて他の生物の有用な機能に関与する遺伝子を導入してつくった農作物を遺伝子組換え作物という．GMO（Genetically Modified Organism）あるいはGM作物とも呼ばれている．このような遺伝子組換え作物は，害虫抵抗性や除草剤耐性の農作物をつくることができ，食糧問題や環境保全に大きなメリットがあると考えられている．一方で健康や環境に対しての安全性の確保も重要である．日本で遺伝子組換え食品を利用するためには，「食品」としての安全性を確保するために「食品衛生法」および「食品安全基本法」，「飼料」としての安全性を確保するために「飼料安全法」および「食品安全基本法」，および「生物多様性」への影響がないように「カルタヘナ法」に基づき，それぞれ科学的な評価を行い，問題のないもののみが栽培や流通させることができる仕組みとなって

いる．平成30（2018）年2月時点では，日本で販売・流通されている遺伝子組換え作物は，じゃがいも，大豆，てんさい，トウモロコシ，ナタネ，ワタ，アルファルファ，パパイヤの8品目である．アミラーゼやリパーゼなどの食品添加物も遺伝子組換え微生物によりつくられており，日本においても販売・流通されている．

8.2.2 遺伝子組換え作物の開発

遺伝子組換え作物は，これまでに様々な性質をもつ遺伝子を組み換えた品種が実用化されている．主として除草剤耐性作物（herbicide-resistant crops）と害虫抵抗性作物（insect resistant crops）が広く普及しているが，他にも作物病害として被害の大きいウイルス感染しにくい耐病性作物のパパイヤの開発や大豆の高オレイン酸品種，トウモロコシの高リシン品種などの高栄養価の遺伝子組換え作物も食品として承認されている．そのほか，研究開発段階の作物も多いが，医薬品成分を植物につくらせるなど，様々な研究が進められている．

<除草剤耐性作物>

最も広く栽培され，普及している遺伝子組換え作物は除草剤耐性作物である．除草剤耐性作物は，特定の除草剤に耐性をもつ遺伝子を組み込むことにより，除草剤をまいても枯れないようにした作物である．通常の農作物の栽培では，除草剤は選択性（効果を発揮する雑草が決まっている）であるため，数種類の除草剤を数回にわたり散布しなければならない．しかし，非選択性の除草剤に耐性をもった遺伝子組換え作物を栽培すれば，その遺伝子組換え作物以外の雑草だけを効率的に枯らすことができるため，1～2回の散布で済ますことが可能となる．農場の規模が大きければ大きいほど，大幅なコストダウンが可能となる．また，農薬散布の回数が減ることから環境に対する負荷が低いともいわれている．

除草剤の種類としては，グリホサートやグルホシネートが一般的である．グルホサートは，商品名ラウンドアップ（モンサント社）として販売されている．グリホサートの作用機構は，芳香族アミノ酸生成経

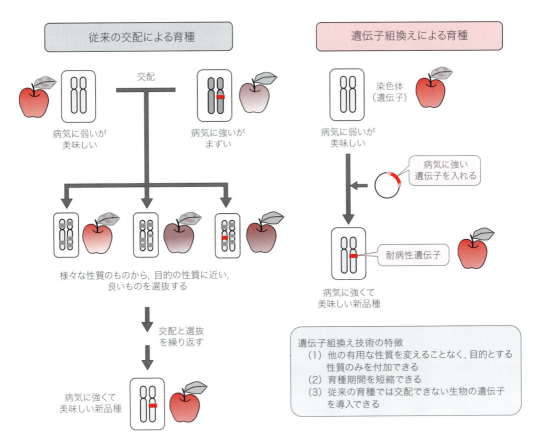

図8.7　品種改良と遺伝子組換え技術

路（シキミ酸経路）の5-エノールピルビルシキミ酸-3-リン酸合成酵素（5-enolpyruvylshikimate-3-phosphate synthase：EPSPS, EC 2.5.1.19）阻害剤酵素の阻害剤として働き，耐性のない雑草が枯死する．ヒトや動物はこの生合成経路をもたないため影響はなく，植物や微生物にのみ効力を発揮する．また，比較的早い分解性を有していることから，農薬としての環境に対する負荷も低いといわれている．グリホサート耐性作物（商品名ラウンドアップレディー：Roundup Ready）は，微生物由来のグリホサート非感受性のEPSP合成酵素を導入している（図8.8）．

除草剤グルホシネートは，商品名ビアラホス（bialaphos，明治製菓）として販売されており，放線菌 *Streptomyces hygroscopicus*, *S. viridochromogenes* などが生産する抗生物質である．厳密には，グルホシネートとビアラホスは同一物質ではなく，ビアラホスが分解してグルホシネートとなる．グルホシネートは，窒素代謝においてアンモニウムイオンの同化に関与するグルタミン合成酵素（glutamine synthetase, EC 6.3.1.2）の阻害剤として作用し，アンモニアの多量蓄積により耐性をもたない雑草が枯死する．ビアラホス耐性作物は，ビアラホスを無毒化する酵素ホスフィノスリシンN-アセチル基転移酵素（phosphinothricin N-acetyltransferase：PAT, EC 2.3.1.183）の遺伝子 *bar* が導入されている．

＜害虫抵抗性作物＞

除草剤耐性作物の次に普及しているのが害虫抵抗性作物である．害虫抵抗性作物は，枯草菌の仲間である *Bacillus thuringiensis* という土壌微生物由来の殺虫タンパク質であるBtタンパク質（δ-エンドトキシン）をつくる遺伝子を組み込むことによって，特定の害虫に抵抗性をもたせた作物である（図8.9）．害虫の食害による被害を防ぐことにより収穫量が増すと同時に，殺虫剤の使用量を大幅に減らすことができ，環境に優しいともいわれている．ただし，害虫が徐々に毒素に対する耐性をもつようになること，害虫だけでなく益虫にも影響を及ぼすことなどの問題点も指摘されている．Btタンパク質は，消化器官がアルカリ性のときに強毒化するため，コナガやモンシロチョウなどの鱗翅目昆虫，ハエやかなどの双翅目昆虫，コガネムシなどの鞘翅目昆虫を死滅させる．一方，人や動物の消化器官では，胃酸などの酸性条件下でBtタンパク質が分解され無毒化される．

8.2.3 遺伝子組換え作物の普及状況

1996年に商業栽培が開始されて以来，遺伝子組換え作物は世界中で急速に栽培面積をのばしてきた．主要穀物であるイネ，小麦，トウモロコシ，大豆などの遺伝子組換え作物の世界的な実用化が進んでいる．遺伝子組換え作物の作付面積（2016年）は世界26カ国で1億8000万ヘクタールであり，米国，ブラジル，アルゼンチンを中心とする北米および南米の国々において大規模に栽培されているが，ヨーロッパ，アジア，オセアニアの国々でも栽培が行われている．現在では発展途上国における栽培面積が先進工業国を上回っている．作物別にみると，大豆，トウモロコシ，ワタ，

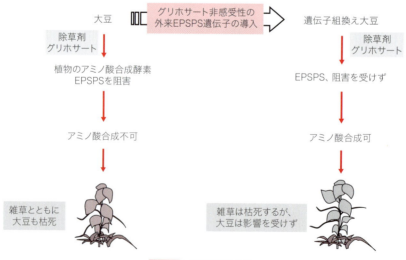

図8.8 除草剤耐性作物

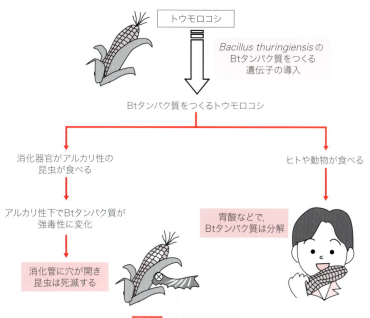

図8.9 害虫抵抗性作物

ナタネの順に，GM作物の栽培面積が大きくなっており，世界で栽培されている大豆の8割がGM品種といわれている．

日本では，食生活の多様化，食料自給率の低迷に伴い食品輸入は年々増大し，トウモロコシ，ワタ，ナタネは自給率がほぼ0％，大豆は7％程度となっており，国内の需要を海外からの輸入で賄っている．日本への主要輸出国では，これらの作物にGM品種が高い割合で使用されていることから，上記農作物の9割程度がGM品種であると考えられる．本来人間には影響のない遺伝子を導入しているが，長期毒性を含めた安全性や遺伝子組換え作物の栽培による飛散花粉による交雑などの環境の多様性保存への影響などが懸念されている．日本はGM作物の栽培国ではないものの，年間数千万トンのGM作物を輸入する輸入消費大国であり，安全性やその必要性について議論が引き続き必要である．

8.2.4 遺伝子組換え食品の表示

日本で遺伝子組換え作物を利用するには，食品としての安全性，飼料としての安全性，および環境に対する安全性（生物多様性への影響）について，科学的な評価を行うことが法律で定められている．食品としての安全性評価は食品衛生法に基づき厚生労働省が行い，飼料としての安全性評価は飼料安全法に基づき農林水産省が実施している．また，生物多様性への影響評価は，カルタヘナ法に基づいて農林水産省と環境省が行う．これらの安全性審査によって承認されてはじめて，国内への輸入や栽培，食品，飼料としての利用が許可される．

遺伝子組換え食品の表示について国際的なルールはなく，各国で基準が異なるのが現状である．例えば，アメリカでは栄養成分などが従来のものと明らかに異なる場合に限り表示することになっている．欧州では加工食品の原材料中の0.9％以下，オーストラリアとブラジルでは1％未満，韓国では3％未満，日本では5％以下の遺伝子組換え作物の混入は表示義務が発生しないという各国独自の基準が設けられている．

日本国内で遺伝子組換え作物を使用した食品が流通するようになったのは1997年からである．当時は安全性が確認された遺伝子組換え作物への表示は義務付けられていなかったが，数々の議論の末，2001年4月から表示制度が本格的にスタートしている．遺伝子組換え食品の表示制度は，検査によって遺伝子組換え作物を使っているかどうか確認できるものに，「遺伝子組換えである」または「遺伝子組換え不分別である」という表示を義務付けられている．日本に流通する上記の8種類のGM作物とこれを原材料とし，加工後も組み換えられたDNAまたはそれによって生じたタンパク質が検出できる加工食品などが義務表示の対象である．一方，遺伝子組換え作物を使用していない場合の「遺伝子組換えではない」という表示は任意（任

意表示という）であるにも関わらず，日本国内の食品メーカーは，ほとんどの食品で「遺伝子組換えではない」という表示を行い消費者へ安全性をアピールしている．

8.3 医薬品の開発

医薬品開発の歴史は古く，伝承的な生薬や天然化合物など偶然の発見により薬となったものから，ゲノム情報に基づいた医薬品開発が行われている．現在の主流は低分子化合物の医薬品が多くを占めているが，バイオ医薬品と呼ばれる抗体医薬やワクチン，遺伝子組換えタンパク質などの生物由来の製品も開発され，がんなどの疾患領域に有効な新薬として，開発が加速している．世界初のバイオ医薬品であるヒトインスリンを皮切りに，成長ホルモン，インターフェロンなどが実用化され，技術が進歩するに伴いバイオ医薬品も最先端のバイオテクノロジーを用いた医薬品へと進化を続けている．以下には，微生物から見いだされた低分子化合物をはじめ，バイオ医薬品の開発状況について解説する．

8.3.1 微生物が生産する医薬品

<抗生物質>

抗生物質とは，微生物がつくる化合物で，他の微生物の生育を抑制したり死滅させたりする物質のことである．最初に発見された抗生物質は，青カビ（*Penicillium notatum*）のつくるペニシリンである．その後，結核菌を効果的に殺菌するストレプトマイシンが放線菌（*Streptomyces griseus*）を使用して工業的な発酵生産が行われている．また，多くの抗生物質が放線菌の生産物として発見されている．ペニシリンを始めとする β-ラクタム系，国産初の抗生物質カナマイシンのアミノグリコシド系，グラム陽性菌に対して有効なマクロライド系，テトラサイクリン系など多くの抗生物質が利用されている．このうち，β-ラクタム系の作用機序は細菌の細胞壁合成酵素の阻害で，増殖中の細胞の溶菌が起こり，菌は死滅する．一方，マクロライド系，テトラサイクリン系抗生物質群の作用機序は，リボゾームとの結合によるタンパク質合成を阻害するもので，主に静菌的，つまり増殖の抑制作用であり，菌の殺滅には至らない．

<その他の医薬品>

抗生物質のほかにも多くの医薬品が微生物でつくられている．例えば，マイトマイシンCやブレオマイシンは日本で発見された抗がん剤で，放線菌の培養液から抽出，精製されている．また，動脈硬化の原因となる血液中のコレステロール量を低下させる高脂血症用剤「プラバスタチン（商品名メバロチン）」は，青カビの一種である *Penicillium citrinum* のつくるコンパクチンを前駆体とし，この前駆体を放線菌（*Streptomyces carbophilus*）の水酸化酵素によりプラバスタチンに変換するという2段階発酵で製造されている（図8.10）．

8.3.2 バイオ医薬品

1980年代後半より，遺伝子組換え技術の利用により微生物や動物の培養細胞を用いたバイオ医薬品生産が実用化されている．バイオ医薬品として最初に市場に登場したインスリンは，膵臓から分泌されるホルモンであり，糖尿病の患者さんの治療薬として利用されている．大腸菌にインスリンを分泌するヒトの遺伝子を組み込むことで，インスリンの大量生産が可能となった．バイオ医薬品の開発には，低分子化合物の化学合成と比較して，高度な技術とコストがかかる．一

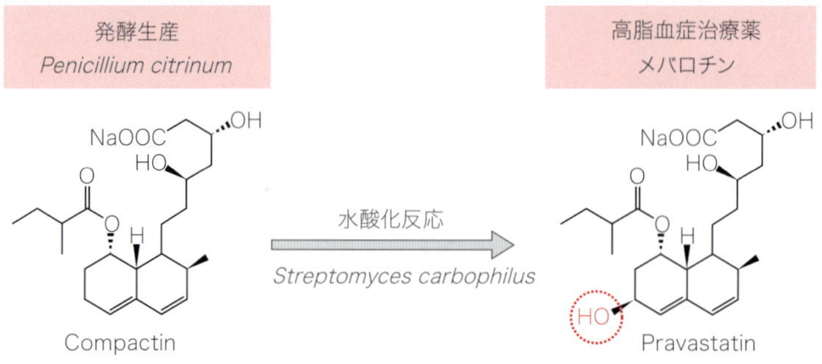

図8.10　プラバスタチンの合成

方で遺伝子改変によりタンパク質構造を簡便に改変でき，付加価値を付けられるメリットがあるため，遺伝性の疾患や難病の治療にもつながることが期待されている．

生体内に微量しか存在しないホルモンやサイトカイン，酵素などの遺伝子をクローニングし，培養細胞により大量生産して用いられる第一世代バイオ医薬品としては，インスリンを始め，エリスロポエチン（腎性貧血の治療薬），インターフェロン（抗ウイルス・抗がん作用をもつ治療薬），成長ホルモン（低身長症の治療薬）などがあげられる．これらの市場は，新たな製品が登場しないことや使用量の増加に伴い薬価引き下げの影響で，ほとんど変化していない．一方で病気に関連する遺伝子を特定し，診断・治療するために有効な標的分子を認識する抗体を用いた第二世代バイオ医薬品の研究開発が精力的に進められており，2016年には800億ドルを超える市場となっている．今後，標的分子や対象疾患の拡大，個別化医療への対応により抗体医薬の市場はさらに拡大することが予測されている．しかしながら，インスリンやサイトカインなどの第一世代バイオ医薬品と異なり，第二世代の抗体医薬は，製造技術や大規模な設備投資が必要となり，品質制御が難しい．なぜなら，抗体は分子量が15万程度とサイトカイン等と比較して，数倍大きく，また糖鎖構造の不均一性が有効性や安全性に大きく影響を与える場合がある．加えて，投与量にも問題があり，第一世代バイオ医薬品は本来，生体内で微量に存在して機能しており，医薬品として投与する場合も1回に数十マイクログラム程度であるのに対して，抗体医薬品では，通常1回の投与で数百ミリグラム必要となる．そのため，組換えタンパク質の生産性を飛躍的に向上させることが必要である．

バイオ医薬品の製造には，①目的のタンパク質をつくるために遺伝子組換え技術を用いて細胞株を樹立するプロセス，②細胞を培養し，目的タンパク質を抽出・精製するプロセス，③得られたタンパク質を製剤化するプロセスからなる．製造に用いる宿主細胞として，大腸菌，酵母，動物細胞が用いられている（表8.1）．特に糖鎖修飾を伴う抗体生産においてはチャイニーズハムスター卵巣（CHO）細胞などの動物細胞を用いたタンパク質生産が主流である．動物細胞培養で生産されるバイオ医薬品は，高価な培地や大規模な培養設備が必要なため，低分子医薬品と比べて製造コストが高

表8.1 バイオ医薬品生産に用いられる宿主細胞

	大腸菌	酵母	動物細胞
細胞の種類	原核生物	真核生物	真核生物
増殖速度	速い	速い	遅い
発現レベル	高	低～高	低～中
糖鎖修飾	×	△	○
取り扱い	易	易	難
コスト	低い	低い	高い
バイオ医薬品の例	インスリン 成長ホルモン インターフェロン サイトカイン	インスリン グルカゴン ヒト血清アルブミン HPVワクチン	血液凝固因子 エリスロポエチン リソソーム酵素 抗体

い．目的とするタンパク質の特徴により，宿主細胞を選択しているが，今後はコスト低減に向けて遺伝子組換え技術，細胞培養技術に加え，組換えタンパク質を生産する細胞株の効率的な取得や組換えタンパク質の効率的な分離・精製技術など，様々な要素技術開発は不可欠であり，今後の発展に大きな期待が寄せられている．

■ 参考文献

1. バイオインダストリー協会発酵と代謝研究会編：発酵ハンドブック，pp.1-610，共立出版，2001.
2. 児玉　徹，熊谷英彦編：食品微生物学，pp.123-271，文永堂出版，1997.
3. 日本微生物生態学会編：微生物ってなに？，pp.107-133，日科技連，2006.
4. 協和発酵工業（株）編：トコトンやさしい発酵の本，pp.1-116，日刊工業新聞社，2008.
5. 杉山政則著：現代微生物学，pp.193-236，共立出版，2010.

◇ 演習問題

問1 発酵と代謝について，その関係を説明せよ．

問2 遺伝子組換え食品について，その利点と問題点をまとめよ．

問3 除草剤耐性作物の1つであるグリホサート耐性作物（ラウンドアップレディーなど）は，微生物由来の5-エノールピルビルシキミ酸-3-リン酸合成酵素の性質をうまく利用している．その性質について，酵素学的に説明せよ．

問4 低分子化合物の医薬品と比較して，バイオ医薬品の利点と問題点をまとめよ．

9 環境と生物

自然界には様々な生物が生息し，生態系を形成している．この生態系は自然環境と密接な関係がある．生態学の教科書では，森林，草原，湖沼，海洋などを舞台に野生生物のみを題材にする場合が多い．もちろん，生態学の基礎を学ぶ上で，そのような知識も重要であるが，実は，我々人間も生態系の中にいる生物であり，自然環境に大きな影響を与えている事実を忘れてはならない．このような問題は環境科学の一部として取り上げられる場合が多い．本章では，生態学と環境科学の基礎を学習して，環境問題の本質を知ると共に，環境問題を解決するテクノロジーを自然の浄化機構の中に見つけることの重要性を学習する．

9.1 生態系のしくみ

9.1.1 生態系とは

自然界の生物は，それぞれの地域で集団をつくり，周囲の環境との関わりの中で生きている．また，生物の集団は，生物間の競争や共生，あるいは環境からの影響によって変動する．ある地域に生息する同種の生物集団を個体群（population）という．個体群の中の各個体は，繁殖，食物，棲み場所をめぐって相互作用をもつ．また，同じ場所で生きている様々な生物種の個体群の集まりを生物群集（biocenose）という．生物群集を構成する個体群は，それぞれが独立して存在しているのではなく，共生し，または「食べる─食べられる」の関係にあり，お互いに影響し合いながら存在している．一方で，光，温度，湿度，水質，流速，化学物質などの非生物的環境（abiotic environment）は生物の活動に大きな影響を及ぼす．これを作用（action）と呼ぶ．逆に，生物の活動も非生物的環境に影響を及ぼす．これを反作用（counteraction）と呼ぶ．このような生物群集とそれをとりまく非生物的環境を1つのシステム（系）とみなしたものを生態系（ecosystem）という（図9.1）．

9.1.2 生物種間の相互関係

生物群集内において，個体群はお互いに影響を及ぼしながら生きている．異種生物間の相互関係には様々な形のものが存在する（表9.1）．表中では，他種と関係することで利益を受ける場合は「○」，被害を被る場合は「×」，特に利害に関係しない場合は「－」で表した．「競争（competition）」とは，生活様式の似た生物が互いにエサや生息場所を奪い合うことをいう．イワナ（上流）とヤマメ（下流）など，場所の棲み分

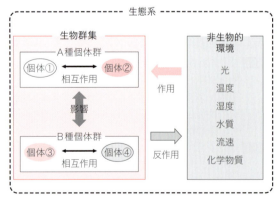

図9.1　生態系の構成

けで対応する場合が多い．「寄生（parasitism）」と「捕食（predation）」は，エネルギー移動の観点からは同等であるが，捕食は瞬時に相手のエネルギーを奪い取るのに対して，寄生では時間をかけて相手のエネルギーを奪っていくという点が異なる．ニイニイゼミの幼虫に寄生するセミタケ（菌類），マツに寄生するヤドリギなどが寄生の例としてあげられる．寄生虫のように相手を死に追いやらない寄生も一般的である．「共生」は，「相利共生（mutualism）」と「片利共生（commensalism）」に分けられる．アリとアブラムシの関係（アリはアブラムシから蜜をもらい，アブラムシはアリにテントウムシなどの天敵から守ってもらう）のように，お互いに利益を得る場合を相利共生という．一方，片利共生は，サメとコバンザメのように，どちらか一方だけ利益を受けるが他方にとっては良くも悪くもない場合をいう．

9.1.3 食物連鎖と栄養段階

地球上の生物を栄養的見地でみると，他者の生産した有機物に依存しない独立栄養生物（autotroph）と依存する従属栄養生物（heterotroph）に分類できる．独立栄養生物の代表格である植物は，光のエネルギーを用いて無機物である二酸化炭素（CO_2）から有機物を生産することができる．また，化学合成独立栄養細菌は，硫化水素（H_2S）やメタン（CH_4）などの無機物を酸化させたときに生じる化学エネルギーを用いて有機物を生産できる．これに対して，植物や独立栄養細菌以外のほとんどすべての生物は，独立栄養生物が生産した有機物を食べてエネルギーを得る従属栄養生物に属する．

生態系は，独立栄養生物と従属栄養生物の個体群から構成されることが多い．この生態系を物質やエネル

表 9.1　異種生物間の相互関係様式

タイプ相互作用	種A	種B	相互作用の特徴
競　争	×	×	競合して害を与え合う
捕　食	○	×	捕食者が餌種の個体を殺す
寄　生	○	×	寄生者が寄主個体を利用し，寄主は害を受ける
中　立	―	―	互いに影響を及ぼさない
相利共生	○	○	両者ともに利益を受ける
片利共生	○	―	一方だけ利益を受けるが他方は影響を受けない
片害作用	×	―	一方だけ害を被るが，他方は影響を受けない

COLUMN

● 生態系と医薬品の発見 ●

生物種間の相互関係の研究から意外な形で産業と密接に結びつく場合がある．その代表例が片害作用を利用した抗生物質の開発である．片害作用の様式の1つとして，ある生物種が分泌する物質が他の生物種の生育を阻害するケースがある．この分泌物質をうまく利用した代表例が抗生物質である．1929年，フレミング（A. Fleming）は窓際に放置してあった細菌の培養皿を捨てようとしたとき，その培地に青カビが生えていて，カビの周辺だけ細菌が溶けていることに気づいた．そして，青カビが産出する物質が細菌類の増殖を広範囲に阻害することを発見し，この物質をペニシリンと名付けた．ペニシリンはフローリーとチェーンによって精製され，大量生産が可能となった．現在でもペニシリンは細菌感染症の治療薬として欠かせないものになっている．

ペニシリンは細菌類の細胞壁の合成を阻害している．他にもストレプトマイシン，カナマイシンなど多くの抗生物質が生態系における相互作用から生まれてきている．近年，このような化合物の分子構造を解析することで，抗生物質の作用機序が明らかになり，さらに高性能な抗生物質を有機合成技術で人工的につくり出すことが可能になった．しかしながら，まったくゼロの状態から新しい抗生物質を生み出すことは困難である．すなわち現在流通している医薬品の多くは，生態系で機能している物質由来であり，生物種の多様性だけでなく，物質の多様性をも生態系は保持しているといえる（8.3.1項参照）．

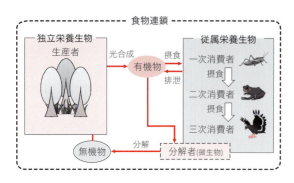
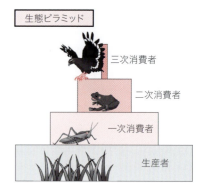

図9.2　食物連鎖と生態ピラミッド

ギーの移動という視点でみると，独立栄養生物は生産者（producer），従属栄養生物は消費者（consumer）である．さらに，従属栄養生物の中には，有機物を最終的に無機物まで分解するものがいて，その役割の重要性から，このような生物を消費者と区別して分解者（decomposer）と呼ぶ．

COLUMN

● 深海熱水噴出孔周辺の生態系 ●

光の届かない深海では光合成ができないため，生産者は存在しないのだろうか．最近，潜水艇による深海の調査によって，深海底に存在する一種の海底温泉のような場所（熱水噴出孔）において特異な生態系がみられることが判明し，注目を集めている．一般的には地球上の生態系のほとんどは光合成による生産を出発点とした食物連鎖が成り立っている．これを「光合成生態系」と呼ぶ．一方，深海の熱水噴出孔では，地球内部のマントルからメタンや硫化物を豊富に含む熱水が噴出しているため，このメタンや硫化水素をエネルギー源にして，無機物（二酸化炭素）から有機物を合成する化学合成独立栄養細菌が生息している．したがって，熱水噴出孔周辺では，「光合成生態系」でなく化学合成独立栄養細菌が生産者となる「化学合成生態系」がつくられる．

熱水噴出孔周辺の生物群集には，消費者としてハオリムシをはじめ，シンカイヒバリガイ，シンカイコシオリエビ，ユノハナガニなどが存在する．この中で，特にハオリムシは細菌と共生関係をもつ非常にユニークな生物である．ハオリムシは，チューブワームとも呼ばれ，水中の酸素や火山ガス中の硫化水素を鰓から取り込んでいる．取り込まれた酸素と硫化水素は，血液を介して，体の大部分を占める栄養体（内臓が詰まった袋のような部分）へと送り込まれる．栄養体には，多数の硫黄酸化細菌（化学合成独立栄養細菌）が共生しており，これらが生産した有機物をハオリムシが利用する．このような共生関係を築くために，ハオリムシの血液中にあるヘモグロビンは酸素だけでなく硫化水素も運搬できるようになっていることは興味深い．

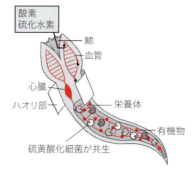

図9.3　ハオリムシと硫黄酸化細菌との共生関係

一般的な陸上の生物群集を例にとると，生産者である植物は，光合成により無機物（二酸化炭素）から有機物を生産する．消費者は，草食動物の一次消費者，草食動物を捕食する肉食動物の二次消費者，二次消費者を捕食する肉食動物の三次消費者（または高次消費者）に区分される．さらに，消費者である微生物（菌類・細菌類）は，枯死した植物，あるいは動物の排泄物や死骸を分解して無機物に変換する．この無機物は，再び生産者に利用される．

捕食者（食べるもの）と被食者（食べられるもの）の関係を介した生物のつながりを食物連鎖（food chain）と呼ぶ．また，食物連鎖における生産者，一次消費者，二次消費者，分解者などの各段階を栄養段階（trophic level）と呼ぶ．一般的に，栄養段階が高い生物種ほど，その個体数は少ない．したがって，食物連鎖を構成する生物の個体数を栄養段階の順番に積み上げていくと，ピラミッド型になる．これを生態ピラミッド（ecological pyramid）と呼ぶ（図9.2）．このように，生態系の中では，各栄養段階の生物が共存することによって物質やエネルギーが移動し，均衡が保たれている．

9.2 物質循環と生命活動

生態系内での物質の移動をみると，食物連鎖を通じた生物群集内の移動，および生物群集と非生物的環境の間の移動など，形を変えながら物質が複雑に循環していることがわかる．このうち，生物のエネルギー源や栄養源を構成する主要元素（炭素，窒素）の循環は，生態系の平衡にとって非常に重要である．

9.2.1 炭素の循環

炭水化物・タンパク質・脂質などの有機物を構成している炭素（C）は，生物体の乾燥重量の40～50%を占める重要な元素である．大気中や水中で二酸化炭素として存在する炭素は，生産者に吸収され，光合成による有機物の合成に利用される．この有機物の炭素は消費者の体内に取り込まれ，食物連鎖を通じて他の消費者や分解者へと移動していく．また，生物は呼吸によって体内の有機物を分解しているが，このとき生じる二酸化炭素は体外に放出され，大気中や水中に戻される．さらに，生産者の枯死体，あるいは消費者の死骸や排泄物などに含まれる炭素は，細菌などの分解者によって最終的に二酸化炭素に変換され，再び大気中や水中に戻される．このような仕組みで，炭素は二酸化炭素や有機物の形をとりながら生態系の中を循環している．

海水中には多くの二酸化炭素が含まれていて，大気中の二酸化炭素と平衡関係を保っている．石炭や石油などの化石燃料は，太古の時代に時間をかけて生産者がつくった有機物であるが，人間が多量の化石燃料を短期間に燃焼させることによって二酸化炭素が放出され，大気中の二酸化炭素濃度が増加の一途をたどっている．この化石燃料の大量消費は，地球規模の炭素循環に影響を与えている（10章参照）．

9.2.2 窒素の循環

窒素は，生物体を構成するタンパク質・核酸などに含まれる重要な元素である．大気中の約80%は窒素ガス（N_2）であり，重要な窒素供給源であるが，多くの生物はこれを直接的には利用できない．一般に，生産者である植物は，土壌中に含まれる硝酸塩やアンモニウム塩などの無機窒素化合物を根から吸収して有機窒素化合物を合成する．これを窒素同化という．一次消費者は，生産者に含まれる窒素を体内に取り入れ，その後の食物連鎖によって高次消費者にも窒素が移動する仕組みになっている．このような陸上での窒素の流れがある一方で，土壌中には様々な微生物が存在し，ダイナミックな窒素循環の一翼を担っている（図9.4）．まず，大気中の窒素ガスは，アゾトバクターやクロストリジウム・根粒菌などの窒素固定細菌（nitrogen-fixing bacteria）によって固定される．根粒菌はマメ科植物の根に共生していることが知られている．生物の死骸や排泄物などは，土壌中の微生物によって分解され，タンパク質などに含まれる窒素成分からアンモニウム塩がつくられる．このアンモニウム塩は植物に吸収される一方で，土壌中に存在するアンモニア酸化細菌（ammonia-oxidizing bacteria）および亜硝酸酸化細菌（nitrite-oxidizing bacteria）によって硝酸塩にまで酸化される．この過程を硝化（nitrification）と呼ぶ．硝酸塩は，植物に吸収される他に，脱窒細菌（denitrifying bacteria）による脱窒（denitrification）で窒素ガスに還元され，再び大気中に戻される．なお，人類は，ハーバー・ボッシュ法などの画期的な触媒の開発によって，大気中の窒素ガス（N_2）と天然ガスなどから得られる水素ガス（H_2）を原料にしてアンモニア（NH_3）を合成する，いわゆる化学的窒素固定

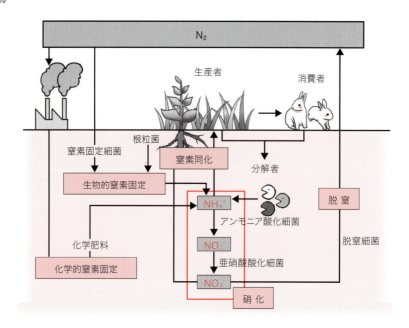

図9.4　地球上における窒素の循環

（chemical nitrogen fixation）に成功し，様々な産業用途に利用している．

9.3 環境汚染と生態系

人類初の宇宙飛行士となったガガーリン（Y. A. Gagarin）は，宇宙からみた地球の印象を「地球は青かった」と表現した．地球表面の約3分の2は海水で覆われていることから，地球は「水の惑星」と呼ばれる．そして，地球上に水が存在することによって豊かな生態系が育まれてきた．しかしながら，人間の産業活動の発達によって，水環境汚染が引き起こされ，自然の生態系に大きな影響を与えている．さらに，水環境汚染やそれに伴う生態系変化は人間の健康にも被害をもたらす．

9.3.1 生物濃縮

ある特定の化学物質が環境中よりも生物体内で高濃度に蓄積する現象を生物濃縮（biological concentration）

COLUMN

● 窒素循環を担う新たな細菌アナモックスの発見 ●

土壌中の窒素循環の役割を担う微生物に新たな立役者が見つかった．アンモニアから窒素ガス（N_2）に変換される経路として，これまでは，硝化細菌による酸化反応で硝酸に変換し，これを脱窒細菌による還元反応で窒素ガスに変換するといった経路が知られていた．しかしながら，このような複雑なことを行わず，アンモニアから直接窒素ガスへ変換できないものかと考える人も少なくないのではないだろうか．1977年，ブローダ（E. Broda）は，脱窒の電子供与体としてアンモニアを酸化し，エネルギーを獲得する独立栄養細菌の存在を熱力学的な観点から予測した．その後，多くの研究者によってこの反応に関与する細菌を自然界から見つけ出す試みが行われ，ついに1995年，オランダのデルフト工科大学の研究グループがこの細菌の取得に成功した．この細菌は，嫌気性アンモニア酸化細菌（通称，アナモックス細菌）と呼ばれ，嫌気条件においてアンモニアと亜硝酸を利用して窒素ガスへと変換し，中間代謝物としてヒドロキシルアミンやヒドラジンを経由することが知られている．その後の研究で，アナモックス細菌は，海洋の深層域，河川の河口域，湖沼・内湾などの底泥，地下水など，様々な環境中に広く分布していることがわかり，地球規模での窒素循環において重要な役割を担っていると考えられている．

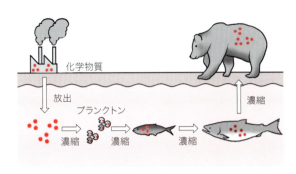

図9.5　生物濃縮の原理

という（図9.5）．特に，疎水性が高く，代謝を受けにくい化学物質は，尿などとして体外に排出される割合が低いために，生物体内の脂質中などに蓄積されることが多い．また，生態系では，特定の化学物質を含んだ生物を多量に摂取する捕食者の体内での化学物質濃度がさらに上昇する．このような食物連鎖の過程を繰り返すことで，栄養段階の上位の生物ほど体内での化学物質濃度が上昇する．

例えば，殺虫剤として使われてきたDDT（dichlorodiphenyl trichloroethane），および変圧器やコンデンサー用の絶縁油として使われてきたPCB（polychlorinated biphenyl）は，水環境中で1万～100万倍に生物濃縮されることがわかってきた．これらの物質は毒性が高いことから，現在使用禁止となっている．

日本では，過去に生物濃縮による公害として，水俣病が発生した．アセトアルデヒドの生産工程に使用された無機水銀（硫酸水銀）が工場内の反応過程で有機水銀（メチル水銀）となり，排水と共に水俣湾に放出された．この有機水銀がプランクトンに取り込まれ，食物連鎖によってさらに上位捕食者の魚介類に蓄積された．そして最終消費者である人間の口に入り，水銀による中毒症状（中枢神経の麻痺症状）を引き起こした．このように，生物濃縮という現象があることから，有害物質を含む排水を環境中に排出する場合，排水を希釈するだけでは不十分であり，分解するなどして取り除く必要がある．

9.3.2　富栄養化

通常の湖沼・河川・海域では，窒素やリンなどの栄養塩類は不足しがちであり，生物の増殖の制限因子となっている．したがって，窒素やリンを多く含む水が自然環境中に大量に流入すると，生産者である植物プランクトンが異常増殖する．このプランクトンの増殖量があまりにも大きい場合，一次消費者である動物プランクトンによる捕食が追いつかなくなり，生態系のバランスが崩れる．この現象を富栄養化（eutrophication）という．富栄養化による極端な例が赤潮やアオコ現象である．富栄養化の問題点としては，①異常増殖した藻類が生産する有機物による水質悪化，②一部藻類が産出する有毒物質（ミクロキスチン）による飲料水源汚染，③生態系のバランスの破壊（清水性魚介類の生息障害）などがあげられる．

9.3.3　自然の浄化機構

「三尺流れれば水清し」ということわざがあるように，自然の浄化作用は泥水をも真水に戻すと考えられてきた．実際に，有機物や栄養塩を含む家庭排水が河川に流れ込んでも，水中の微生物による分解によって自然に浄化される．

有機物が水環境中に流入した場合を例にして，自然の浄化機構を説明する（図9.6）．まず，水環境に流入した有機物は，好気性微生物によって，酸化分解される．このとき，好気性微生物は，水中に溶けている酸素ガス（O_2）を用いる．有機物の主成分は炭素（C）水素（H），酸素（O），窒素（N），硫黄（S），リン（P），であり，これらは二酸化炭素（CO_2），水（H_2O），アンモニア（NH_3），硫酸イオン（SO_4^{2-}），リン酸イオン（PO_4^{3-}）などの無機物の形態に至るまで分解される．その後，アンモニアは溶存酸素を使った硝化（9.2.2項参照）を経て硝酸イオン（NO_3^-）に酸化される．硝酸，アンモニアおよびリン酸は水生植物や藻類などに吸収される．水生植物や藻類に取り込まれた元素は，さらに高次の食物連鎖によって，昆虫，魚類，哺乳類などに取り込まれ，生態系を循環する．

河川・湖沼・内湾などに堆積した底泥の内部では，溶存酸素の補給が少ないために，嫌気性分解が主体になるが，この嫌気性分解も自然の浄化作用の中で重要な役割を果たす．有機物が嫌気性分解された場合の最終生成物は，主にメタン生成古細菌（methanogenic archaea）によるメタンガス（CH_4）である．メタンガスはそのまま大気中に放出されることもあるが，地下に蓄積されたり，好気性微生物によって酸化されて大気中に二酸化炭素として放出されることもある．近年，嫌気性細菌によって生成されたメタンが低温・高圧下で水分子に包接され，メタンハイドレート（methane hydrate）という形で海底に大量に存在することがわかり，新たなエネルギー資源として注目され

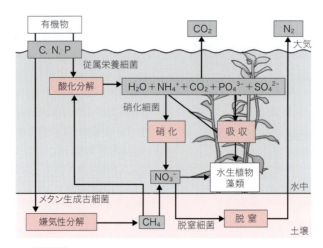

図9.6 自然の浄化機構（水環境中に有機物が流入した場合）

ている（10.2.2項参照）．硝酸イオン（NO_3^-）は嫌気条件下で脱窒細菌によって窒素ガス（N_2）に還元される．その際，近傍で生成したメタンを酸化しながら脱窒する微生物共同体が重要な役割を果たしていることが最新の研究で明らかになりつつある．

9.4 生物機能と環境浄化

9.4.1 排水処理技術

近年，産業が発達し，人々が集中して暮らしを営むようになると，河川・湖沼・内湾などの水環境中に流入する排水の量も多くなり，自然の浄化作用が追いつかなくなった．そこで，水環境保全のために，下水処理場や浄化槽などで排水を浄化してから水環境中に放出することが国や自治体の主導で進められている．下水処理場や浄化槽で使われている浄化技術は，自然の浄化機構を見習って開発されたものが多い．

まず，有機物を除去するプロセスとしては，微生物による好気的酸化および嫌気性消化（anaerobic digestion）が実用化されている．好気的酸化は，活性汚泥法（activated sludge）によって実現される場合が多い．活性汚泥法は，1914年にイギリスで実用化されて以来，世界中で下水処理に用いられている方式である．日本に1000カ所以上ある下水処理場のほとんどがこの方式を利用している．図9.7に標準活性汚泥法の処理工程を示す．処理の中心は，空気を連続的に送り込みながら活性汚泥と排水とが混合される曝気槽（aeration tank）である．「活性汚泥」とは土木・衛生工学の分野で使われる用語であり，文字通り「活性のある汚泥」であるが，生物学的には細菌をはじめとした様々な微生物の集合体にほかならない．有機物は主に細菌により好気的に酸化され，二酸化炭素として大気中に放出されることで排水は浄化される．一方，細菌は原生動物に捕食され，原生動物はさらにワムシなどの微小後生動物に捕食されるなど，活性汚泥中で食物連鎖が成り立っている．有機物の一部は微生物の体内に同化されるため，汚泥の引き抜きを行う必要がある．排水を効率的に浄化するためには，曝気量や汚泥の引き抜き量を適切にコントロールして曝気槽内の生態系を維持することがポイントである．

嫌気性消化（メタン発酵）は，嫌気条件下で嫌気性細菌（古細菌）の働きによって有機物をメタンと二酸化炭素に分解する処理方式であり，この浄化技術も土壌や底泥で起こっている自然の浄化作用を模擬したものである．嫌気性消化は，加水分解，酸生成（ギ酸や酢酸の生成），およびメタン生成の3段階に分かれている．メタン生成は酸生成段階において生成する水素を利用したメタン生成およびギ酸や酢酸を利用したメタン生成に分かれる．最終的にメタンガスの発生により排水中から有機炭素成分が除去される．メタンガスは天然ガスの成分であるため回収して燃料として使用することが可能である（10章参照）．

9.2.2項で説明した地球規模での窒素循環および自然の浄化機構を模擬して排水からの窒素除去が行われている．この反応は好気条件および嫌気条件の2つの条件を必要とする．排水中には有機態窒素も含まれており，まず従属栄養細菌（heterotrophic bacteria）に

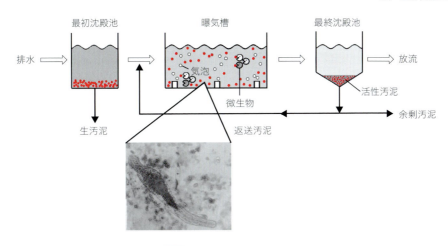

図9.7 活性汚泥法による排水処理

よってアンモニアまで分解される（脱アミノ反応）．アンモニアは好気条件下で硝酸まで酸化される（硝化反応）．硝化反応に関わる細菌は，アンモニア酸化細菌および亜硝酸酸化細菌である．硝化で生成した硝酸は，酸素の存在しない嫌気条件下で，脱窒細菌によって窒素ガスに還元され，大気中に放出される（脱窒反応）．結果として排水中から窒素成分を除去することが可能となる．硝化細菌は，一般的に化学合成独立栄養細菌（chemoautotrophic bacteria）であるため，特に有機物が存在しなくても増殖することが可能である．一方，脱窒反応を進行させるためには電子供与体が必要になり，排水中に含まれる有機物を利用する場合が多い．

9.4.2 土壌浄化技術

土壌は，陸地の表面を覆っている物質層であるが，その中では生物学的活動も活発に行われている．土壌の最も重要な役割は，陸上生態系の生産者である植物を育てることである．肥沃な土壌には多種多様な土壌微生物や動物が存在し，分解者としての役割を果たしている．1円玉の重さと同じ1グラムの土壌を採取すると，その中には数千種類の細菌が存在し，その数は全部で数億から数兆に達するといわれている．水環境と同様に，土壌環境も浄化能力をもつ．例えば，化学物質に汚染された土壌は，100年単位の時間をかければ土着の微生物によって自然に浄化されていく．この自浄作用を利用した浄化方法をバイオアテニュエー

COLUMN

● リンを除去する細菌 ●

排水中の窒素成分を取り除く技術は自然界の窒素循環を模擬することで確立できるが，もう1つの栄養塩であるリンを排水中から取り除くにはどうしたらよいのだろうか．排水中の炭素成分は，好気的酸化によって二酸化炭素（CO_2），嫌気性消化によってメタン（CH_4）として大気中に放出することで排水中から除去できる．また，窒素成分は各種細菌の変換反応を組み合わせ，最終的に窒素ガス（N_2）として大気中に放出することで排水中から除去できる．しかしながら，リンはガスに変換して除去することは不可能である．そこで，排水中から濃縮させ固体として除去することが必要となる．小規模な排水処理施設では物理化学的な方法（リン酸塩の結晶化）なども採用されているが，大規模な下水処理場で実用化されている方法としてリン酸を体内に蓄積することができる微生物（ポリリン酸蓄積細菌）を利用した方法が有効である．ポリリン酸蓄積細菌は，嫌気条件と好気条件が交互に繰り返される特殊な条件下で，体内にリン酸をポリリン酸（リン酸がつながって高分子状になったもの）として高濃度に蓄積する性質があるため，汚泥が好気槽（曝気槽）と嫌気槽を循環するプロセスを組むことで排水中からリン成分を除去することが可能となる．微生物の体内に蓄積されたポリリン酸は，汚泥の引き抜き時に微生物ごと回収される．

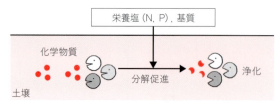

(a) バイオスティミュレーション

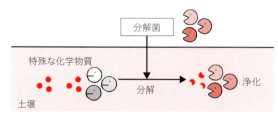

(b) バイオオーギュメンテーション

図9.8 生物機能を活用した土壌浄化技術

ション（bioattenuation）という．また，窒素・リンなどの栄養塩や基質を注入することで，この自浄作用を人為的にアシストして速める技術がバイオスティミュレーション（biostimulation）である（図9.8(a)）．しかしながら，土着の微生物によって分解できないような特殊な化学物質（有機塩素化合物や重金属などの有害物質）に汚染された場合は，汚染現場に分解菌を注入することが必要となる．この方法をバイオオーギュメンテーション（bioaugmentation）と呼ぶ（図9.8(b)）．汚染現場以外から単離された分解菌を導入する方法，あるいは汚染物質を効率よく分解するように遺伝子を組み換えた菌を導入する方法があるが，いずれも生態系に与える影響を十分配慮した上で実施する必要がある．さらに，周辺住民のパブリックアクセプタンスを得ることや，国のガイドラインに従うことも必要である．微生物，植物，動物による化学物質の分解能力や蓄積能力などを利用して汚染された土壌を修復する技術をまとめてバイオレメディエーション（bioremediation）と呼ぶ．この中で，特に植物がもっている機能を利用した土壌浄化技術をファイトレメディエーション（phytoremediation）と呼ぶ．

　地球の物質循環と環境汚染，そして環境浄化は密接に関連している．あるシステム（生態系）における物質循環のバランスが崩れたときに環境汚染が起こる．この汚染が軽微であり，自然の浄化機構（元素循環システム）の許容範囲内であれば，ゆっくり浄化され元の状態に戻る．しかしながら，人間の様々な産業活動からもたらされる環境汚染が自然の浄化能力を超えてしまった場合は，自然に元に戻ることはないので，人為的に解決する必要がある．この解決策の例として，自然の浄化機構を部分的に集約したのが排水処理プロセスであり，人為的にアシストするのがバイオレメディエーションである．近年，環境汚染問題は深刻化する一方である．我々は，今後も環境汚染を解決するヒントを自然の浄化機構の中にみつけ，生物機能を活用した新たな環境浄化技術を開発していく必要がある．

■ 参考文献

1. 榊 佳之，平石 明：理工系学生のための生命科学・環境科学，東京化学同人，pp.81-125, 2011.
2. 都築俊文，伊藤八十男，上田祥久：地球環境サイエンスシリーズ①水と水質汚染，三共出版，pp.1-92, 1998.
3. 清水達雄，藤田正憲，古川憲治，堀内淳一：地球環境サイエンスシリーズ⑨微生物と環境保全，三共出版，pp.1-123, 2001.
4. 石田祐三郎：海洋微生物と共生，成山堂書店，pp.100-122, 2007.
5. 青山芳之：環境生態学入門，オーム社，pp.1-128, 2011.

◇ 演習問題

問1 生物群集の活動が非生物的環境に影響を及ぼす例を答えよ．

問2 生態系では物質は循環するが，エネルギーは一方向に流れる．この理由を説明せよ．

問3 下水処理場では，下水中のアンモニアを除去するために，前段に嫌気槽（脱窒槽），後段に曝気槽（硝化槽）を置き，後段の処理水を循環する「循環式硝化脱窒法」を採用している．この処理方式で循環が必要である理由を説明せよ．

10
エネルギー資源と生物

　人類のエネルギー資源の利用は，火の発見から始まる．発電機の発明以降，効率良く送達可能な電気が広く普及し，電力が主要なエネルギーとなった．停電になって，私たちの生活の思わぬところにも電気が使われていたことに気づいた経験があるだろう．電力（二次エネルギー）は石油，天然ガスなどの化石燃料（一次エネルギー）を加工してつくられ，その生産は枯渇性のエネルギー資源に依存している状況にある．一方で，再生可能エネルギーの普及・導入が進められ，持続可能な社会の実現に向けた取り組みもなされている．その取り組みの1つが生物を利用したエネルギー資源の生産である．本章では，現在のエネルギー資源の問題点を理解し，生物の力でできることに焦点を当て，自然環境と生物多様性の保全の重要性と持続可能性（sustainability）の意識を養いたい．

10.1 人類とエネルギーの関わり

10.1.1 現代人のエネルギー消費

　図10.1は人類とエネルギーの関わりを示したものであるが，生活の仕方・道具の発明によって，主要エネルギーが変化してきたことがよくわかる．1970年のアメリカ人が1日に消費するエネルギー量と内訳を示している（図10.1 棒グラフ）．当時の電気製品や暖房器具で23万kcalを消費している計算になる．エネルギー消費の推移を見てみると，欧米では，1975年以降，ほぼ横ばいであるが，日本では1995年まで伸び続けた（図10.2）．全国民の生活水準が一定に達したとみえる．1990年代から韓国，2000年代から中国の伸びが目覚ましい．多くの人口を抱え，経済成長の著しいBRICs（4カ国の頭文字：ブラジル，ロシア，インド，中国の頭文字から）の人々の生活水準が先進国並みに上昇すると，今後の世界の総エネルギー消費量は増え続けていくのは間違いないだろう．

10.1.2 化石燃料

　世界のエネルギー消費量トップ3は石油，石炭，天然ガスの化石燃料である（図10.3）．化石燃料は，数百万年以上前の生物の遺骸が堆積して有機物が変性したものである．その埋蔵量は有限であり，枯渇性エネルギーとも呼ばれている．世界の一次エネルギーの構成（図10.3）では，化石燃料以外に原子力発電も見られる．発電の原料はウランであり，これもまた枯渇性資源である．化石燃料の継続的な利用は，二酸化炭素などの温室効果ガスの地球レベルでの上昇を招き，それに伴って地球温暖化問題の深刻化へ発展してきた．また，化石燃料には硫黄や窒素の化合物が含まれており，これらは燃焼によって硫黄酸化物（SOx），窒素酸化物（NOx）として放出され，大気汚染が深刻化している．以上のように，枯渇の危惧と劇的な環境変化をもたらしたことへの反省から，化石燃料の消費量を減らす，代替エネルギーの実用化に向けた技術開発といった努力が始まった．

10 エネルギー資源と生物

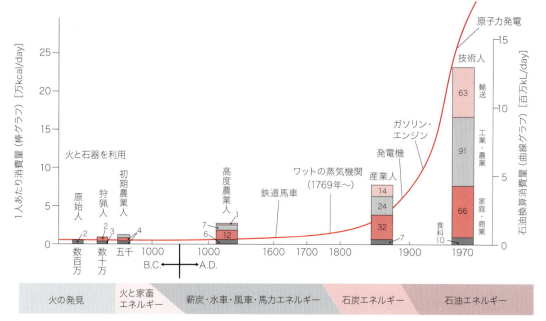

- 原始人　　B.C.100 万年前の東アフリカ，食料のみ．
- 狩猟人　　B.C.10 万年前のヨーロッパ，暖房と料理に薪を燃やした．
- 初期農業人　B.C.5000 年の肥沃三角州地帯，穀物を栽培し家畜のエネルギーを使った．
- 高度農業人　1400 年の北西ヨーロッパ，暖房用石炭・水力・風力を使い，家畜を輸送に利用した．
- 産業人　　1875 年のイギリス，蒸気機関を使用していた．
- 技術人　　1970 年のアメリカ，電力を使用，食料は家畜用を含む．

図10.1　人類とエネルギーの関わり [出典：総合研究開発機構；エネルギーを考える]

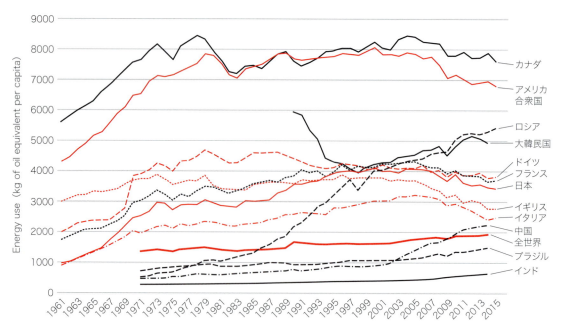

図10.2　1人あたりのエネルギー消費量（エネルギー消費上位国を表示した）

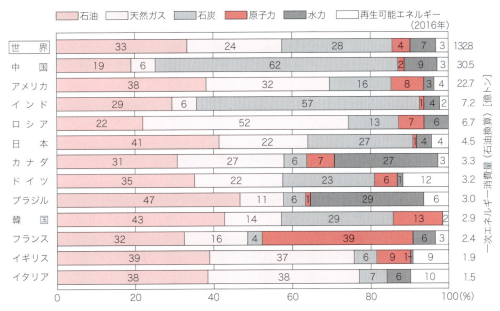

図10.3 世界の一次エネルギーの構成（2016年，四捨五入の関係で合計が合わない場合がある）[出典：BP統計，2017]

COLUMN

● 小さな生き物の大きな仕事 ●

原始大気の二酸化炭素濃度は約96％だったと考えられている．43〜40億年前長い雨が降り海洋ができたとき，大気の半分の二酸化炭素は海に溶けた（二酸化炭素は岩石になった）．27億年前にラン藻が現れ，酸素発生型の光合成が行われると，大気はやがて酸素を蓄積し，オゾン層ができた．この頃の二酸化炭素濃度はすでに1％を下回っていたと考えられる．ラン藻出現以来，海洋藻類の光合成による炭酸固定の結果である．

ジュラ紀〜白亜紀にかけて円石藻という炭酸カルシウムの鱗を身にまとう微細藻類が全盛期を迎えた．当時の二酸化炭素濃度は現在の2〜4倍であったが，白亜紀の終わりには現在と同程度になった．二酸化炭素は円石藻の鱗に固定化され，死とともに海中に堆積した．その一部をドーバー海峡の白亜の壁として見ることができる．小さな力で，現在私たちの抱えている問題を解決した微細藻類たち．半分に減らすまで1億年かかっているのだが．

10.1.3 再生可能エネルギー

再生可能エネルギー（renewable energy）は，化石燃料の枯渇性エネルギーの対義語であり，自然界の中で繰り返し起きている現象から取り出すことができることから，再生可能な，枯渇しないエネルギーと定義されている．そのため，前述の化石燃料などの枯渇性エネルギーの代替エネルギーとして期待される．具体的には，太陽エネルギー，水力，風力，潮力，波力，海流，地熱，バイオマスなどがあげられ，いずれも一次エネルギーである．バイオマスを除くこれらの一次エネルギーは，発電プロセスにより電力（二次エネルギー）に変換されて利用される．一方，バイオマスは，電力に利用することもできるが，後述のバイオ燃料などの液体燃料（一次エネルギー）へ変換して利用することも可能である．つまり，バイオマスだけが液体燃料に変換できるものであり，他の再生可能エネルギーとは一線を画していることは留意すべき点である．いずれにせよこれらの再生可能エネルギーが実用化されれば，二酸化炭素排出削減が期待できることから，設置可能な場所の偏在や供給の安定性などの性能が論じられている．

COLUMN

● 地球温暖化と酸性雨 ●

化石燃料の大量消費で急激に増加した二酸化炭素濃度は大気に厚い温室効果ガスの層をつくった．いったいどれほどの温度が上昇したのだろうか．図10.4に示すように，1890年頃よりも年平均気温が約0.8℃上昇しており，右肩上がりの傾向である．生物多様性条約の専門委員会が，気温1℃上昇するごとに絶滅の危機に瀕する生物種の数が10％ずつ増えるという報告をまとめた．温帯域の東京は，いまや亜熱帯域と同じ気温であるが，亜熱帯産の生物が繁殖したら，温帯域の先住種はどうなるか想像してほしい．また熱帯域の増大はマラリア発生地域拡大の懸念もある．

また，大気に放出された硫黄酸化物（SOx），窒素酸化物（NOx）は，降雨に溶け込みやすく，酸性雨の原因になっている．日本でもpH 5.0を切る酸性雨が降っている．森林では酸性雨を直接受け，樹木が立ち枯れする原因となり，湖沼では水系の酸性化で魚など水棲生物の生存を脅かしている．土壌に染み込んだ酸性の雨水は，岩石に含まれる重金属やアルミニウムを溶出させ，それらの有害なイオンは植物の生育に影響し，河川に流入し水系の動物にも影響を与える．また鉄筋コンクリートの構造物や鉄の橋梁は腐食し，銅像や大理石（炭酸カルシウム）で建造された歴史的建造物などの文化遺産にも深刻な影響を与えている．海のpHが下がると二酸化炭素が溶存できなくなり，海が二酸化炭素発生源になると懸念されている．

日本でのSOxの発生源は，国内の産業活動に伴うものが21％，火山が13％，60％以上が偏西風に乗って東アジアからやってきた分である．大気や海洋は地球規模で循環するものであるから，国や地域という狭いエリアでの議論は通用しない．これらの問題もまた，人類全体で取り組まねばならぬ課題である．

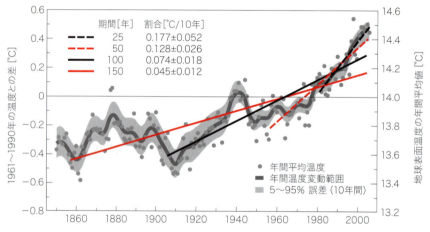

図10.4 地球の表面温度の年間平均値の変化　[出典：Climate Change 2007: Observations and Drivers of Climate Change, M. Manning, Director, IPCC Working Group I Support Unit]

10.2 エネルギー資源

図10.3で見たように，現代人のエネルギー消費は，ほぼすべて有限である枯渇性エネルギーによって賄われている．一方，地球全体では人口は増加し続けており，経済活動にエネルギー消費は必要不可欠である．世界中が枯渇性エネルギーに依存するなか，窮乏の事態には世界中が危機に見舞われるのだろうか？　本項では，資源量を中心に説明する．

10.2.1 化石燃料

石油，石炭，天然ガスは地質年代に堆積した動植物の遺骸が地下深部で高温や高圧を受けて変性した有機物である．その生成には長い年月を経ているから，新たにつくり出そうとしても我々は利用できない．図10.5に，エネルギー資源の埋蔵量と可採年数を示したが，本書を学習している皆さんが存命のうちに，石油

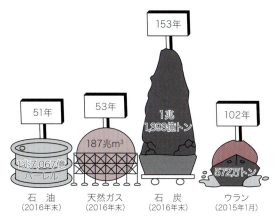

図10.5 世界の確認資源の埋蔵量と可採年数

資源は枯渇してしまうと見積もられている．しかし，可採年数は年間生産量実績から算出されているが，現状のような人口増加と新興国のエネルギー消費の伸びが続くことを考慮すると，もっと早く枯渇時期が訪れる可能性が高い．よって，化石燃料の代替エネルギー開発が急務である．

10.2.2 メタンハイドレート

低温かつ高圧の条件下で，水分子は立体の網状構造をつくり，内部の隙間にメタン分子が入り込んだ氷の結晶構造のことをメタンハイドレートという．大陸周辺の海底に分布しており，大陸から遠く離れた海洋深部での有意な発見がないことや，炭素同位体比から，海底堆積物中の生物活動による生成メタンが，地層深部の圧密作用を受け，水分子のかご構造に入り込んでできた生物起源と考えられるものと，さらに地中深く，生物が生存できない高温下で，熱によって有機物のカルボキシル基が除去されて生成されたメタンの非生物起源に大別される．メタンハイドレートは化石燃料の一種であるが，燃焼時，石油や石炭の二酸化炭素排出量の半分であることや，日本近海の埋蔵量が豊富で，1996年の確認量で，天然ガス換算で7.35兆m^3（日本で消費される天然ガスの約96年分）以上と推計され，輸入依存から脱却できるという見込みから，その利用が期待されている．一方，採掘技術や利用には課題も多い．また，海水温が数℃上昇すると，メタンハイドレートが溶け出し，大気中に放出される．メタンは二酸化炭素の20倍の温室効果があるといわれ，地球温暖化の一因になっていると考えられている．

COLUMN

● 金属資源と微生物 ●

金属と人類との関わりは青銅器時代や鉄器時代からと古く，そして長い．持続可能な社会を実現する上では，エネルギー資源の代替に加えて，レアメタル・レアアースなどを含む金属資源の代替についても議論する必要がある．生物は有機化合物の生合成に向いており，金属などの無機化合物の生合成には不向きとされてきた．一方，近年，細菌の金属回収能力が注目されている．例えば，磁性細菌という微生物はその代表例である．磁性細菌は環境中の鉄イオンを選択的に細胞内に濃縮し，磁鉄鉱という磁石の微粒子を生合成している（図10.6）．磁性細菌は，この磁石をチェーン状に並べることで，地磁気を感知して泳動方向を決定している．この微生物を利用すれば，様々な金属の効率的な回収や生合成，さらにはバイオレメディエーションへの応用が可能となるかもしれない．

資源に乏しいとされる日本は，電子部品や最先端材料に不可欠な多くのレアメタルにおいてレアメタル大国になりうる現有埋蔵量を有する．特に，世界第6位の排他的経済水域（海洋面積）を有する我が国の海洋には，ウランを含め様々な鉱物資源の宝庫となっている．ただし，大変希薄な濃度の金属を効率的に回収する方法の開発が課題となっている．その課題解決に，前述したような目には見えない微生物の活躍が期待されている．

図10.6 金属微粒子を生合成する微生物，磁性細菌

10.2.3 ウラン

二酸化炭素が発生しないことや，1 g のウランから石油 2000 L に相当する発熱量が得られることから，原子力発電の導入が世界で進んできた．ウランは鉱山で採掘される．しかし，図 10.5 のように可採年数は約 100 年である．実は海水中にも存在しており，総量は 45 億トンになると見積もられている．濃度にすると 3.3 ppb と大変希薄であるため，物理的，化学的濃縮法の他，生物の選択的取り込みを利用したウラン蓄積細菌の研究等もみられる．一方，原子力発電は使用済み燃料の核廃棄物の処分について，従来より環境負荷が問題となっていた．そして，東日本大震災による原子炉破損で，放射性物質が飛散した．土壌，海洋に流出した核種のモニタリング，そこに暮らすすべての生物への影響が心配される．生物および環境に与えた負荷があまりにも大きい．

10.2.4 バイオマス

バイオマスは，もともと生態学の用語で生物の量を指し，特定の時点において，ある空間に存在する生物量を質量やエネルギー量で数値化したものである．しかし，最近では，生物由来の資源量を指していることが多い．バイオマスは再生可能性と並んで多様性に最大の特徴がある．バイオエタノール・バイオディーゼル，バイオガスはバイオプロセスによって有機物が変換されてつくられているが，液化オイルや熱分解ガスはバイオマスを高温・高圧処理して生成する．特に糖蜜（サトウキビの白糖精製残渣）や糖分を多く含む食品廃棄物は，酵母によってグルコース成分をエタノールに変換するのに利用される．9 章で学習したメタン発酵槽（嫌気性消化）は，畜産尿尿の畜産廃棄物など水分含量の高い廃棄物中の糖質や有機酸をメタン，水素に変換する際に利用される．

COLUMN

● バイオマスは発電に向いているか？ ●

再生可能エネルギーの中でバイオマスだけが液体燃料（一次エネルギー）と電力（二次エネルギー）へ変換して利用できることを述べた（10.1.3 項を参照）．では，バイオマスを使って発電することは現実的なのであろうか？　太陽電池パネルを用いた発電との比較をして考えてみたい（図 10.7）．太陽電池パネルは太陽エネルギーの約 15% を電気に変換する．一方，植物系バイオマスは，27% のエネルギー変換効率でグルコースを生産でき，太陽光を効率よく利用できるように思える．実際には，太陽光のうち光合成に利用できる光合成有効放射は 45% であり，その 45% のうちの 27% が理論最大光合成効率（12%）である．生物の呼吸や代謝におけるエネルギーロスを加味すると正味の最大光合成効率は 8% と見積もられている．実際の農作物などでは 1〜5% 程度といわれている．さらに，バイオマスを電力に変換するときに，約 50% のエネルギーロスが伴う．以上のことから，バイオマスでは多くても数 % の太陽エネルギーを電気に変換するのが精一杯なのである．ただし，最近，光合成生物の生細胞の中から電気を直接取り出す研究も進められており，将来的には太陽電池パネルを超えるような効率で生物電気を利用できる日が来るかもしれない．

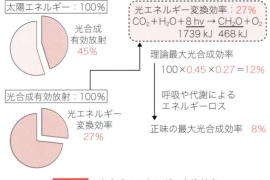

図 10.7　光合成のエネルギー変換効率

10.2.5 廃棄物

水分含量が低い廃棄物バイオマスは，固体燃料として燃焼に使用される．しかし熱エネルギーは保存できず，他のエネルギーへの変換効率が最も低いエネルギーであるので，バイオマスという化学エネルギーを有効に利用したい．廃棄物は，燃やしてしまえばそれまでだが，物質変換の原料と考えれば貴重な資源である．

10.3 バイオエネルギーとエネルギー収支，二酸化炭素収支

バイオ燃料は液体燃料，固体燃料，気体燃料等，バイオマス由来の燃料をすべて含む．液体燃料には，アルコール発酵によって変換されたバイオエタノール，ナタネやパームヤシなどの植物油，魚油・動物油，廃食用油など，生物由来の油脂をメチルエステル化してグリセリンを除去したバイオディーゼルなどがある．二酸化炭素の吸収ができることを考えれば，植物原料で生産されたバイオ燃料が望ましいことになる．特に，石油を原料に石油化学製品を生産する目的の製油所をケミカルリファイナリーというのにならって，バイオマスを原料とする物質変換を行うプラントや技術をバイオリファイナリーと呼ぶ．現在の化学製品は石油を原料とするものがほとんどだが，石油に依存しない製品づくりのための技術である．バイオリファイナリーでは，植物しかつくれない有機物を無駄にせず，個々の生物の代謝を理解した上で，代謝工学を利用して液体燃料や化成品などの様々な有用物質へ変換する有効な方法である（図10.8）．

10.3.1 液体燃料

酵母は植物可食部（アミロース系）しか発酵に利用できないため，バイオエタノール生産は食糧生産と競合することが懸念された．現在の国内研究では，非可食部分のセルロースを分解できる酵母を遺伝子組み換えによって作出してアルコール発酵を行わせている．今後は五炭糖を多く含むヘミセルロース，リグノセルロースも資化できる酵母の作出が求められている．

バイオディーゼル生産も，パームヤシやジャトロファの作付けを増やすため，森林伐採が懸念された．また国内での自給を目指し，国土面積の小さい日本では畑作ではなく，広い海洋を利用した微細藻類によるオイル生産に力を入れている．表10.1に示したように，油脂植物は非常に高密度にオイル生産するものの，年に1回の収穫になるので，ライフサイクルの速い藻類の方が結果として収穫量が高いと見積もられる．光合成産物をオイルとして蓄積する藻類は珪藻や緑藻で

表10.1　年間のオイル収穫量

植物	油脂回収量 [L/ha]
トウモロコシ	172
ジャトロファ	1,892
アブラ椰子	5,950
微細藻類（70% oil/wt）	136,900
微細藻類（30% oil/wt）	58,700

[*Biotechnol. Adv.*, **25**, 294, 2007]

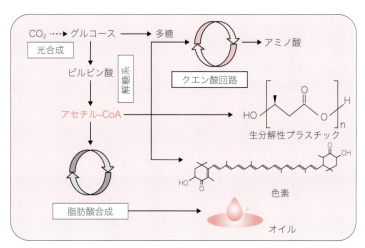

図10.8　代謝工学と有用物質生産

表10.2 液体燃料の物性比較

	熱量 (MJ/kg)	沸点 (℃)	炭素鎖長	生合成
ガソリン	46	25〜225	C6〜C11	エタノール，ブタノール，短鎖アルカン
ディーゼル	43	160〜380	C9〜C23	脂肪酸メチルエステル，アルカン，イソプレノイド
ジェット燃料	42	130〜300	C9〜C17	脂肪酸メチルエステル，アルカン，イソプレノイド

数々報告がある．これらのオイルの成分はトリグリセリドや炭化水素など様々である．化石燃料の熱量などの物性を参考に，代謝工学を利用して，ガソリンやディーゼル燃料，ジェット燃料の代替となるバイオ燃料の原料が生合成できるようになってきている（表10.2）．

10.3.2 気体燃料

バイオ由来の気体燃料として，メタンガスや水素ガスの生産が検討されてきた．水素の製造方法の1つに，生物の働きを利用した方法がある．微生物が生産する水素に関する研究の歴史は100年以上にも及ぶ．19世紀末には，ある種の細菌がガス生産を行っており，その中に水素が含まれていることが知られていた．嫌気性細菌による暗発酵（炭化水素を分解して水素を生産する），光合成細菌による光発酵（光エネルギーを利用して有機酸や硫化水素から水素を生産する），微細藻類による光水素生産（光エネルギーにより水を分解して水素を生産する）などのメカニズムにより生産される水素はバイオ水素と呼ばれ，水素エネルギー社会の実現を支える柱の1つとして期待されている．

10.3.3 バイオ化成品

生物の発酵能を利用して，主にC3〜C6の化合物を発酵によって生産し，それを原料に化学製品を合成する．例えば，TCA回路の代謝中間体であるコハク酸はC4化合物の代表的なものである．嫌気性細菌にCO_2/H_2条件化でCO_2を固定化させ，ホスホエノールピルビン酸（PEP）をオキサロ酢酸に変換し，TCAの逆回しでコハク酸を回収している．解糖系で1 molのグルコースから2 molのPEPを生じ，メタン発酵で生じたCO_2も再利用されることから，バイオコンバージョン（生物変換）を利用しての廃棄物処理は有用である．なお，コハク酸は樹脂原料，医療原料，メッキ薬，写真現像薬，調味料に利用される．1,4-ブタンジオールとコハク酸のホモポリマーはすでに生分解性プラスチックとして製造されている．バイオ化学製品の原料となる化合物の発酵による生産法，それを原料と

表10.3 各種エネルギー資源のエネルギー収支比

エネルギー資源	年	EPR
石油およびガス（米国）	1930	>100
石油およびガス（米国）	1970	30
石油およびガス（米国）	2005	11〜18
天然ガス（米国）	2005	10
輸入ガス（米国）	2005	18
原子力（米国）	—	5〜15
バイオディーゼル（ヒマワリ）	2006	3.5

する合成法など，ケミカルリファイナリーから脱却するためには，まだまだ開発しなければならない技術が沢山ある．

10.3.4 エネルギー収支

バイオマスをエネルギー資源として利用する上ではエネルギー収支を評価する必要がある．ここでは特にエネルギー収支比に関して，具体例をあげて説明する．エネルギー収支比（EPR：Energy Profit Ratio）とは投入エネルギーに対する回収エネルギーの割合のことである．EPRが1とは投入エネルギーと生産エネルギーが同じ値（差し引きゼロ）であり，実質エネルギーを生産していないことを意味する．つまりEPRの値が大きいほど優れたエネルギー生産方法といえる．例えば米国国内で採掘される石油・ガスのEPRは，1930年代は100以上，1970年代には30，2005年には11〜18という値が示されている（表10.3）．1930年代から2005年にかけてのEPRの減少は，石油埋蔵量の減少に伴い，新しい採掘場所の探索，及び採掘場所の拡大により多くの投入エネルギーを必要としたためである．このように，枯渇性エネルギーは今後ますますEPRが減少していくことが予想される．一方，バイオマス燃料は栽培，もしくは培養することで，無限に増やせるという点で大きなメリットを有する．現段階においては，石油や原子力と比較してEPRが低いことが問題である．しかし今後予想されている化石燃料の枯渇を鑑みると，バイオマスエネルギーという選択肢は重要であり，よりEPRを向上させるための工夫が求められている．

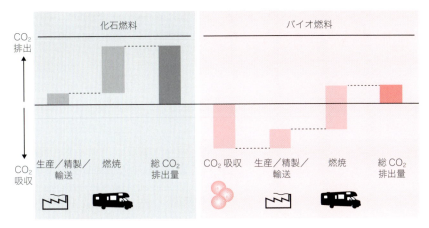

図10.9 化石燃料生産とバイオ燃料生産における二酸化炭素の収支比較

10.3.5 二酸化炭素の収支

カーボンニュートラルは，一連の活動の中で，吸収した二酸化炭素量と排出した二酸化炭素量が同量で差し引きゼロ（中立）という概念である．これを適用して，植物バイオマスを原料にした生産活動は，植物が二酸化炭素を吸収してバイオマスを形成しているので，生産活動で排出される二酸化炭素量は，差し引きゼロとみなされるとしている．例えば，バイオエタノールの燃焼による二酸化炭素排出はゼロとなる．しかし，植物バイオマスの運搬，エタノールの蒸留など生産途中で排出された二酸化炭素量は厳密に計算されていないという点では，科学的な見地からはカーボンニュートラルとは位置づけられない．

化石燃料の燃焼による二酸化炭素排出量と比較するとわかりやすい（図10.9）．化石燃料の『生産／精製／輸送』で排出されたCO_2量と『燃焼』によって排出されたCO_2量の和が，総CO_2排出量である．バイオ燃料ではCO_2吸収から考える．バイオマスの『生産／精製／輸送』でCO_2が排出され，バイオ燃料の燃焼によって吸収したCO_2がそのまま排出される．結果として，『生産／精製／輸送』で排出されたCO_2量が，バイオ燃料の総CO_2量排出量となる．

以上のことから，バイオマスはカーボンニュートラルとして位置づけるより，化石燃料と比較して，CO_2排出量の削減効果が見込むことができるエネルギー資源といえる．

10.4 まとめ

とりわけ微生物は目に見えないので，どんなに有用

COLUMN

● 水素エネルギー社会 ●

新たなエネルギー資源として水素が注目されている．燃料電池に用いることで，水素と酸素の電気化学反応から電気エネルギーを取り出すことができる．その際に生成するのは水だけであり，二酸化炭素の排出を伴わない．これに加え，水素は様々なエネルギー資源（化石燃料，バイオマス，風力，太陽光，原子力，地熱など）から製造できることから，エネルギーセキュリティーの観点からも魅力的な燃料である．水素を有力なエネルギー源の1つとして有効活用する社会システムを，水素エネルギー社会と呼ぶ．我が国では，家庭用燃料電池や燃料電池自動車の普及，水素ステーションの設置や水素発電の本格導入などを通じて，2040年頃までに水素エネルギー社会の実現を目指す取り組みが進められている．

前述の通り，生物由来のバイオ水素は，水素エネルギー社会の実現を支える柱の1つとして期待されている．小さな微生物の力により，私達の生活の基盤となるエネルギーが供給される日がやってくるかもしれない．

な細菌でも，気づかれなければ知られないままであり，環境の変化のせいで知られないまま絶滅していった種類もいたかもしれない．一見，「エネルギー」という物理的なトピックも，地球環境をつくってきた生命が化石燃料として現代人の生活と現在の地球環境に大きく影響している．そして，これ以上の急激な環境破壊を避けるために，再生可能エネルギー，バイオリファイナリーというコンセプトで新しい技術を開拓しなければならない今も，オイルをつくる藻類や複雑な代謝系をもつ微生物に学び続けている．小さな命を未来へつなぐのが，私たちの使命かもしれない．

■ 参考文献

1. 財団法人　エネルギー総合工学研究所ウェブサイト内「新・？を！にするエネルギー講座」　http://www.iae.or.jp/energyinfo/index.html
2. 気象庁ウェブサイト内　IPCC（気候変動に関する政府間パネル）http://www.data.kishou.go.jp/climate/cpdinfo/ipcc_tar/spm.htm
3. 園池公毅：ブルーバックス　光合成とはなにか，講談社，2008．
4. 木谷　収：バイオマス―生物資源と環境―，コロナ社，2004．
5. 渡辺隆司　バイオリファイナリーの最近の展開と白色腐朽菌によるリグノセルロース前処理　木材学会誌 53，p.1-13（2007）
6. Hein, J. R. et al. "Cobalt-Rich Ferromanganese Crusts in the Pacific," Handbook of Marine Mineral Deposits, Cronan, D. S. ed., CRC Press, pp. 239-279（1999）http://www.jogmec.go.jp/news/release/docs/2003/pressrelease20040330.pdf

◇ 演習問題

問1 化石燃料使用量削減が必要な理由を説明せよ．
問2 バイオ燃料が他の再生可能エネルギーと比較して優れる点を述べよ．
問3 バイオリファイナリーが望まれる理由を説明せよ．

11 先端バイオ計測

私たちの身の回りには様々な先端技術によってつくられたものであふれている．電話が家庭用機から，携帯電話，スマートフォンと変革していったのは身近な例であろう．技術の進歩は，日進月歩であり，市場のニーズに合わせて様々なものづくりが行われている．バイオ分野においても同様であり，多くの生命現象解明の成果はそれらをサポートする技術の進展の上に築かれている．この章では，それらの中から塩基配列解読手法，微量分析を可能とする微細加工技術によって作製されたアレイやマイクロ流体デバイスなどの紹介を最新の研究用途の例示とともに紹介する．

11.1 塩基配列解読装置（シークエンサー）の技術革新

11.1.1 次世代（第2世代）シークエンサーによる高速ゲノム配列決定

従来のジデオキシ法を用いた全自動シークエンサー（第7章参照）は第1世代と称される．この方法は，読取り精度が高く，読取り長が比較的長い（数百塩基）ため，現在でも汎用的に生命科学実験に用いられている．しかし，試料調製に時間とコストを要し，一度に大量のサンプルの配列解読ができないことから，大規模研究には向かず，装置自体が何台も必要となってしまう問題があった．

この問題を解消するため，問題の多い試料調製工程をできるだけ簡略化して，塩基配列を並列的に解読することを目的とした第2世代シークエンサーの開発が進められた．第2世代シークエンサーは2005年頃から市場に登場し，ロシュ社（Genome Sequencer FLX System (GS FLX)），イルミナ社（Genome Analyzer (GA，のちに MiSeq, HiSeq, NextSeq, NovaSeq シリーズ)），ABI社（SOLiD）が主力となり熾烈な開発競争が進み，この結果ゲノムシークエンスのコストは第2世代シークエンサーの登場以後，大幅に削減された（図11.1）．2018年現在，解析のコスト・精度・データ量に勝る塩基配列解読を確立したイルミナ社がシークエンス機器市場を寡占化し，他社製品は市場から撤退している．イルミナ社は2017年には1000ドルゲノムを達成し，遂に個人のゲノム情報を1日で決定できる時代が到来した．

これら3つのシークエンス方法に共通していたのは，解読の対象となる数十から数百塩基の短いDNA断片（鋳型）の両末端にアダプターと呼ばれる共通配列を付加して，別々にPCR（7.5節参照）によって増幅し，アダプターに挟まれた塩基配列領域を同時並列的に決定するという点である．塩基配列の検出には発光・蛍光などの光検出が採用されてきた．現在最も一般的に用いられているイルミナ社のシークエンサーは，この中でもSBS法（Sequencing by Synthesis）と呼ばれる方法を採用している．SBS法では塩基配列を高感度に決定するために，蛍光標識されたdNTPを使用する．基板上に形成した数千万から数億個のクラスター（増幅したDNAの束）を鋳型とし（図11.2），4種類の蛍光標識ヌクレオチドを用いて同時並行に1塩基ずつ合成させる．まず，4色の蛍光色素で標識されたdNTPとポリメラーゼを反応させ，塩基を合成するが，このdNTPには保護基がついており，1塩基

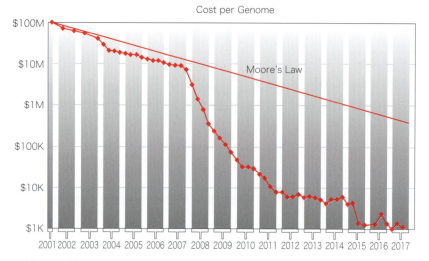

NIH ウェブサイトより　https://www.genome.gov/27541954/dna-sequencing-costs-data/

図 11.1　シークエンサーを用いたヒトゲノム解読に要する価格の推移

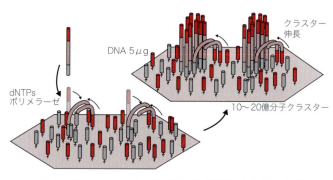

Nature Reviews Genetics, 11, 31-46（2010）より引用・改良

図 11.2　DNA 1 分子の PCR 増幅

合成で反応が止まる．この時点でどの色の塩基が取り込まれたかを蛍光イメージで捉え，その後，保護基と蛍光標識を外して次の合成反応を繰り返す．この1塩基合成サイクルは現在数百回まで繰り返し行うことができ，各 DNA 断片（クラスター）から数十から数百塩基程度の配列情報を得ることができる．読取り可能な塩基配列長は短いが，Gb～Tb を超える塩基情報取得が可能であり，最もパフォーマンスが高い NovaSeq6000 システムを用いると一度に約 6 Tb 得ることができる．イルミナ社はデータ出力量が異なるシステムのラインナップを揃えており，ヒトや植物の高等生物の大規模全ゲノムシークエンスから，微生物やウイルスの小規模シークエンス，エクソームや変異箇所のターゲットシークエンス，トランスクリプトームシークエンス，メチル化シークエンス，ショットガンメタゲノミクスなど，様々な用途に合わせて機器が使用されており，単純に DNA の塩基配列を解読するという用途だけでなく，様々な生化学的活性状況を計測する装置として汎用的に用いられている．

11.1.2　第 3，第 4 世代シークエンサーによる長鎖 DNA 配列の解読

また，よりパフォーマンスを高めるために鋳型 DNA を PCR によって増幅することなく，1 分子の DNA から直接的に配列決定をする第 3 世代シークエンサーが開発されている．Pacific Biosciences 社の PacBio RS II, Sequel では，DNA 1 分子を鋳型として，非常に強い蛍光をリン酸基に修飾したヌクレオチドを DNA ポリメラーゼが取り込んだ瞬間の 1 分子の蛍光を測定する．1 リード平均が 4500 b，最大で 40 kb 以

上と長鎖で読むことができる．イルミナ社のシステムでは，鋳型 DNA が短鎖であるため，計算処理によって塩基の重なり部分を糊代として，長い DNA 配列を解読する必要がある．しかし，短鎖での解析が仇となり，ある配列単位で重複する領域や同じ塩基が連続する領域を正しく読み取れないことがある．長鎖 DNA 配列の解読を可能とするシステムでは，この領域をまたいで全長読むことができるため，ゲノム配列が未知の生物のサンプルの解析に効力を発揮する．

続く，第 4 世代シークエンサーも長鎖 DNA 配列の解読を可能とするものである．その特徴は，高価な蛍光を使わない検出方法で大量同時並列的にサンプルを解読することであり，とくにナノポア技術が現在注目されている．ナノポア技術は，電圧を掛けたナノポアに DNA 断片が通るときに A, G, C, T が産み出すイオン電流の微妙な違いを検出することによって，1 分子の DNA 配列を決める技術である．様々な企業や大学の研究者らによってナノポア技術を用いた塩基配列決定技術が開発されているが，この中でも現在，Oxford Nanopore Technologies（ONT）社のシークエンサー MinION が販売されて研究者の注目を浴びている．MinION のナノポアはナノポアタンパク質とそれを保持する合成膜で構成されている（図 11.3）．読みたい DNA 断片の末端にモータタンパク質がついたアダプター配列を付加し，このモータタンパク質が DNA の二本鎖をほどき，一本鎖 DNA をナノポアタンパク質の穴の中へと押し込む．2048 個のナノポアをそれぞれモニターし，電流の変化から各 4 種類の塩基に特異的なシグナルを得て，塩基配列を決定する．現状，1 塩基あたりの精度は平均 8〜9 割であるが，他のシークエンス技術と異なるのは原理上の限界読取り長が存在しないことである．現在では，最長で百万塩基長を超える読取りがなされつつある．このため，塩基配列上のリピートなどの構造解析や未知生物のゲノムアセンブリなどの解析にとって画期的な情報をもたらすものとして期待されている．また，他のシークエンサーが大型で実験室内に据え置きされるものであったのに対し，MinION はホチキス程度のサイズでノート PC とともに外に持ち出して屋外でサンプリング直後にシークエンスを実施することもできる．最後の特徴として，MinION では RNA を cDNA などに変換することなく，直接シークエンスすることができる．この技術革新により，逆転写反応や PCR 反応の影響を受けずに RNA の配列・構造を直接決定できるものとして期待されている．

ONT 社はスマートフォンに接続して使用するシークエンサーの開発なども進めている．また，中国の BGI 社ではイルミナ社に勝るコストでヒトゲノム解析を可能とする新しいシークエンサー（BGISEQ-500）を開発している．シークエンス機器の市場動向は今後も大きく変革し続けていくことが予想される．

11.2 マイクロアレイ技術による生体分子の計測

アレイ（array）は，英単語の意味「配列・並び」の通り，物を基板上に並べた状態の検出装置（デバイス）のことである．並べる分子によって DNA アレイ，タンパク質アレイ，細胞アレイ，組織アレイ，化合物アレイ等がある．また，通常はマイクロアレイと呼ぶことが多く，固定化する分子（プローブ）が高密度になるように，それらを含む溶液を基板上に直径数 μm の大きさで定量的に数千から数万個スポットする．アレイの利点は，多数のターゲットに対して一度に網羅的に検査・試験ができることである．

11.2.1 DNA マイクロアレイ

DNA チップとも呼ばれる．mRNA 等をターゲットとした遺伝子発現プロファイリング（トランスクリプトーム解析）に多く利用されている．検出したい遺伝

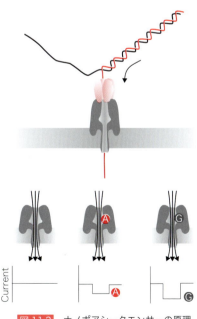

図 11.3　ナノポアシークエンサーの原理

子の相補鎖の配列をもつオリゴヌクレオチドをプローブとしてプラスチックやガラスのスライドガラスなどの基板上に固定化したものである．ヒトの遺伝子解析用マイクロアレイでは，ヒトの遺伝子2万2千個の遺伝子に対するプローブがガラス基板上に固定されている．ヒトの細胞から抽出したmRNAを逆転写酵素で変換した相補的DNA（cDNA）と基板上に固定化されたプローブをハイブリダイゼーションさせることによって，ヒト細胞内で発現している遺伝子情報を網羅的に検出することが可能である．

DNAマイクロアレイでは，プローブとのハイブリダイゼーションを検出するためのシグナルとして光を用いることが多く，単色蛍光で検出する場合と，2色蛍光で行う場合がある．原理的には両方法は同じである．細胞から抽出したmRNAを逆転写する際に蛍光色素（Cy3やCy5）で標識をしたデオキシシチジン三リン酸（dCTP）を使用して，mRNAを標識する．これをアレイ上のプローブとハイブリダイゼーションさせることで，蛍光が観察されたスポットを発現している遺伝子として，蛍光が観察されないスポットを発現していない遺伝子として同定できる．また，2つの異なる細胞系，たとえば薬剤を暴露した細胞としていない細胞を比べて，薬剤暴露に応答する遺伝子を同定する目的であれば，2色の蛍光を用いてそれぞれ異なる蛍光で標識したcDNAを合成し，2色蛍光の標識cDNAを1枚のアレイに対し競合させながらハイブリダイゼーションさせる．各蛍光イメージの重ね合わせをとると，一方の細胞でのみ発現する遺伝子，両方の細胞で発現する遺伝子，両方で発現しない遺伝子を同定することが可能である．

11.2.2 タンパク質マイクロアレイ

タンパク質マイクロアレイ（プロテインチップ）では，タンパク質を基板上に高密度に配置し，それらのタンパク質と相互作用をするタンパク質を検索する，あるいは抗体を基板上に並べて抗原タンパク質を検索する等の目的で使用される．また，ターゲットとなる低分子や脂質など，タンパク質と相互作用する分子の探索にも使用される．また，基板上にタンパク質を固定化したチップだけでなく，DNA配列をスポットしたアレイに，タンパク質試料を反応させ，DNA-タンパク質の相互作用を検出するものもある．これによって得られたタンパク質はDNA結合性タンパク質であり，新規な転写因子や調節因子のスクリーニングに応用される．アレイに導入するタンパク質を事前に蛍光標識してDNAマイクロアレイのように蛍光シグナルを検出することによってどのタンパク質と相互作用をしたかを見いだすことができる．しかしながら，細胞中のタンパク質を用いた場合，量が少なく検出感度がたりないことが多い．その場合は，シグナル増幅が可能な分子で標識をする．例えば，タンパク質をビオチン標識し，アレイ上で結合後，酵素標識アビジンを導入し，ビオチンにアビジンを結合させる．標識された酵素の基質を添加することによってシグナルを増感することが可能である．

11.2.3 細胞マイクロアレイ

細胞マイクロアレイは，多数の細胞が基板上に配置され，特定の反応を示すものを検出するために用いられる．基板上への細胞の配置は，マイクロサイズのウェルへの導入や吸引力によってマイクロサイズの穴への吸引固定，もしくは細胞が接着しやすい高分子ポリマー等をスポットしたところに接着固定等によって行われる．細胞マイクロアレイでは，細胞捕獲用のマイクロサイズの構築物を基板上に加工する技術が重要であり，多くのユニークな基板が開発されている．基板上に配列させる細胞には，リンパ球やB細胞等がよく用いられる．数千個～数万個の細胞の中から薬剤（サイトカイン他）や抗原分子と反応する細胞の選別に利用されている．

11.3 微量分析のための先端技術開発

11.3.1 マイクロ流体デバイス技術

1990年代に注目されるようになったナノテクノロジーの進展により，生体分子の計測技術開発はさらに加速された．その中でも微細加工技術を用いてガラスやシリコン，プラスチック基板等の材料に，マイクロメートルからナノメートルサイズの微細な流路や構造物を作製し，その微小な空間内で化学や生化学の分析・合成を行うMicro Total Analysis Systems（μTAS）あるいはLab-on-a-chip（LOC）といわれる技術開発も進んでいる．

ナノメートルしかない生体分子をターゲットとして計測，解析するには，マイクロオーダー・ナノオーダーの反応場を可能とするデバイスが必要不可欠である．マイクロ流体デバイスでは，数～数百マイクロメート

ルの微細構造の中で生体化学反応や分子操作を高速・高精度かつ自動的に行うことができる．デバイス内では，様々な混相流を操作できる．連続的な液体の流れ中に分散させたガスや液相を有効に利用することで，単分散気泡やドロップレット（液滴）を作製，制御をすることも可能になる．これを基本技術として，ナノサイズポリマー粒子，エマルジョンおよび発泡体を精製する新たな研究領域，ドロップレット–マイクロ流体デバイス技術が誕生し，多くの実用化研究が精力的に展開されている．

▶ a．マイクロドロップレット

マイクロ流体デバイス内でのドロップレットの作成とその利用に関しては，ハイスループットスクリーニング，微量サンプルや単一細胞の解析への応用に非常に有用な技術として期待されている．マイクロドロップレットは，2相（有機相と水相）システムによって作製され，有機相中に水相ドロップレット（1 pL～数十 μL）を形成する．有機相と水相のように混ざらない流体から成るマイクロドロップレットは特に化学や生化学分野において，高効率な反応場として幅広い応用が進んでいる．ドロップレットが小さくなるほど，単位体積あたりの表面積が大きくなるため，反応効率が高くなる．そのため近年では，より小さなサイズのドロップレットを作製する手法が報告されている．

図 11.4（a）は並列分割型マイクロ流体デバイスの構造を示す．デバイスのマイクロ流路（深さ 40 μm）はシリコンからなり，フォトリソグラフィおよびシリコンドライエッチングを用いて作製されている．ドロップレットは十字型のマイクロチャネルにより作製することができる．有機相流体（オイル等）はマイクロチャネルの中央のインレットに注入され，水相流体（各種水溶液）は両サイドのチャネルに導入される．ドロップレットのサイズを小さくするために，分岐点にはピラー構造（図 11.4（b））を用いている．これにより正確にドロップレットが2分割される状況が観察されている．

▶ b．ドロップレット―マイクロ流体デバイスの生体分子解析への応用

ドロップレットは，タンパク質やDNA等の生体分子の解析にも利用されている．これら生体分子を非常に均一なドロップレット内で簡便にかつ自由自在にハンドリングできることから，生体内で行われるような生体分子の合成プロセスを人工的にドロップレット内で再現することも可能である．*in vitro* での生合成プロセス解明や実際の細胞を用いては検証不可能な生物学的活性や現象解明の研究がこの技術を用いて行われている．実際に，多くのセルフリーな生物学的反応，例えば，ATP合成，タンパク質発現や膜輸送の研究が行われている．一方，細胞をドロップ内に導入して，細胞活性のスクリーニングをデバイス内でハイスループットに行う研究も盛んに行われており，ハイスループットスクリーニングにおいてこれらのシステムは非常に有効である．

DNAの増幅にもこの技術は多く利用されている．今まで，マイクロ流体デバイス内でのPCR反応は，流路内を連続的に流れる溶液，もしくは液溜めに対して行われてきた．最近は，デバイス中に生成されたドロップレット内でのPCR反応は，効率が高く，反応

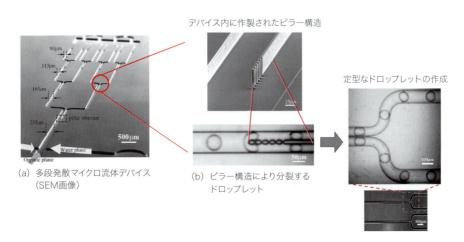

(a) 多段発散マイクロ流体デバイス（SEM画像）　(b) ピラー構造により分裂するドロップレット　定型なドロップレットの作成

図 11.4　マイクロデバイス内で作成されるマイクロドロップレット［早稲田大学　庄子習一教授より提供］

時間も短縮化できることが報告されている．

11.3.2 DNA 分子のデジタル計測・定量技術

DNA 分子の定量および計測技術開発が盛んに行われている．サンプル溶液に含まれるターゲット DNA のコピー数を測定するには，リアルタイム PCR 法が頻繁に用いられている．しかしながら，その検出感度は 1% ～ 10% であり，測定範囲はおよそ 1000 コピーが限度であると報告されている．さらにサンプルによっては PCR 反応による増幅のバイアスも検出結果に影響することが懸念される．

少ないターゲット DNA のより正確，高感度かつハイスループットな分析技術として，近年デジタル PCR が開発された．デジタル PCR の概念は 1992 年ごろから紹介されているが，多数のパーティション内に単一コピーの DNA 分子を導入，増幅し，増幅が確認されたパーティションをカウントすることで，正確に DNA 分子を定量するのが基本原理となっている（図 11.5）．4-2 で紹介した基板技術により作製された pL サイズのタイタープレートやマイクロドロップレットを利用することで安価なハイスループットな計測が実現されている．このような技術は，現在様々な企業から製品として売り出されており，DNA 分子の計測・定量法の 1 つとして主要な技術になりつつある．デジタル PCR は，希少な病原体および遺伝子配列の検出，単一細胞における遺伝子発現，また，臨床サンプル中の遺伝子変異の検出等に応用されている．

11.3.3 単一細胞分取と解析

細胞解析（分取）には，分取機能を有するフローサイトメーターがよく用いられる．分取する装置をセルソーターと呼び，分取機能を持たない装置をセルアナライザーと呼ぶ．レーザー光を細胞に当て，前方散乱（FSC：Forward Scatter）と，側方散乱（SSC：Side Scatter）を検出することで，FSC からは細胞の大きさ，SSC からは細胞内の複雑さ（核の形，細胞内小器官，膜構造などに由来）を検出することができる（図 11.6）．また特定の細胞を蛍光標識し，その蛍光物質の励起波長のレーザー光を当てることにより蛍光を検出し，目的とする細胞を分取することが可能である．最大 4 種類のレーザー光と検出器を装備した装置があり，複数の蛍光を用いた免疫染色により細胞の選別が可能である．1 秒当り 10^5 個の細胞の解析と分取が可能である．

現在，1 細胞レベルでゲノム配列や mRNA の発現レベルを評価する 1 細胞解析技術が進展している．この解析には 1 細胞を分取する工程がはじめに必要なため，セルソーターによって，細胞種を同定しながら目的の細胞を 1 細胞レベルでマイクロプレートに分取し，その後核酸を抽出して分析する方法が用いられてきた．しかし，11.1 節で紹介した次世代シークエンサーによって，大量の塩基配列情報を一挙に取得できるようになったため，1 細胞前処理技術のハイスループット化が強く求められるようになった．この要求への対応として，自動液体分注システムの開発が進み高精度に微量な液体試料を取り扱えるようになった．さらに，スループット性を高める手法として，前述のドロップレットを利用して，1 細胞をドロップレット内部に 1 つずつ封入し，内部で核酸の抽出や加工処理を行う機器 Chromium（10x Genomics 社）が販売されている（図 11.7）．このシステムを利用することで，同一のサン

図 11.5　デジタル PCR の原理

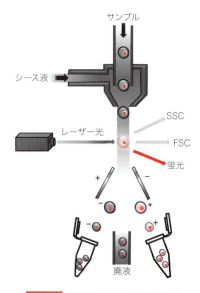

図 11.6　FACS による細胞分取原理

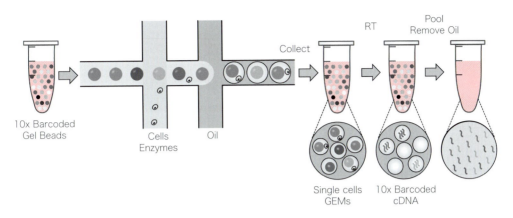

図 11.7　ドロップレットシングルセル解析（10x Chromium の例）

プルから数百〜数千，数万の 1 細胞を調達し，それらの遺伝子発現を比較できるようになった．

11.4　おわりに

　実験を支援する最先端技術の革新は目まぐるしく，特に上述の次世代シークエンサー機器開発は，1 細胞解析技術や細菌叢解析技術とのシナジー，ゲノム創薬や合成生物学による微生物や植物を資材とした新しい物質生産への期待とともに，欠かすことのできない技術として今後もますます発展していくと考えられる．また一方で，熟練研究者の実験操作を模倣したロボットなども開発されている．生命科学実験作業がロボットによってフルオートメーション化され，プロセスの管理や分析が人工知能によって支援される時代がすぐにやってくるかもしれない．それらの新時代の革新的な技術は，人間の力を労働から解き放ち，より知的な生産活動へと向かわせる原動力となり，生命科学における新しい発見をもたらすであろう．

12 生命科学と医療

この章では医療を扱う．医療の究極の目的は死を遠ざけることである．まず我々はいかなる原因で死ぬかについてみていき，次に死を克服するためにいかなる医療技術が開発されつつあるか，生命科学の最先端を紹介する．

12.1 疾患

12.1.1 死亡原因

我々はどんな原因で死んでいるのか，世界と日本の数字をみてみよう（表12.1）．まず「循環器疾患」が世界でも日本でも目立つ．24%の人はこれで亡くなっている．循環器疾患とは，血管の破綻，すなわち血管が詰まったり破れたりすることであって，心臓の場合は冠動脈という心臓の筋肉に血液を巡らせている血管が詰まることを指し，心筋梗塞と呼ばれる．脳の血管が詰まれば脳梗塞，破れると脳内出血ということになる．どれも普段よく耳にする病名だが，後述するように，原因は共通している．心臓や脳以外の血管もやはり詰まったり破れたりすることはあるが，心臓と脳の場合は生死に直結するということである．死因の2番手は世界と日本で大きく異なっている．世界では15%の人が感染症で亡くなり，日本では9%と比較的少なく，その代わり日本ではがんで3割の人が亡くなっている．また，自殺を選ぶ人が日本では比較的高い．

また日本の死因別死亡率の推移をみてみよう（図12.1）．第二次世界大戦を境に死亡原因が大きく変わっていることがみてとれる．特に結核と肺炎の多さが戦前に目立つ．結核は当時死の病として恐れられ，多くの青壮年の命を奪ったが，抗生物質による化学療法で戦後は影をひそめた．しかし現在でも日本は先進諸国中では結核の罹患率は高く，後述（12.1.4項a）するように免疫力の落ちた人に対しては致命的な病気である．がんが戦後は一貫して増加しているが，ここ数十年は40〜60歳代のがん死亡率はあまり変わらず，80歳以上のがん死亡率が増加しており，がん死亡率を押し上げている．すなわち以前ならば結核や肺炎をはじめとした，現在では克服された病気により働き盛りの年齢で亡くなっていた人が，長寿を全うできるようになり，最後にがんで一生を終える人が増加していると解釈できる．

それでは死亡原因の大きなものから詳しくみていこう．

表12.1 世界と日本の死因別死亡数（2008 世界, 2009 日本）

死因	世界 死亡総数（万人）	死亡総数に対する割合	日本 死亡総数（万人）	死亡総数に対する割合
全死亡	5,687		131	
循環器疾患（心疾患と脳血管疾患）	1,786	31%	31	24%
感染症	846	15%	12	9%
がん	897	16%	37	29%
不慮の事故死	409	7%	4	3%
自殺	79	1%	2	2%

*世界の統計は"Global Health Estimates 2016", WHO Health statistics and information systems より
*日本の統計は平成28年 人口動態調査（厚生労働省）より

12.1.2 がん

がんは悪性腫瘍あるいは悪性新生物とも呼ばれる．

図 12.1 日本の死因別死亡率の推移（「人口動態統計」2016 年　厚生労働省より）

腫瘍は「自律的な増殖をするようになった細胞の集団」と定義され，良性腫瘍と悪性腫瘍に分類され，それによって命を奪われるようなものが悪性である．この腫瘍の定義をひっくりかえすと，腫瘍でない細胞は「自律的」には増殖をしない，すなわち体を構成するすべての正常細胞は分裂・増殖が厳密にコントロールされている，ということでもある．元は正常だった1個の細胞が遺伝子の突然変異によって増殖の制御が効かなくなり，分裂を繰り返し腫瘤を形成したものが腫瘍である．またがんには白血病のように腫瘤を形成しないものも含まれる．がん化する前の細胞のタイプによりがんの増殖の早さや転移の頻度などが異なるので，がんのタイプは重要な要素である．図 12.2 は日本のがん死亡率の推移を男女別に示している．図 12.1 と異なりがん死亡率が増加ではなくむしろ減少しているのは，年代ごとに異なる年齢層の割合を調整した「年齢調整死亡率」で表しているからである．男女とも胃がんが激減している．胃がんの発症率は昔も今もそれほど変わっていないので，胃がんになっても死なない人が増えている，ということになる．胃がんや女性の子宮がんと乳がんによる死亡の減少は早期発見による根治が増えてきていることを示している．大腸がんは肉食中心の西洋型食生活で増加することが知られており，大腸がんの増加傾向は日本人の食生活が西洋型になったことを反映している．

▶ a. がんの原因

がんは遺伝子の突然変異が直接の原因であり，がんの原因として知られている様々な要因はすべて，遺伝子の突然変異を通じてがんを誘発する．

(1) 環境因子（化学物質）

化学物質による発がんは職業に特有のがんとして最も古くから知られており，18 世紀末には英国で煙突掃除人にススによる皮膚がんの多発が報告されている．現在では大気汚染の原因物質や自動車の排気ガス，タバコの煙に含まれる発がん物質をはじめ，様々な化学物質の発がん性がわかっており，食品や食品添加物から発がん物質を除く努力が払われている．

(2) 放射線

放射線は直接 DNA を損傷することにより，DNA の塩基置換，欠失や染色体の切断と再結合など様々な遺伝子の突然変異を起こす．原子爆弾被爆者に慢性骨髄性白血病をはじめとする多くのがんが発生した．また，1986 年のチェルノブイリ原発事故では甲状腺がんや白血病の発生率が著明に増加した．2011 年に起きた福島原発事故の影響については議論が続いている．

(3) 微生物

ヒトにがんを起こすウイルスや細菌がいくつか知られている．日本人の肝がんの大部分は B 型肝炎ウイルスと C 型肝炎ウイルスによる肝炎から肝がんに移行したものである．ウイルス感染から発がんまで長期

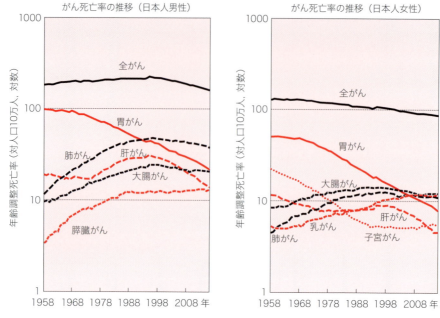

図12.2 がん死亡率の推移（国立がん研究センターがん情報サービス「がん登録・統計」より）

間の経過をたどる．乳幼児への集団予防接種での注射器の使い回しによるB型肝炎ウイルスの，また血液製剤への混入によるC型肝炎ウイルスの感染事故が日本で社会問題化した．子宮頸がんはパピローマウイルスの長期間の感染により発症することが明らかになっており，日本ではワクチンの集団予防接種が一時行われたが副作用の問題により中止されている．成人T細胞白血病は九州，沖縄地方に多くみられるが，HTLV-I（ヒトT細胞白血病ウイルスI型）の長期感染によることが明らかになっている．母乳による垂直感染で広がるので地域性が高いことが特徴である．ヘリコバクター・ピロリ（*Helicobacter pylori*）は胃に感染する細菌で胃潰瘍や胃がんの原因であることが明らかになり，抗生物質による治療が行われるようになった．

(4) 遺伝要因

特定の遺伝子の変異により特定のがんが高率に発症することが知られている．BRCA1遺伝子変異を持つ女性は乳がん発症の頻度が高くさらにBRCA2遺伝子変異が重なると乳がんの生涯罹患率が80％以上になることが明らかにされて，米国ではこの遺伝子変異を持つ女性は予防的乳房切除術が行われるようになった．

▶ **b. がん細胞と転移**

がん細胞の特徴としては，未分化，腫瘍形成，血管新生，周囲の組織への浸潤・転移があげられる．正常な細胞のほとんどはそれぞれの役割に応じて分化しているが，がん化した細胞は未分化な状態に戻り増殖を繰り返すようになる．細胞は大きく，また核も大きく正常とは異なる形態を示すようになる．がん細胞が増殖して腫瘍が大きくなってくると，そのままでは腫瘍の内側のがん細胞は酸素や栄養が不足して死んでしまう．腫瘍の中に酸素と栄養を運ぶ血管網が形成されなければ大きな腫瘍は形成されない．つまり単に無制限に増殖するだけでなく，宿主の血管をがん組織の中に伸ばさせるメカニズムをがん細胞が獲得しなければ，腫瘍を形成するようながんにはならない．この血管新生能もがん細胞の大きな特徴である．がんが悪性すなわち致命的である所以は転移にある．増殖して腫瘍を形成するだけならば手術で摘出すれば治るが，リンパ系や血管を通じてがん細胞が体中に散らばってそれぞれが腫瘍を形成すると外科手術による治療は太刀打ちできなくなる．そこで転移する前にがんを見つけて摘出する，早期発見，早期治療が非常に重要となる．

▶ **c. がんの診断**

自覚症状を覚えて診察を受ける頃にはがんが進行していることが多く予後がよくないことが多い．早期発見のためには無症状のうちに，定期的な検診で見つける必要がある．胃がんに対しては内視鏡検査やX線画像診断，子宮頸がんは細胞診，乳がんは触診とX線画像（マンモグラフィ）や超音波画像，肺がんは胸部X線と喀痰検査，大腸がんは内視鏡と便潜血検査，

肝がんに対しては肝炎ウイルスの検査など臓器ごとに様々ながん検診が実施されている．がんが疑われた場合，血液中の腫瘍マーカーと呼ばれるがん細胞に特有のタンパク質の検査や，より精密なX線，超音波，内視鏡による画像診断を行う．病理診断は腫瘍の一部を切り出して顕微鏡で観察するもので，異常な細胞形態を確認することでがんの確定診断として用いられる．

▶ d. がんの治療

外科手術，放射線療法と化学療法（抗がん剤）の3つが従来からがんの治療として用いられている．抗がん剤の標的は細胞分裂の阻害であり，放射線療法もDNAを破壊し細胞分裂をストップさせるという点では標的は一致している．手術でとりきれない転移して広がったがんや白血病にはこれらが用いられる．正常な細胞の多くは分化していて細胞分裂を阻害されても影響が少ないが，分裂の盛んながん細胞にとって分裂阻害は致命的となることを利用している．副作用として正常な細胞の中で増殖の盛んなものもやられてしまう．免疫系は増殖が盛んなので抗がん剤や放射線治療により免疫力が低下し，また増殖の盛んな毛根は影響を受け頭髪は抜けてしまう．これら従来のがん治療法に加えて，がん細胞特有の分子機構を攻撃する分子標的薬や，免疫系を活用するがん免疫療法や遺伝子治療などの開発が進み，特定のがんの根治など大きな進展がみられている．

12.1.3 循環器系障害

世界でも日本でも3割の人がこれで亡くなっている．心臓を支えている冠動脈が詰まれば心筋梗塞，脳の血管が詰まれば脳梗塞，破れると脳出血でありいずれも死に至ることがある重大な疾患である．狭心症もよく耳にする名前だが，これは冠動脈が詰まりかけて心臓が悲鳴をあげている，心筋梗塞一歩手前の状態である．これらの病気の根底には共通して動脈硬化がある．動脈の血管内膜が様々な要因で傷がつきコレステロールが沈着してプラークと呼ばれる塊が血管内部にできる．そこに血液の物理的なストレスや酸化ストレスが加わると血液の凝固した血栓が形成され成長して最後に血管は閉塞してしまう．この過程が動脈硬化であり，動脈硬化は加齢と共に誰でもある程度進行するものであるが，特に高血圧，脂質異常症，糖尿病，肥満や喫煙習慣などの危険因子（リスクファクター）があると相加的に進行が早まる．動脈硬化の危険因子を低減させ循環器系障害の罹患率を下げるために，従来使われてきた「生活習慣病」という言葉を「メタボリックシンドローム」というキャッチーな名前に置き換えて広く人々の注意喚起を促す努力が行われている．

▶ a. 糖尿病

糖尿病は動脈硬化の大きな要因であり，境界型糖尿病（糖尿病の予備軍）はメタボリックシンドローム（表12.2）の中核として重要である．糖尿病は有病率が高く深刻な合併症をもたらす疾患である．図12.3は日本の糖尿病の有病率を示しているが，可能性のある人まで含めると60歳以上では3割の人が糖尿病と関わっており，年をとるほど有病率が上がっていることがわかる．糖尿病は血中のグルコースをうまく細胞の中に取り込めなくなった状態で，結果として血糖値（血中のグルコース濃度）が高値になっているのだが，原因によって1型糖尿病と2型糖尿病に分類される．1型糖尿病は自己免疫疾患でインスリン産生細胞である膵臓β細胞が破壊されてしまい，血糖を下げるホルモンであるインスリンが分泌されなくなってしまうので，毎日のインスリン注射が必要になる．日本人の糖尿病の約9割は2型で，これは体内の細胞のインスリンへ

表12.2　メタボリックシンドロームの診断基準の一例

- 内臓肥満
- 脂質異常症
- 低HDLコレステロール血症
- 高血圧
- 耐糖能異常

の5項目中3項目以上

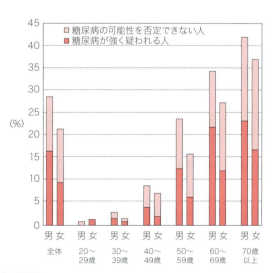

図12.3　日本の年代別糖尿病有病率（「国民健康・栄養調査結果の概要」2016年　厚生労働省より）

の反応性が悪くなること（インスリン抵抗性）が根底にある．栄養価の高い食事が習慣になっていて血糖値が上がる状態が長期間続いていると，肝細胞，筋細胞，脂肪組織の細胞などインスリンによって血糖を細胞内に取り込む細胞にインスリン抵抗性が出てくる．こうなると膵臓β細胞はインスリンをより多く分泌しなくてはならなくなり，β細胞が疲弊してしまい，ついにはインスリン産生が減少し，血糖値が下がらなくなる．食事療法や運動療法で血糖を調節するが，場合によっては薬物療法（内服薬やインスリン注射）が必要になる．糖尿病の状態が長く続くと様々な合併症が起こってくる．細い血管の障害により網膜，腎臓や末梢神経がやられる．網膜症は失明に至ることがあり，腎症は腎不全を招き透析が必要になることがある．太い血管が障害されれば，血行の悪化による足の壊疽や心筋梗塞・脳梗塞などの大きな原因となるので，国民医療費の抑制という観点からも糖尿病予防は社会にとって非常に重要な課題である．

▶ **b. 脳血管障害**

　脳血管障害は脳卒中とも呼ばれ，脳の血管が詰まったり（脳梗塞），破れたり（脳出血，脳いっ血）することで，日本人の死因の15％を占めている．上述のように脳梗塞は動脈硬化が根底にあるが，脳出血は高血圧が主な原因とされ，1970年代までは日本人の死因のトップだった（図12.1）．当時は塩分の取りすぎによる高血圧の人が多く，国民全体の食事内容の改善により罹患率は大きく下がっている．脳梗塞も脳出血も命に関わることがある疾患であるが，命が助かった場合でも脳の障害が残ることが多く，損傷を受けた脳の部位によって体の一部の麻痺や言語障害など，その後の生活を一変させることが多い．初期の高度治療から長く継続するリハビリへと移行する医療コストは大きく，社会コストの観点からも予防により一層の努力が払われるべきである．

12.1.4 感染症

　日本でも感染症による死は9％と少なくないが，世界全体では感染症で15％の人が命を落としている（表12.1）．感染症の内容は日本と世界で大きく異なる（図12.4）．日本ではAIDSやマラリアで亡くなる人はほとんどいないが，世界全体では猛威をふるっている．また5歳未満の乳幼児が呼吸器感染症，腸管感染症（コレラ，赤痢など下痢性疾患）やマラリアで多く命を失っている．致死的な感染症が日常に存在する環境

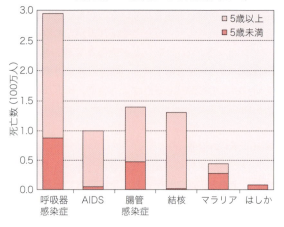

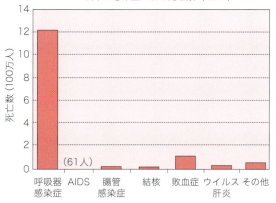

図12.4 感染症による死亡数（WHO Global Health Estimates 2016，厚生労働省　平成28年　人口動態調査）

は，戦前の日本の状況（図12.1）を思い起こさせる．先進国の医療水準では克服できているこれら感染症を制圧するために世界保健機構（WHO）を中心に様々な国際プロジェクトが動いており，顕著な結果が得られている．例えば，はしか（麻疹）で死亡した乳幼児の数は1998年から2008年の10年間に90万人から10万人と激減した（2016年は7万人）．死因全体における感染症の割合も1998年から2016年の間に25％から15％に減った．

▶ **a. 呼吸器感染症**

　世界的にも日本でも感染症での死因のトップは呼吸器感染症つまり肺炎である．肺炎とはウイルスや細菌，それ以外の様々な病原菌の感染などによって肺に炎症が起こった状態のことである．健康な人が肺炎にかかっても，病原菌に対して適切な抗菌薬での治療が行

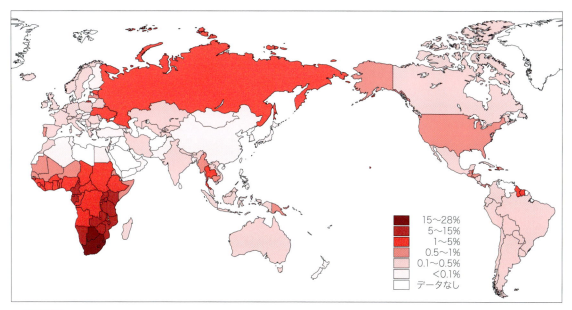

図12.5 国別HIV感染率（成人，2009年）「UNAIDS REPORT ON THE GLOBAL AIDS EPIDEMIC 2010」UNAIDSより

われれば治癒することがほとんどだが，免疫力が低下している人は症状が重くなり，死亡するケースがでてくる．こうした，免疫力が低下して「日和見感染」と呼ばれる普通なら感染しても無症状であるような感染症が重篤な症状を呈し致命的になる人は，"compromised host" と呼ばれる．高齢者，手術直後の患者，糖尿病などの慢性疾患の患者，がん患者，AIDS患者，臓器移植患者，その他体力を消耗させる病気にかかっている患者があてはまる．日本での呼吸器感染症による死亡は，"compromised host" における感染症による死亡を反映している．

▶ b．AIDS

ヒト免疫不全ウイルス（HIV）感染症は日本では少ないが，世界的には大流行していて，毎年100万人以上の働き盛りの成人の命を奪っている．HIVは免疫を担当するT細胞に感染し殺すので，HIV感染症の最終段階は免疫系が破綻した状態すなわちAIDS（後天性免疫不全症候群）と呼ばれる感染症やがんにかかりやすくなる状態になる．すなわち，健常人では感染症を起こさないような病原体による感染症（日和見感染）が頻発し，日和見感染を含む感染症やがんはAIDS患者に死をもたらす．HIVはアフリカで発生しこの半世紀で世界に広がった新しい感染症である．1980年代に米国で報告が急増しAIDSという疾患が定義された．当初は男性同性愛者にみられたことから特殊な疾患と受け止められていたが，その後通常の性行為でも感染することがわかった．また血液を通じて広まるので，感染注射器を使い回す麻薬常用者にも多く感染者がみられる．医療従事者の針刺し事故も深刻である．日本ではHIVに感染している血液からつくられた血液製剤の投与による血友病患者の集団感染が1980年代に社会問題化した（薬害エイズ事件）．

HIVウイルスの生活環をみてみよう．ウイルスは遺伝情報を運ぶDNAあるいはRNAといくらかのタンパク質およびそれらを包むタンパク質でできている．それ自体では増殖もできないので宿主細胞に感染して宿主細胞の核酸複製機構とタンパク質合成機構を利用して自分の複製を増やす．HIVウイルスはレトロウイルスに属しており，遺伝子としてRNAをもち宿主細胞に感染後，宿主細胞の細胞質でウイルス粒子に含まれていた逆転写酵素で自身のRNAの遺伝コードをDNAに逆転写する．このレトロウイルスの特徴である逆転写は分子生物学のセントラルドグマ（1.1.5項参照）に従わないユニークな機構で，いったん二本鎖DNAに自身の遺伝情報をつくり変えた後，宿主細胞の核に移行し宿主細胞の染色体の中に自身を組み込む．その後，ある期間を経て宿主細胞に組み込んだDNA部分をRNAに転写させ，さらにウイルス粒子を構成するタンパク質をRNAから翻訳させウイルス粒子を構成して宿主細胞から細胞外に出ていく．この生活環の中で，ウイルスの持っている逆転写酵素のエラー率が高く，RNAからDNAへの逆転写時に配列の

エラーすなわちウイルス遺伝子の突然変異が高率に起こってしまう．これが HIV 治療の大きな妨げになっている．HIV ウイルスに対するワクチンあるいは特効薬ができてもすぐにそれらに耐性をもつウイルスに置き換わって感染が広がっていく．そこでウイルスの変化に応じて新薬を次々に開発し，患者も年単位で新薬に変えていかなくてはならない．HIV 感染症は当初数年で死に至る病気として恐れられたが，現在では完治しないものの AIDS の発症を遅らせて 10 年以上の生存が期待できる病気となっている．しかしながらこれは非常にコストのかかる医療で，先進国では実現しているが，途上国では経済的に不可能で，相変わらず致死的な病気として猛威をふるっている（図 12.5）．特にサハラ以南のアフリカは罹患率が高く，国によっては成人の 1/4 が感染しており，1990 年代から 2000 年代にかけて平均寿命が 10 歳以上縮まり 40 歳台になってしまった．国が AIDS によって滅びる危機が存在している．先進諸国はこの問題にどう対処するかを問われている．

12.2 生命科学の最先端

これまで人がどのような原因で命を落としているかをみてきたが，生命科学の最先端の技術はそれにどのように対抗しようとしているのかに話を転じよう．

12.2.1 移植医療

機能しなくなった臓器をそっくり他人の臓器に置き換える臓器移植は 50 年以上の歴史がある．当初免疫系による拒絶反応が大きな障害だったが，1980 年代初頭に免疫抑制剤シクロスポリンが臨床応用されて治療成績が格段によくなり，その後免疫抑制剤の改良とともに移植医療の治療成績は向上している．現在では多くの臓器で移植後 5 年生存率は 80% を越える．しかしながら拒絶反応が完全に制圧されたわけではなく，移植後一生にわたって免疫抑制剤を飲み続けることになり，感染症やがんの発症が増加する．ともあれ臓器移植は技術的な課題はかなり解決しているといえるが，社会的な問題が特に日本では大きな課題となっている．図 12.6 は死後臓器の提供数の国際比較であるが，この中で日本は最下位を争っている．臓器提供

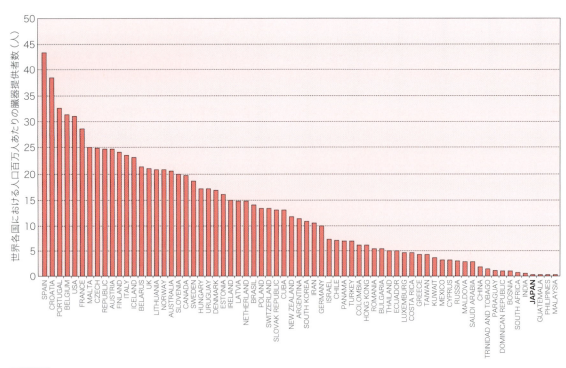

図 12.6　世界各国における臓器提供者数（2016 年，IRODsT；International registry in organ donation and transplantation）

表12.3 臓器移植症例数の日米比較（2016）

	日本	米国
心臓	51	3,190
腎臓	1,648	19,260
生体移植	1,471	5,829
死体移植	177	13,431
肝臓	438	7,841
生体移植	381	345
死体移植	57	7,496

*米：OPTN（Organ Procurement and Transplantation Network）web site
*日本：「ファクトブック2017」日本移植学会

者が非常に少ないことを示している．また表12.3は臓器移植件数の日米の比較だが，人口の差を考慮にいれても移植件数の差は顕著である．また日本は腎臓や肝臓など生体移植が可能な臓器は生体移植でなんとか数を稼いでいるが，米国では臓器提供は死後の提供が基本になっているという違いも明らかである．

ここまで日本が移植医療で遅れをとっている大きな原因は，1968年に日本で初めて行われた心臓移植において提供者の死亡確認のやり方の不備などが社会問題化したことが大きい．それ以来国内で死体臓器移植を行おうとする医療機関はなく，1997年の「臓器の移植に関する法律」の施行を待って，30年を経て1999年にやっと国内2件目の心臓移植が行われた．それ以後も年間10件前後の心臓移植が行われてきたが，2010年に「臓器の移植に関する法律」の改正があり脳死からの臓器提供のハードルが下がり，2011年以降は心臓移植件数は30～40件程に増加した．しかし，死後臓器提供の総数は国内で100件前後で横ばいのままとなっている．医療技術としては十分に救えるのに臓器提供がネックとなり必要とする人に十分な治療ができないという状況は，医療が医療技術そのものだけではなく，それを支える社会的基盤・理解がなければ十分に機能しないということを明確に示している．臓器提供の重要さが国民に広く理解されなければならないということが最も重要な課題であるといえる．また，移植を待つ患者のリストを整備しておいて臓器提供者が現れたら，各臓器にそれぞれ適合する患者（レシピエント）を迅速かつ公平に選び出すためシステムの整備が重要となる．この臓器移植ネットワークはコーディネーターと呼ばれる医療者と患者の間に立つ専門家の養成が不可欠である．こうした社会的環境の整備が日本の移植医療にとって急務である．

12.2.2 人工臓器

ドナー不足など臓器移植のかかえる問題を解決する可能性がある技術として，人工臓器があげられる．再生医学による生体材料を用いた移植臓器も広義の人工臓器に含まれるが項を分ける．人工臓器は循環器系，代謝系，運動・感覚器系人工臓器に大別され，多くは，医学と工学の連携の成果として開発がなされている．

循環器系で広く実用化が図られているものに，ペースメーカーや人工血管，心臓代用弁（人工弁）などがある．また，人工肺を組み込んだ人工心肺装置は心臓外科の開心術を行う上で不可欠である．極度に心臓機能が低下した重症心不全患者に対して，全身の循環維持と心機能の回復をめざして，不全心に並列につなぐ補助人工心臓が使われるようになってきた．2010年末に国産の2種類の人工心臓が製品承認を得て，市販化された．これは，体内に埋め込むタイプで，社会復帰ができ，心臓移植までのつなぎとして使用され，中には6年以上使用された例もある．

一方，腎不全患者に対する日常的な治療に人工透析があるが，そこで使用されるのが代謝型人工臓器の人工腎臓である．腎臓は体液のバランスを調節し老廃物を尿として体外に排出する重要な臓器で，腎機能が失われると数日で死に至る．人工透析は人工腎臓で腎機能を代行するもので，限外濾過膜を用い血液から老廃物を取り除く．患者は週に3回数時間ずつ人工透析を受けなければならず，ある程度生活が制約されるが，人工透析の実用化により腎臓移植をしなければ死に至っていた多くの命が救われている．

運動系の人工臓器としては人工関節があり，すでに臨床現場で広く使われている．感覚器系人工臓器では，脳科学の分野では脳と直接電気信号をやりとりすることで失われた機能を回復する技術の開発が進んでいる．人工視覚システムは視覚障害者を対象に，網膜，視神経あるいは大脳視覚野など機能が残っている部位に外界の視覚情報に基づいて特定のパターンの電気刺激を与えることで脳の視覚情報処理系に直接情報を伝える試みである．ブレイン・マシン・インターフェース（BMI）は脳波や脳に直接埋め込んだ電極などにより脳の活動情報を読み出し，ロボットアームなど外部装置を「考えるだけで」操作できるようにする技術であり，運動機能に障害のある人への応用が期待されている．

12.2.3 再生医学

再生医学は細胞が持っている潜在的な再生能力を引き出して臓器をつくり出し医療に用いるというアプローチである．少数の細胞からたくさんの細胞をつくり出すので従来の臓器移植の問題点であるドナー不足を解消できる長所がある．現時点では細胞の移植，あるいは骨や皮膚など比較的単純な構造の組織の移植が行われているに過ぎないが，神経組織，内分泌組織や心筋など様々な組織を再生して移植する治療法の研究が進行している．再生医学は幹細胞，増殖因子，マトリックスの3つの技術分野の進展が支えている．幹細胞を試験管内で増殖させ特定の細胞に分化させるために増殖因子群の知見の集積が重要であるし，また組織として構造を持たせるためには細胞が生着し機能する高分子化合物の土台すなわちマトリックス技術が必要である．

▶ a. 幹細胞

幹細胞とは自己複製能と分化能を持った未分化な細胞である．未分化といっても様々な段階があり，体を構成するすべての細胞へと分化する能力のある万能幹細胞と，ある程度分化が進んでいて特定の細胞種にしか分化しない臓器幹細胞に分かれる．血液細胞，皮膚上皮細胞，消化管粘膜上皮細胞など寿命が短い細胞が一生の間つくり続けられるのは，それぞれの臓器に臓器幹細胞が存在するからである．

(1) 臓器幹細胞

造血幹細胞は最も研究・臨床応用が進んでいる．白血病の治療として造血幹細胞移植が行われるようになり，それまで死の病の象徴であった白血病が，完治が期待できる病気となった．強力な放射線治療や抗がん剤治療により白血病細胞を壊滅させる．このとき患者の造血系細胞も壊滅してしまうので，ドナーの造血幹細胞を含んでいる骨髄や臍帯血から造血系細胞を取り出し患者に移植し，免疫系をまるごとドナーのものに置き換えてしまう．この方法は体外での増殖因子による幹細胞の増加やマトリックスという技術要件を必要としないこともあり早くから実用化されている．神経幹細胞は成人の脳にも存在し，βFGFやEGFなどの増殖因子により試験管内で細胞の塊を形成して増殖させることができる．神経幹細胞を培養条件により様々な神経細胞に分化誘導することができ，パーキンソン病におけるドーパミン産生神経細胞の変性や脳虚血性疾患による神経細胞の欠落を補完して機能を回復させる治療が期待されている．また造血幹細胞と同様骨髄に存在する間葉系幹細胞は，骨，軟骨，脂肪細胞をはじめ神経細胞や心筋細胞に分化することが明らかになっており，再生医療への有用性が期待されている．

(2) 万能幹細胞

どんな細胞にも分化しうる幹細胞は万能幹細胞と呼ばれる．初期胚の胚盤胞の時期に内部細胞塊という部分から取り出された細胞は胚性幹細胞（embryonic stem cell, ES細胞）と呼ばれる．ES細胞は胚盤胞に戻されると正常な発生過程にとりこまれ体中のすべての細胞に分化し（分化万能性），試験管内では未分化能を維持したまま長期間にわたって培養でき，また試験管内で培養条件を変えることにより心筋細胞，血液細胞，神経細胞，血管内皮細胞など様々な細胞種に分化させることが可能で再生医学への利用が期待されている．しかしES細胞からつくられた移植組織は患者自身の細胞由来でないため免疫拒絶が大問題となる．免疫拒絶を避けるために考えられたのが患者自身の細胞からES細胞を作製する技術，すなわち治療用クローニングである．治療用クローニングはクローン動物技術を基礎としている．

クローン動物技術とは，卵子の核を抜き体細胞の核を代わりに移植し，受精させ個体へと発生させる技術である．1950年代からカエルを使って示されてきたが，哺乳類で初めて成功した例が1996年の羊のドリーであった．クローン動物は核を提供した体細胞と同一の遺伝子をもっている．このクローン動物作製の過程で，受精卵が胚盤胞まで進んだ時点で内部細胞塊を取り出せば，それは核を提供した動物個体由来のES細胞，ということになる．すなわち患者の体細胞の核を使ってES細胞をつくれば，それから分化させた移植組織は患者と同一の遺伝子を持つので免疫拒絶の恐れはない．しかしながら，治療用クローニング技術はヒトの卵子の提供を必要とし，倫理的に大きな問題をかかえていた．さらに核を移植した受精卵を子宮に戻すとクローン人間ができてしまう．もちろんクローン人間は倫理的に許されるものではない．

こうした倫理的な問題がなく，ES細胞に代わって将来の再生医学の中核技術となることが期待されているのが，2006年に山中らによって開発されたiPS細胞（induced pluripotent stem cell）である．体細胞に4種類の遺伝子を発現させてやると，分化していた細胞の一部が未分化状態に戻り分化万能性を獲得し，ES細胞のように培養条件により様々な組織に分化す

ることもわかり，再生医療の有力な技術として多くの研究資金が投入されている．2014年には網膜の加齢黄斑変性症の治療にiPS細胞が使われた．当初注目された，患者自身の細胞からiPS細胞を作製すること（自家移植）による免疫拒絶反応を回避できる利点は，コストの大きさが問題となり，他家移植，すなわち予め様々な人から得たiPS細胞を貯蔵しておき，免疫適合性などを考慮してiPS細胞株を選ぶ方法が有力視されている．またES細胞を用いる再生医療も一部治験が始まっている．

12.2.4 遺伝子治療

「遺伝子治療」という言葉からは，染色体中の変異遺伝子を正常な遺伝子に置き換えて遺伝病を治してしまうイメージがわくかもしれないが，そうではない．染色体そのものを修正することができれば遺伝病を根本的に治療できるが，体細胞だけでなく生殖細胞の染色体を変更するということは人類の遺伝子を人工的に改変することであり倫理的に大きな問題となる．現在検討されている遺伝子治療は患者の体内に直接遺伝子を（in vivo法），あるいは遺伝子を導入した細胞を注入（ex vivo法）することにより，その遺伝子がコードするタンパク質の発現によって疾病を治療する補充療法であり，現在はまだ試験的な段階が続いている．in vivo法は遺伝子導入ベクターのがん組織への直接注入，心筋梗塞治療のための心筋内注入，筋肉内や直接血管内への注入などが試されている．ex vivo法は，一度体外に取り出した細胞に遺伝子を導入し患者の体内に戻す方法で，主として免疫担当細胞への遺伝子導入が試みられている．

in vivo法にしろex vivo法にしろ遺伝子を効率よく細胞に導入するための「ベクター」（運び屋）が必要であり，副作用が少なく遺伝子の導入効率のよいベクターの開発が急がれている．ベクターはウイルスベクターと非ウイルスベクターに分類される．真核生物に自身の遺伝子を持ち込みタンパク質をつくらせることに特化したウイルスはもともとベクターとしての性能が非常に高い．ウイルス遺伝子から病原性のあるものを取り去り，発現させたい遺伝子を組み込んだものが遺伝子治療のベクターとして用いられる．RNAウイルスであるレトロウイルスベクターは宿主の染色体に一度自身の遺伝子を組み込ませるので，細胞に長期にわたって遺伝子を保持させることができる長所があるが，宿主染色体のランダムな部位に遺伝子を挿入し，宿主の遺伝子を破壊しがん化させる危険性がある．細胞分裂がないとDNAを組み込めないので増殖細胞にしか使用できないので，ex vivo法でよく使用される．DNAウイルスであるアデノウイルスやアデノ関連ウイルス（AAVウイルス）もベクターとしてよく用いられる．非分裂細胞でも強力な遺伝子発現能があり，がん化の危険性が低い長所と，遺伝子発現が一過性で持続的には用いられないが細胞毒性や抗原性が高く何度も繰り返し使用できない短所がある．

ウイルスベクターの病原性や抗原性などの短所を克服するために開発されているのが非ウイルスベクターで，DNAを高分子化合物のキャリアーと結合あるいは包含させて細胞内に持ち込む方法である．人工脂質二重膜の小胞の中にDNAを包み込むリポソームが主流で，安全性はウイルスベクターより高いが，遺伝子導入効率が特に生体内で低い欠点があり，改良が続けられている．

遺伝子治療の例をあげる．

▶ a. がん免疫療法

細胞の遺伝子に変異が起こって増殖の制御が効かなくなっただけで簡単にがんになるわけではない．増殖能だけでなく血管新生能や浸潤・転移機能を獲得しなければ悪性の腫瘍とはならないことはすでに述べたとおりだが，たとえそうした細胞が出現しても多くの場合早い時期に免疫系によって駆除されている．がん細胞の表面に正常細胞にはない抗原（腫瘍抗原）が出現する．がん免疫療法は生体が元々持っているこの抗腫瘍免疫を強化してがんを攻撃させる方法である．患者から免疫担当細胞のひとつT細胞を体外に取り出し，反応性を強化した腫瘍抗原遺伝子を導入し患者体内に戻しがん細胞を攻撃させるキメラ抗原受容体発現T細胞（CAR-T細胞）療法が効果を期待されている．

▶ b. 遺伝性疾患の遺伝子治療

X連鎖性重症複合免疫不全症（X-SCID）はT細胞のサイトカイン受容体の1つをコードする遺伝子の欠損により重篤な免疫不全におちいる遺伝病であるが，これに対しex vivo法で骨髄幹細胞へレトロウイルスベクターにより正常遺伝子を導入し患者に戻す試みが1999年フランスで行われ，症状の改善が11例中9例でみられたが，2例で白血病を発症した．この例ではレトロウイルスベクターの有用性とがん化という短所の両面が顕著に現れた．1型脊髄性筋委縮症（SMA1）は運動神経の生存に必要な遺伝子の欠損により生後すぐに筋力低下，筋萎縮，呼吸困難を発症し，2歳まで

に死んでしまう．AAV ウイルスベクターに欠損遺伝子を組み込み患者の神経細胞で遺伝子を発現させることによる症状の大幅な改善が 2017 年に報告された．遺伝子治療の実用化へ向けた大きなステップと考えられている．

12.3 死と生

これまで死をいかに避けるかということを主題に述べてきた．医療の目標は我々の日常から死を可能な限り遠ざけることにある．しかし死をただ日常から避けているだけでよいのだろうか？ 科学がいかに進もうと我々は死を免れない．がんは克服されつつあるが，それでもいったんがんにかかれば死と向き合うことになる．末期医療の現場では，人生の決定的に重要な瞬間を，無数のチューブが体に入り，単に物理的な延命だけを追求するだけに終始する状況が最近までみられた．そうではなくて自分の病の重さを知り余命を自覚することにより死を正面から見つめて，生きていることのすばらしさを実感し，死に至る過程で内面に尊厳と喜びを獲得していくことができるならば，幸福に人生の終わりを迎えられるのではなかろうか．このように「立派に死ぬ」ことは，ハードとしての医療技術ではなく，医療従事者，家族，ヘルパーなどの生活支援者の支えといったソフト面が非常に重要である．こうしたソフト面の裏付けによって初めて生命科学の発達によるハード面の医療技術は豊かに人生を終えることに貢献できるようになる．

近年クオリティ・オブ・ライフ（QOL）という言葉で表現される，人生の質や生活の質が重視されるようになった．これまでの医療は死を遠ざけることに精一杯で，QOL にまで手が回っていなかったという言い方ができるかもしれない．ようやく先進国だけで享受できるようになった，ある程度死が日常から遠ざかった状況（図 12.1，表 12.1）において初めて我々は QOL を追求できる段階にきたといえる．抗がん剤の使用は副作用と効果と QOL のバランスで使用を決定するなど，生存期間を延ばすだけが目標であったこれまでの医療は QOL の維持を重視して治療内容を決め

るように変化を求められている．またこの人生の質や生活の質を問う姿勢は，これまでの日本の勤労者の仕事一本槍の人生から，生活と仕事のバランス（ワーク・ライフ・バランス）を求める動きになっている．

医療の進歩によって多くの人が人生途中の死をまぬがれるようになった．好ましい半面，高齢化に伴う様々な問題と向き合わなくてはならなくなってきた．認知症など脳機能の衰えは人生最後の局面で確固とした自我のゆらぎや喪失という人間存在の根本的な問題をつきつける．社会の構成が青壮年中心から老年中心へと急速に変化しているが，老いと向き合うための個々人の，あるいは社会としての準備をする必要に迫られている．

■ 参考文献

1. エリザベス・キューブラー・ロス：死ぬ瞬間，中公文庫，2001．
2. 柳田邦男：「死への医学」への序章，新潮文庫，1990．

◇ 演習問題

問1 以下の記述のうち，誤っているものを選びなさい．
(1) ES 細胞とは体細胞に 4 種類の遺伝子を導入することでつくり出せる完全な自己複製能と分化の多様性を備え持った幹細胞である．
(2) 遺伝子治療で使用される *ex vivo* 法とは体外に取り出した細胞に遺伝子を導入し体内へ戻す方法であり，主として骨髄幹細胞への遺伝子導入に用いられる．
(3) がんの原因として知られてきた様々な要因は，がんをもたらす遺伝子の突然変異を起こすことによりがんを誘発する．
(4) 日本人の糖尿病の約 9 割は 2 型であり，インスリン抵抗性が根本にある．

問2 以下の記述のうち，正しいものを選びなさい．
(1) 臓器移植における問題点の 1 つの拒絶反応は両親あるいは兄弟間での移植では生じない．
(2) 日本における感染症の中で結核はすでに根絶された疾患である．
(3) 再生医療で注目されているヒト ES 細胞を用いて治療を行った場合，拒絶反応が問題となる．
(4) iPS 細胞はすべての臓器を構成する分化した細胞に誘導できる．

COLUMN

● タバコとがん ●

　タバコの煙には多くの発がん物質が含まれていて，喫煙は肺だけでなく口腔，咽頭，膀胱，膵臓，腎臓のがんの発生を引き起こす．タバコの本数が多いほど，また喫煙を始めた年齢が低いほどがんの発症率が高いことがはっきりしている．先進国では喫煙率が下がっているが日本ではまだまだ若者の喫煙率は高く，将来の発がんが懸念される．

13 ゲノム科学と医療

20世紀最後の年——2000年6月26日にアメリカのクリントン大統領とイギリスのブレア首相はヒトゲノムのドラフト配列を発表した．1つの目的のために莫大な予算を投じて，国内外の研究体制の整備と様々な技術開発を加速させたこのプロジェクトこそ，「生命科学のアポロ計画」と呼ばれたヒトゲノム計画である．ヒトゲノム計画の完了により，いまや生命科学は新たな時代——ポストゲノム時代を迎えている．生命科学の研究者たちは新たな時代の息吹を感じ，ゲノム情報を利用した新たな研究を打ち出しつつある．ヒトや様々な生物種のゲノムの解読は基礎研究だけでなく新たな産業資源を生み出しつつ，医療においても大きなインパクトを与えている．研究や医療だけでなく，究極の個人情報となりうるパーソナルゲノムの出現に向けて，倫理的，法的，社会的課題を扱う分野 (ethical, legal and social implications, ELSI) も誕生している．

この章では，13.1節でヒトのゲノム解読までの歴史を簡単に振り返り，13.2節でヒトゲノムの特徴について述べる．13.3節ではヒトゲノムを他の生物ゲノムと比較する比較ゲノミクスでの取組みを紹介し，13.4節でポストゲノムの研究事例をあげて医療への応用——特に個別化医療に向けた研究について述べる．

また，13.6節でパーソナルゲノムから個人の疾患リスクを予測するための情報解析技術として，遺伝統計解析と機械学習技術について紹介し，13.7節でパーソナルゲノムにおける倫理の問題を考える．

13.1 ヒトゲノム計画

ヒトの遺伝子の研究は1970年代に開発された遺伝子組換え技術とDNA配列決定技術の開発によって拓かれた．これらの革新的な技術により，ヒトのホルモン遺伝子やがん遺伝子など様々な遺伝子が発見され，特定の疾患で特定の遺伝子の変異が見つかった（例えば，OMIM（Online Menedelian Inheritance in Man）のデータベースには疾患とそれに関する遺伝子がまとめられている）．遺伝子とその配列を知ることで，ヒトの病気を遺伝子の異常として捉えることが可能になったのである．1980年代に入ると，PCR法やDNA配列の自動解析技術が開発され，さらに研究の速度が加速した．一方で，遺伝病の原因遺伝子の染色体上の位置を決定する連鎖解析の理論が確立し，1983年にはハンチントン舞踏病の遺伝子座が決められた．しかしながら，個々の研究者がヒトのゲノム全体を相手にして原因遺伝子を探索するにはゲノムに関する情報があまりに少なく，実験技術の未熟さとあいまってほとんど不可能といってよかった．

逆にいえば，病気の原因となる遺伝子を見つけよう

COLUMN

● 21番染色体の解読 ●

　1996年5月，21番シークエンスコンソーシアムが設立され，日本とドイツの5チームで34 Mb（最小の染色体；基本的に常染色体は大きさの順に番号が付けられているが，22番が最小ではない）の配列決定を目指した．34 Mbのうち，2/3にあたる12 Mbを分担し，その出来具合で残りの10 Mbの分担を決めることになった．このうち5 Mb以上を決めれば日本がイニシアティブを取れる計算になる．予算規模だけなら日本はドイツの1/3程度となり，ドイツの単なる協力国となっていたが，最終的には，21番染色体の34 Mbの配列決定は，日本70％（理研50％，慶應大学20％），ドイツ30％の寄与率となった．21番染色体の詳細な配列は，2000年5月 *Nature* 誌に発表された．その表題は "Counting down from 21" であった．'down' には Down症（21番染色体が3本ある21トリソミーの疾患）の解明という意味も込められている．21番染色体の解読はヒト染色体として最初に解読された22番染色体（1999年12月）についで2番目であるが，その完成度ははるかに高く，2001年から2002年までの2年間の論文引用回数で，全科学分野で世界2位になるなど大変高い評価を受けた．

とするとき，ゲノム全体の配列がわかっていれば，原因遺伝子の同定までの道のりは早いはずである．最近のカーナビシステムと紙の地図を片手のドライブを比較してみるとよい．詳細な地図情報を決められた方法で利用すれば，行ったことのない場所にもより簡単にたどり着くことができるであろう．1986年頃から，ヒトゲノムの全遺伝子配列を決めようという機運が一部の研究者の間に出ていたが，当時は世界中の研究者が頑張っても，100年はかかりそうな現実的ではないプロジェクトに思われた．しかし，1987年，和田昭允が *Nature* 誌にDNA配列自動高速解読を提唱すると，ワトソン（J. D. Watson）は，翌年，和田提案に呼応するかのようにアメリカでのパイロットプロジェクトを開始した．1990年，ヒトゲノム計画は，アメリカ，イギリス，日本，ドイツ，フランスを中心に国際協調で進めることが正式に合意された．この壮大な計画は，「生命科学のアポロ計画」とも呼ばれた．こうした国際協調のもとで遂行されるヒトゲノムの解読に際して，1996年2月バミューダ島で第1回国際ヒトゲノムシークエンス戦略会議が開催され（バミューダ会議），①どの国やチームも官民を問わずに参加できる，②配列を決める染色体は世界に公表してから進める，③同じ染色体がターゲットになった場合は分担して進める，④ゲノムの95％以上をシークエンスする，⑤2005年の完成を目指すなどの様々な取り決めが合意された（バミューダルール）．このバミューダルールは，HapMapプロジェクトなどの後の生命科学の大型国際プロジェクトの基本となっている．

　1998年，ベンター（J. C. Venter）がセレラゲノミクス社を設立し，ヒトゲノムをショットガン法で解析する計画を発表した．セレラ社の目的は有用遺伝子の発見とその特許化にあったため，国際チームとは真っ向から対立した．この対立が皮肉にも解読のスピードを加速させ，当初の予定を数年前倒した2000年6月，国際チームとセレラ社はヒトゲノムのドラフト配列を発表した．ドラフト配列はゲノム全体の約90％しかカバーしておらず，データの信頼度も99.9～99.99％と幅があった．28億3000万塩基対，カバー率99％，精度99.99％以上に高めたデータができ上がったのは2003年4月のことである．同月14日，国際チームはヒトゲノムの解読完了を発表した．奇しくも，ワトソンとクリックのDNA二重らせんモデルの発表から50年目のことであった．

13.2　ヒトゲノムの概要

　ゲノムとは何だろうか．生物学辞典（第四版，岩波書店，1996）には，「配偶子に含まれる染色体あるいは遺伝子の全体を呼称する語」とある．木原均（1930）は，「それぞれの生物の生活機能の調和を保つ上に欠くことのできない染色体の1組」をゲノムとした．地球上の生物はすべて自らの"設計図"となる固有のゲノムを持っていて，その違いが生物の多様性を生み出している．設計図の情報は塩基の並び方に書き込まれているから，生物の多様性を生み出す基礎情報を知るためには，ゲノムの配列，つまり塩基の並び方を決定する必要がある．ヒトゲノムの塩基配列を決める意義

を具体的に考えてみると，発生，分化，老化，免疫，記憶や学習といった生命現象を理解する上の基盤をつくるということであり，その破綻や異常と捉えることができる病気の原因を知り，その治療法をみつけることにつながるのである．最近では，この基盤情報の上にたって，個々の人のゲノム配列の違いに着目した"パーソナルゲノム"の考え方が広まり，個別化医療の可能性がさかんに論じられている．

2015年1月，バラク・オバマ（当時アメリカ大統領）の演説において"プレシジョン・メディシン・イニシアチブ"が発表された．これは，患者ごとに疾患を細胞・遺伝子レベルで分析することによって最適な治療方法を選択し，それを施すことを指す．がん領域はその具体的な分野の筆頭にあげられ，実際に患者のがん組織における遺伝子異常を調べ，そのがんに適した治療を施すための研究と臨床応用が進められている．

13.2.1 ヒトゲノムの構成

ヒトゲノムの塩基配列はWeb上でだれでも参照することができ，mRNAに読まれる位置，エクソンとイントロンの境界，翻訳されるタンパク質，疾患における変異，SNPの位置など，様々な情報と関連づけて閲覧することが可能である．まずは，ヒトゲノムの配列から読み取れる特徴についてみてみよう．ヒトゲノムは46本（23対）の染色体に分かれて存在し，およそ30億8000万塩基対からなるが，この内容についてみていこう（図13.1）．このうち93.6％にあたるユークロマチンには遺伝子が豊富に存在するが，残りのヘテロクロマチンはほとんどが反復配列からなり，遺伝子があまり存在していない（ヘテロクロマチンは塩基配列の解読が難しく，ヒトゲノムプロジェクトの解読対象外となっている）．まず，ヒトゲノムの約半分はゲノム上で多数回繰り返して見つかる反復配列で占められる．中でもL1因子（LINE-1）やAlu配列はそれぞれヒトゲノムの17％，11％程度を占めている．これらの多くは変異が蓄積して移動できなくなっている動く遺伝子（転移因子）の名残であるが，転移因子が遺伝子の内部や近くに挿入されたときには，その遺伝子産物（タンパク質）がつくられなくなることや，発現の調節機構やスプライシングのパターンが変化することが考えられる．また，転移因子は遺伝子の融合やエクソンのシャッフリング（取り替え）による新たな遺伝子の誕生を促す．これらは有害な変異となりうることが多いかもしれないが，進化のチャンスを提供するだろう．

通常，ヒトの細胞は両親から1コピーずつ2コピーの遺伝子を持つと考えられてきた．しかし，数kbpから数Mbpの大きな領域において1コピー（欠失）や3コピー以上（重複）がみられる．この多型はコピー数多型（copy number variation，CNV）と呼ばれ，ヒトゲノムではゲノムの12％にも及ぶという．CCL3L1遺伝子のコピー数が少ないとヒト免疫不全ウイルス（human immunodeficiency virus，HIV）への感染のリスクが高まるという報告など，CNVと疾患との関連性が見いだされ，注目されている．

13.2.2 ゲノムの中の遺伝情報

ゲノムの中にどれくらいの"遺伝子"があるのだろうか．セントラルドグマでは，核酸上の塩基配列として書き込まれた遺伝情報は，核酸から核酸へ，あるいは核酸からタンパク質へと伝達されると主張する．つまり，DNAからRNAが転写され，転写されたRNAはタンパク質に翻訳されることで，ゲノムに書き込まれた遺伝情報はタンパク質に移動すると考えるのが基本である．ヒトでは「タンパク質を指令する遺伝子」に限るとおよそ20,000～25,000くらいといわれている（これとて正確な数はわからないといった方がよい）．では，1つの遺伝子から1つのmRNA，1つのタンパク質がつくられるのだろうか．実際には，1つの遺伝子からスプライシングのされ方が異なるmRNA（スプライスバリアント）が生じることがわかっている．この現象を選択的スプライシング（alternative splicing）と呼ぶ．ヒトでは全遺伝子の少なくとも60％以上に選択的スプライシングが起きており，平均すると1遺伝子あたり5種類以上の異なるmRNAがつくられる．異なるスプライスバリアントからは，もちろんアミノ酸配列の異なるタンパク質がつくられる場合もある．

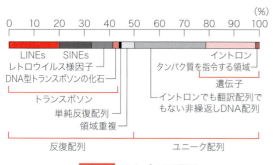

図13.1　ヒトゲノムの配列

また，DNAからRNAへの転写は時間（発生や分化の時期）や空間的な制御（場所）を受ける必要があるが，それを制御する特定のDNAの領域（プロモーター）も，1つの遺伝子について複数ある例が多数知られている．ヒトの遺伝子については約半数が，複数のプロモーター（選択的プロモーター）を持つと推定されている．選択的スプライシングと選択的プロモーターはタンパク質の多様性を増し，複雑な生命現象を実現させる仕組みの1つかもしれない．選択的スプライシングも選択的プロモーターもヒトとマウスで保存されていないものも多い．進化の途上で生成と消滅を繰り返すことで進化の要因となっている可能性がある．

13.2.3 タンパク質に翻訳されない遺伝子

ところで，遺伝子とは何らかの遺伝形質を決める因子であって，必ずしもタンパク質に翻訳されなければならないものではない．タンパク質を指令する遺伝子に対し，タンパク質に翻訳されずにRNA自体が機能するものがある．翻訳に関わるrRNAやtRNAが古くから知られている代表例であるが，ゲノムの解読によって，タンパク質を指令しないと思われる遺伝子（ncRNA（non-coding RNA）遺伝子という）が驚くほど存在していることが明らかになった．ヒトにおいてタンパク質を指令する領域は全ゲノム領域のほんの1.5%しかないが，最近の研究ではゲノムはほぼ全体にわたって転写され，様々なncRNAを生み出しているという．ncRNAは表13.1のように分類されている．

マイクロRNA（miRNA）は約23塩基長という非常に短いRNA遺伝子である．miRNAはmRNAと結合することにより遺伝子発現を調節する．例えば，本来，癌抑制遺伝子として機能しており，がん組織では発現が低下しているmiRNAがある一方，逆にがん組織で発現が高まっていてがん遺伝子として機能すると考えられるmiRNAも知られている．生殖細胞特異的に発現するPIWI-interacting RNA（piRNA）は，主に転移因子の発現を抑制してその転移から生殖細胞のゲノムを守る．miRNAよりも長い長鎖ncRNA（long ncRNA）も次々と発見されている．Xistは雌の細胞のもつ2本のX染色体のうちの一方の染色体上の遺伝子を不活化することで雌でのX染色体からの遺伝子の発現量を補正するという重要な役割を持っていることがわかっている．この他にも次々と新たな発見があり，ncRNAは生命科学上のホットなテーマとなっている．

13.3 比較ゲノミクス

すでに他の章でも触れているが，ある生物のゲノム配列を他の生物のゲノム配列と比較することによって，さらに有用な情報が得られる．こうした研究を比較ゲノミクスと呼び，特に比較する手法を情報科学の側面から研究する学問をバイオインフォマティクスという．霊長類の中でのヒトの特徴を調べるには，近縁なチンパンジーゲノムとの比較が有効であろう．両者では約2000個の遺伝子が種に固有のものと考えられており，これらが種の違いに関わるかどうか興味深い．一方で，進化を通じて機能が保存されている遺伝子も少なくない．こうした遺伝子の機能を調べるには，むしろ，実験的に使いやすいモデル生物が有用である．生命科学の実験では，遺伝学的手法や分子生物学的手法が確立している酵母，ショウジョウバエ，線虫，ゼブラフィッシュ，アフリカツメガエル，マウスなどがよく利用されている．キイロショウジョウバエのタンパク質コード遺伝子の44%，線虫のタンパク質コード遺伝子の25%がヒトにホモログ（同じ働きをすると考えられる遺伝子）をもっているので，進化的に機能が保存されていれば，ヒトで研究する代わりにモデル生物のホモログを対象に実験することができる．アポトーシスという現象やそのシグナル伝達経路は線虫での研究から見つかったものであるし，細胞分裂，細胞周期の機構については酵母を用いた研究から多くの発見がもたらされた．出芽酵母や線虫ではすべての遺伝子を対象とした遺伝子破壊株の作製が行われ，貴重な研究資源となっている．

多くのモデル生物がある中でも，ヒトの疾患を研究するためには遺伝子改変マウスを用いた実験が有効で

表13.1 noncoding RNAの分類と機能

分類	機能
miRNA	翻訳後の発現抑制
piRNA	レトロトランスポゾンの発現抑制
endogenous siRNA	転写抑制
tRNA	翻訳
rRNA	翻訳
snRNA	スプライシング
snoRNA	リボソームRNAの化学修飾
long ncRNA	転写，翻訳，スプライシングの制御，エピジェネティック制御，X染色体の不活化など

ある．ヒトで見つかったある遺伝子のマウスホモログを欠損させたノックアウトマウスをつくったり，過剰に発現させたトランスジェニックマウスをつくって，個体における遺伝子の働きを知ることができる．2006年よりマウスゲノムの全遺伝子についてそれぞれ欠損させたマウス胚性幹細胞（ES 細胞）のライブラリーの作製が国際プロジェクトとして進行中である．研究者は遺伝子の機能を個体で調べるためにノックアウトマウスを自前でつくる必要はなく，すぐさま個体を用いた研究が始められるようになる．また，がん等の疾患を発症する遺伝子組換えマウスは医薬品開発には欠かせない研究資源となるだろう．

13.4　ゲノムと個別化医療

ある病気にかかりやすい家系が存在することは古くから知られていたが，個人（あるいは家系）のゲノム情報の"違い"を調べることで，病気の発症に関与する遺伝子を見つけることができるようになった．単一遺伝子が原因となる遺伝性の疾患だけでなく，複数の遺伝子や環境要因が関わるとされる糖尿病や高血圧などの生活習慣病も多因子病と呼び，解析の対象となっている．ゲノム上の"違い"はどのようなものかみていこう．前述のように，ゲノムとは個々の生物の設計図であって生物種ごとに固有のものであるが，同じ生物種でもゲノムの配列は完全に同じではなく違いが存在する．この節では同じ生物種の中での"違い"に着目し，医療への応用をみていく．また，後半ではポストゲノムの研究として，トランスクリプトームとプロテオームについても述べる．

13.4.1　ゲノムの多様性

個々のヒトのゲノムを調べると，全体として 0.1% ほど異なっているが，様々なタイプの違いが存在する（表13.2）．違いの起こる頻度が 1% 以上である場合を

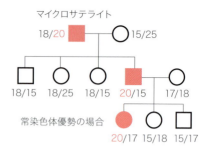

図13.2　多型マーカーによる原因遺伝子の解析：GT を 20 回繰り返す多型を持った染色体に病気の原因遺伝子が存在する可能性が示される．実際にはすべての染色体を網羅するマーカーを利用して解析する．

多型（polymorphism）という．マイクロサテライトは 2 から 4 塩基の繰り返し配列で，ゲノム上 10^5 個程度存在する．マイクロサテライトは繰り返しの回数が様々に異なるので，病気の原因となる遺伝子の特定に役立つ（図 13.2）．図 13.2 では染色体のある場所に存在するマイクロサテライトに着目する．このマイクロサテライトは GT の繰り返し回数が異なっているとする．病気（この場合は常染色体優性とする）の発症とこのマイクロサテライトの繰り返し回数を比較することにより，GT が 20 回繰り返されている染色体に病気の原因遺伝子が存在することが推定される．マイクロサテライトのゲノム上の出現回数はそれほど多くないので，疾患関連遺伝子を特定することが困難な場合もある．多型性ではマイクロサテライトに及ばないものの，1000 万個以上存在する SNP（スニップ 1 塩基多型，single nucleotide polymorphism）を組み合わせると遺伝子の特定に威力を発揮する．ヒトゲノムの HapMap プロジェクトによると，ゲノム全域にわたり近接の SNP の組合せの出現頻度を調べてみると，すべての組合せが出現するわけではなく，いくつかの組合せ（ハプロタイプ）がほぼ全体を占めることが多いという．例えば，6 組の SNP について理論上考えられる 2^6 通りの組合せがすべて出現するわけではなく，いくつかの組合せでほぼ全体を占めるのである．したがって，それぞれのハプロタイプに代表的な SNP（タグ SNP）を選んで解析することで，効率的に疾患との関連を調べることができる．ヒトでは 1000 万以上の SNP が知られているが，タグ SNP を中心に約 10 万〜50 万の SNP マーカーでヒトゲノム全体をカバーすることが可能である．

ゲノム研究は薬理学へも大きな影響を与え，ゲノム薬理学という新たな学問領域が誕生した．これまでは，

表 13.2　多型マーカーの分類

多型の種類	特徴
RFLP（制限断片長多型）	制限酵素部位の違い
VNTR	数十塩基の反復単位
マイクロサテライト（単純 2〜4 塩基リピート）	多型性に富む
SNP（1 塩基多型）	最も頻度が高い多型

COLUMN

● 遺伝子情報をもとに投薬 ●

　アストラゼネカ社のイレッサ（ゲフィチニブ）は非小細胞肺がんに分類される肺がんに対する分子標的治療薬である．2002年7月，日本が欧米各国に先駆けて承認したまれな例であったが，発売開始からわずか3カ月後に間質性肺炎という副作用で13名が死亡し，厚生労働省から緊急安全情報が出された．その後もメディアでは副作用と死亡者数を連日報道した．こうした中，2005年には無作為比較臨床試験でプラセボ（偽薬）群と比較して生存期間を延長できなかったため，アストラゼネカ社は欧州医薬品局（EMEA）に承認取り下げを申請した．しかし，EGF受容体に変異を持つ患者のみを対象とした無作為比較第III相臨床試験で，従来のカルボプラチン/パクリタキセル併用化学療法よりも有意に無増悪生存期間を延長することが報告され，2009年，EMEAはEGFR遺伝子に変異をもつ非小細胞肺がん患者への投与を承認した．アメリカ食品医薬品局（FDA）も2010年11月同患者への第一選択薬として承認している．イレッサは遺伝子情報で患者集団を選別することの重要性と共に，副作用に対する認識の重要性を改めて教えてくれている．

　ある薬が効くか，効かないか，副作用が出るか，出ないかの個人差を知ることができなかったため，実際に投与したときの様子で判断せざるを得なかった．しかし，遺伝的な多型と薬剤の有効性の関連を示すデータが得られると，それをもとに「必要な患者に，必要な薬剤を，必要な量だけ投与する」ことが可能になるだろう．例えば，乳がんの抗がん剤であるタモキシフェンはプロドラッグであり，肝臓で代謝されてエンドキシフェンとなり抗がん作用（術後の再発予防効果）を発揮する．この活性化に関与する代謝酵素CYP2D6の多型にはこの酵素の活性を失わせたり，低下させるものが知られているが，こうした多型を持つ患者では術後の再発率が高いことが報告されており，CYP2D6の多型は治療方針の選択において有用な情報となる．血栓予防薬として処方されるワルファリンは，個人ごとに必要量が大きく異なり，過剰な投与は脳や消化管などからの出血を引き起こすので容量のコントロールが非常に難しい．しかし，VKORC1とCYP2C9という遺伝子の多型の組合せによりワルファリンの服用量を規定できるとする報告がなされ，過剰投与や過少投与を回避して医療費を大幅に削減できると期待されている．イレッサはEGF受容体のもつチロシンキナーゼ（タンパク質のチロシン残基をリン酸化する酵素）を阻害する抗腫瘍薬で，一般に"分子標的治療薬"と呼ばれるものである．しかし，すべてのタイプの肺がんに効果があるわけではなく，チロシンキナーゼに変異を持つタイプしか効果がない（コラム参照）．このように，効果のある患者にのみ投与することが可能になることで，無駄な投与を回避し，医療費を削減することができる．

13.4.2 トランスクリプトーム

　ゲノムの多型情報以外にも，遺伝子発現の違いや染色体転座などの変異を調べることで，診断や治療に有用な情報が得られる．最近の次世代シークエンサーはこの目的のために有効な解析機器として注目されているが，その前に，マイクロアレイによるmRNAの発現解析と質量分析計を用いたタンパク質レベルの発現例を紹介する．DNAに書き込まれた遺伝子の情報はRNAに読み出され，あるものはタンパク質に翻訳されて機能を発現する．生命現象の理解のためには，いつ，どこで，どれくらいの量の転写と翻訳が行われるのかを調べることが重要である．

　ゲノムが解読される前は，研究者が個々の遺伝子について発現を調べていたが，対象となる細胞（あるいは組織）でのすべての遺伝子の発現状態（発現プロフィール）を一度にとらえる技術が開発された．ここでは，細胞もしくは組織全体のRNAレベルを同時に検出するDNAマイクロアレイについて述べる．DNAマイクロアレイでは，それぞれ1種類のmRNAを検出するプローブDNAをガラスなどの基盤上でアレイ上に固定したものを用意する．細胞や組織からmRNAを抽出し，これを鋳型として逆転写酵素と蛍光色素を用いて，蛍光で標識されたcDNA（complementary DNA）を合成する（7.4節参照）．標識されたcDNAとDNAマイクロアレイ上のプローブDNA

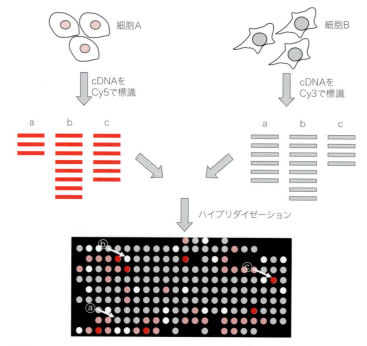

図13.3 マイクロアレイ解析：Cy3もしくはCy5で標識したcDNAを用いるが簡略化した．a，b，cはそれぞれ遺伝子に相当して，その発現量を棒の数で表している．

とでハイブリダイゼーションを行わせる．mRNAの量が多ければ，スポット上のプローブDNAにそれだけ多くのcDNAが結合することになり，スポットにおける蛍光強度が強まる．この蛍光強度でmRNAの相対量を評価する（図13.3）．1種類の蛍光色素で検出する一色法と2種類の蛍光色素を用いる二色法があるが，二色法では，2種類の細胞あるいは2つの異なる条件の比較が可能である．例えば，2種類の細胞（AとBとする）のmRNAをそれぞれ異なる蛍光色素で標識し，1つのマイクロアレイに同時にハイブリダイゼーションを行う．A由来のcDNAはCy5（赤），B由来のcDNAはCy3（緑）という蛍光色素で標識するとする．ある遺伝子が細胞Aで細胞Bよりも発現量が多ければ，そのスポットは赤色を呈することになる．この赤と緑の波長の蛍光強度をそれぞれ測定すれば，それぞれの遺伝子由来のmRNAの相対比がわかる．もし，Bの細胞として同じ細胞を使えば，多数のサンプルの発現プロファイルを比較することも可能である．ただし，通常は1遺伝子について1カ所のプローブDNAを設計するため，選択的スプライシングによって生じるスプライスバリアントを区別することはできない．RNAの全体を転写物（transcript）の全体という意味でトランスクリプトームと呼び，転写物の網羅的な解析をトランスクリプトーム解析と呼ぶ．

トランスクリプトームの研究は，医学，医療分野に多岐にわたるインパクトをもたらした．例えば，がんは同じ器官から生じても，増殖速度や浸潤・転移能などの生物学的な特性の異なるいくつかのサブタイプが存在していることが多い．乳がんはマイクロアレイによる遺伝子の発現量を比較することでサブタイプを分類でき，それぞれのタイプにあわせた治療戦略をたてることが可能になってきた．こうした研究から，マンマプリント，オンコタイプDXといった乳がんの再発リスクや化学療法の有用性を予測する診断キットが開発されている．

13.4.3 プロテオーム

RNAに対して，タンパク質の総体をプロテオームと呼び，その解析を行う分野をプロテオミクスと呼ぶ．例えば，ある時点でのある細胞のタンパク質全体を想像してみるとよい．これは細胞のある時点での状態を表すものである．プロテオミクスは質量分析技術とゲノム配列情報の整備によって誕生したといえる．タンパク質の質量分析を可能にしたのは，2002年にノーベル化学賞を受賞した田中耕一とフェン（J. B. Fenn）である．彼らがそれぞれ開発した方法によりペプチド

のイオン化が可能となり，タンパク質の質量や部分的なアミノ酸配列を測定することが可能となった．その一方でゲノム解析が進み，生物が持つタンパク質の予想アミノ酸配列の情報がどんどん蓄積されてデータベースに登録されていった．したがって，質量分析計であるタンパク質（あるいはペプチド）の質量や部分的なアミノ酸配列がわかれば，その情報をタンパク質のデータベースと照合することによって，どのタンパク質由来のものであるかを決定することができる．質量分析に必要とされるタンパク質の量は ng のオーダーでよく，これまでの生化学的な実験手法による解析を大きく凌駕するものであったし，なによりも個々のタンパク質を分離，精製することなく，混合物のまま解析ができるので，その適応範囲が大きく広がった．ここにプロテオミクスの分野が誕生したのである．例えば，血液検査で様々ながんの早期診断ができれば，患者の予後（病気の経過，見通し）を改善できるし，医療費の削減にもなる．質量分析計を用いて，がん患者の血漿中に特徴的に存在するタンパク質（がんマーカー）の探索が活発に行われている．

個々のゲノム配列の違いが病気の発症に関わるとしても，SNP では原因となる多型もしくは変異の検出に限界があり，全ゲノムにわたる配列の決定が望まれていた．そうした中で，次世代シークエンサーと総称される高速のシークエンサーの登場が個人のゲノム，いわゆるパーソナルゲノムの解読を現実のものとし，いわゆる "1000 ドルゲノム"（1000 ドルで個人のゲノム配列が決められる技術）も夢ではなくなっている．ヒトゲノム配列の解読には Sanger 法に基づくキャピラリーシークエンサーが活躍したが，2005 年に 454 Life Science 社がパイロシークエンス方式という新しい技術を用いた次世代シークエンサーを市場に投入したのを皮切りに，それぞれに特徴を持つシークエンサーが登場した．重要なことは，シークエンス解読技術はヒトゲノムが解読された 10 年前に比べ長足の進歩を遂げ，人類の多様性の解析やがんの進展に伴うゲノム全体の変化の解析などを実現させて新たな生命科学の扉を開こうとしている点である．これまでにマイクロアレイを用いていた遺伝子発現解析も次世代シークエンサーで解析されるようになっており，既存の技術を包含してさらに多方面での応用が期待されている．

13.5 生物が多様であること

Science 誌が選んだ 2007 年度の "Breakthrough of the Year" の第 1 位は人間の遺伝的多様性であった．この結果は，これをさかのぼる 2005 年に SNP に関する研究基盤が整備され，ゲノム全体にわたる SNP 解析によって病気に関わる遺伝子を発見できるようになったことによる研究の急速な進展を意味している．我々人類はこうして 1 遺伝子を原因とする遺伝病だけでなく，多因子病にも解析のメスを入れられるようになったのである．この breakthrough において理化学研究所の研究チームによる心筋梗塞関連遺伝子の報告（2002）が世界初の全ゲノム解析であることは日本の誇る業績として銘記しておくべきである．

全ゲノム解析の研究基盤は，人の遺伝的多様性にある．個人における多様性の例として，薬物治療に対する感受性の違いを説明した．ここでは触れなかったが，SNP を用いた人類遺伝学的解析は，現世人類の起源とアフリカに誕生した人類（6.6 節参照）がどのようなルートをたどって地球上に広がっていったかも教えてくれている．同時に，研究はアフリカに住む人々は他の地域の人々よりも遺伝的多様性に富む集団であることを改めて浮き彫りにした．

次世代シークエンサーの性能の向上によりパーソナルゲノムが現実のものとなりつつあるが，2007 年より 2008 年にかけて 4 名（白人 2 名ベンター（J. C. Venter）とワトソン（J. D. Watson），アフリカ人，中国人）の全ゲノム配列が報告され，その比較から 1 塩基の変化は 300～400 万程度存在し，公共のデータベース（dbSNP）に登録されていない新規のものが 1～2 割にも上った．また塩基の挿入や欠失，コピー数の多様性などのゲノム構造変化は約 40～90 万程度認められ，ゲノム配列の 0.5～1% 近くにも及ぶのではないかと推定されている．ヒトはこれほどまでに多様な存在なのである．

遺伝的多様性に優劣はない．特定の遺伝子や表現型に他よりも優れているとか劣っているといった評価を入れるべきではないことは当然であるが，人類はときにこのことを忘れ，遺伝学を故意に利用して人種差別や迫害を繰り返してきた．歴史上の人物を例にあげるまでもなく，我々自身も些細なことで人を区別したり，優劣をつけた経験はあるだろう．個人のゲノム情報（パーソナルゲノム）がわかるようになる近未来にお

いて，その究極の個人情報を個人，そして人類の幸福のために活用できるかどうかは，ひとえに我々の多様性に対する理解と敬意にかかっている．

13.6 パーソナルゲノムと情報解析

遺伝子解析技術の急速な進展により，個人のゲノム情報から病気のリスクが予測できるパーソナルゲノム時代が到来しつつある．パーソナルゲノム（Personal Genome）とは，個人の遺伝情報のことで遺伝子の個人差は様々な病気のかかりやすさや体質，薬の効き方などと関係している．ここでは，パーソナルゲノムを用いて個人の疾患リスクを予測するための情報解析技術の現状と課題について述べる．

13.6.1 疾患関連遺伝子の探索

疾患関連解析遺伝子を検出するため遺伝統計学を用いた様々な解析手法が開拓されてきた．情報解析に習熟するためには，統計学の基礎をしっかりと学んでおくことがとても重要である．疾患関連遺伝子をゲノム全域から検出する手法として近年，主流になっているのはゲノムワイド関連解析法（Genome Wide Association Study；GWAS）である．13.4.1 項でゲノムの多様性について説明したが，GWAS では，遺伝子の個人差として，遺伝子配列の塩基が1つだけ置き換わるSNP（1塩基多型）を主に用いて，SNP の頻度と疾患との関連を統計的に解析する．

GWAS では，ある疾患の患者群とその疾患に罹患していない健常者群を比較し，100万カ所程度のSNPs の頻度の分布の違いを，各SNP について統計的に検定し，有意な統計的関連を示すSNPs を見つけ出す．一般的な GWAS 研究では，以下のように100万カ所程度の SNPs について統計的仮説検定が行われる．

$$\ln\left(\frac{P_i}{1-P_i}\right) = \beta_{01} + \beta_{11}\, SNP_{i1}$$

$$\ln\left(\frac{P_i}{1-P_i}\right) = \beta_{02} + \beta_{12}\, SNP_{i2}$$

$$\cdots$$

$$\ln\left(\frac{P_i}{1-P_i}\right) = \beta_{0j} + \beta_{1j}\, SNP_{ij} \quad (13.1)$$

ここで，P_i は i 番目の個体が罹患している条件付き確率（尤度），SNP_{ij} は j 番目の SNP の遺伝型（a, aA, AA）を表す．ただし，リスクアレルを a，ノンリスクアレルを A とする．

統計的仮説検定では，（13.1）式の「各 SNP の回帰係数（$\beta_{11}, \beta_{12}, \cdots, \beta_{1j}$）がゼロである（つまり関連性がない）」という仮説を検定する．この枠組みは，各 SNP の分割表についてカイ2乗検定を行うことと同じ意味である．R などの統計ソフトウエアには，このような検定を行うためのツールが備えられている．

統計的有意差は「P値」という数値で報告される．「P値」は，有意差がないという仮定（帰無仮説）のもとで，実際に観測された結果と同じか，それよりも，極端な結果が出る確率として定義される．科学研究においては，慣例的に P 値が 0.05 より大きいか小さいかが有意であるかの基準になる場合が多い．こうした基準は「有意水準」と呼ばれる．もし，P 値が有意水準より小さければ「有意である」と呼び，P 値が有意水準より大きければ「有意でない」と呼ぶ．注意しなければならないのは，「統計的に有意である」ことは，結果が実際に意味があるものであることを意味しない．本当は帰無仮説が正しいのに有意であるという結果が出てしまうこと（false positive：擬陽性と呼ぶ）がありうる．同様に「統計的に有意でない」ことも「差がまったくないこと」を意味しない．本当は帰無仮説が正しくないのに有意であるという結果が出ないこと（false negative：偽陰性と呼ぶ）もありうる．仮説が本当かどうかを判断する数学的な手段はない．

GWAS では各 SNP について繰り返し検定を行う（これを多重検定という）が，多重検定では，擬陽性が生じる可能性が高くなる．検定を1回実施したときの P = 0.05 というのは，擬陽性が生じる確率が5%であることを示している．逆にいうと擬陽性にならない確率が95%である．2回検定を実施したときに，2つの検定が独立だとすると，2回とも擬陽性にならない確率は 0.95×0.95 で求められる．20回検定したときに20回すべてで擬陽性が生じない確率は，$0.95^{20} = 0.360$ となる．つまり1回でも擬陽性が生じる確率は 1 − 0.36 = 0.64 である．多重検定で擬陽性が生じる可能性を低くする補正手法として，ボンフェローニ法が知られている．ボンフェローニ法では，P = 0.05 の多重比較を n 回行う場合は，「有意水準」を下記のように補正する．

$$P' = \frac{0.05}{n} \quad (13.2)$$

GWASのゲノムワイド有意水準には，$\alpha=5\times10^{-8}$を一律に採用することが多いが，これは100万の独立した検定で5%有意水準を採用したのに等しい．ボンフェローニ法は各SNPが独立でない場合（これを連鎖不平衡があるという），有意水準が厳しくなりすぎ検出力を下げてしまう可能性がある．そのため，ボンフェローニ補正の他にも，様々な多重検定の補正手法が考案されているが，それぞれ一長一短がある．

現在，GWASを用いて疾患関連遺伝子を探索する研究が世界中で進行しており，GWAS Catalogデータベース（http://www.ebi.ac.uk/gwas/）には，2018年5月時点で3,300以上の論文報告と60,000以上の疾患関連SNPsが登録されている．

SNPには，マイナーアレル頻度（MAF）という概念があり，MAFは検出力と深く関わっている．ゲノム上の1つの座位に対し，人口の中での頻度を調べたときに頻度の高いものを「メジャーアレル」，低いものを「マイナーアレル」と呼ぶ．今，メジャーアレルをA，マイナーアレルをaと表すことにすると，仮にマイナーアレル頻度（MAF）が0.18だったとすると，SNP変異をホモ（aa）で持つ確率は，$0.18^2=0.032$，SNP変異をヘテロ（aA）で持つ確率は$0.18\times(1-0.18)\times2=0.2952$，SNP変異を持たない（AA）確率は，$(1-0.18)^2=0.6724$となる．マイナーアレルは疾患と関連することが多い．MAFが5%以上のSNPはコモンSNP（Common SNP）と呼ばれる．

GWASではマイナーアレル頻度（MAF）が1%以上の頻度の高い変異（Common variant）を対象にすることが多かったが，次世代シークエンサー（NGS：Next Generation Sequencer）の普及により，希な変異（rare variant）を同定するNGS解析プロジェクトが現在，進行している．Common variantで説明されない遺伝リスクがrare variantにより説明される可能性が議論されている．

13.6.2 パーソナルゲノムを用いた疾患リスク予測

ゲノム多様性のデータから疾患リスクを予測するのに必要なデータは，集団の平均リスク（平均疾患リスク），オッズ比（疾患の罹りやすさを2つの群で比較して示す統計学的尺度），遺伝型（父親と母親由来それぞれの組み合わせからなる遺伝子の構成；aa，aA，AA）である．ここでは，リスクアレルをa，ノンリスクアレルをAとする．

オッズ比（r_1, r_2）は2つ定義される．

$$r_1 = (d_2/(1-d_2))/(d_1/(1-d_1)) \quad (13.3)$$
$$r_2 = (d_3/(1-d_3))/(d_2/(1-d_2)) \quad (13.4)$$

ただし，d_1, d_2, d_3は遺伝型aa，aA，AAの個体の浸透率（発症確率）である．$r_1=r_2$の場合，アレル効果の相加性を認めたことになる．集団における遺伝型aa，aA，AAの頻度をp_1, p_2, p_3とし，集団の平均リスクqを次のような式で表す．

$$q = p_1d_1 + p_2d_2 + p_3d_3 \quad (13.5)$$

qは有病率とも，罹患率ともみなすことができる．それに応じてd_iの定義を変える必要がある．qは，コホート研究や横断的全例調査などを参考にする必要がある．r_1, r_2, qが求まれば，(13.3)，(13.4)，(13.5)よりd_1, d_2, d_3を求めることができる．すなわち，それぞれの個体の遺伝型aa，aA，AAに応じてリスクが求まる．複数の座位について統合的なリスクを計算する方法の説明は省略する．以上の手法は遺伝学に沿った基本的計算方法であるが，様々なバリエーションがありゴールドスタンダードとなる手法は確立されていない．

図13.4は，パーソナルゲノムサービス3社（23andMe, Navigenics, deCODEme）の22疾患について日本人13名の疾患リスク予測結果を比較した結果である．22のうち6疾患ではリスク予測は完全に一致（例えば，Alzheimer's disease），7疾患では，ほぼ一致（例えば，Heart Attack）しているものの，8疾患ではリスクが逆転している（例えば，Type 2 diabetes）．各社のリスク予測の全体の傾向は一致している（kappa=0.58）ものの，一致率がかなり高いとまでは言えない．予測結果に不整合が生じる主な要因は，(a) SNP選択，(b) 平均疾患リスクの推定，(c) 疾患リスク予測アルゴリズム，(d) 人種差の影響推定の影響が大きい．22疾患において，3社で共通して用いられたSNPは7.1%のみで，少数のコアSNPsが予測に大きな影響を与えている．人種差の影響は重要で，日本人の疾患リスク予測精度を高める上には，特に東アジア人のコアSNPsを整備していくことが重要である．

	A			B			C			Ethnicity
	23	N	D	23	N	D	23	N	D	
Type 2 diabetes	↑	↓	↑	↑	↓	↑	↑	↓	↑	23andME, deCODEme are customized for East Asian
Rheumatoid arthritis	↓	↓	↓	↓	↓	↓	↓	↓	↓	23andME, deCODEme are customized for East Asian
Restless legs syndrome	↓	↓	↓	↑	↓	↓	↓	↓	↓	
Psoriasis	↓	↓	↓	↓	↓	↓	↓	↓	↓	deCODEme are customized for East Asian
Prostate cancer	=	↑	↑	NA	NA	↑	=	↓	↓	23andME, deCODEme are customized for East Asian
Multiple sclerosis	↓	↑	↑	↓	↓	↓	↓	↓	↓	
Lupus (systemic lupus erythematosus)	NA	↑	↑	↓	↓	↓	NA	↓	↓	
Heart attack	↓	↓	=	↑	↑	↑	↓	↓	↓	deCODEme are customized for East Asian
Crohn's disease	↓	↓	↓	↑	↑	↑	↓	↓	↓	
Celiac disease	↓	↓	↓	↓	↓	↓	↑	↑	↓	
Breast cancer	NA	NA	NA	=	↓	↓	NA	NA	NA	
Osteoarthritis	NA	↑	NA	NA	↑	NA	NA	↑	NA	
Atrial fibrillation	↑	↑	↓	↑	↑	↑	↑	↓	↑	deCODEme are customized for East Asian
Obesity	↓	↓	↓	↓	↓	=	↓	↓	↓	
Lung cancer	↓	↓	=	↓	↓	↓	↓	↓	↑	deCODEme are customized for East Asian
Abdominal aortic aneurysm	NA	=	↓	NA	↑	↑	NA	↓	↓	
Melanoma	↓	↓	NA	↓	↓	NA	↓	↓	NA	
Stomach cancer, diffuse	↓	=	NA	=	↑	NA	↑	↓	NA	23andME is customized for East Asian
Brain aneurysm	NA	=	↓	NA	↑	↑	NA	↓	↓	deCODEme are customized for East Asian
Age-related macular degeneration	↓	↑	↑	↑	↑	↑	↓	↑	↑	deCODEme are customized for East Asian
Colorectal cancer	↑	↑	↑	↓	↓	↓	=	↓	↓	23andME, deCODEme are customized for East Asian
Alzheimer's disease	↑	↑	↑	↑	↑	↑	↓	↓	↓	deCODEme are customized for East Asian

図 13.4　22 疾患のリスク予測結果の一致率

Takashi Kido, Minae Kawashima, Seiji Nishino, Melanie Swan, Naoyuki Kamatani, and Atul J Butte, Systematic evaluation of personal genome services for Japanese individuals, *Journal of Human Genetics*, 2013, Nov, 58 (11), pp. 734-741. より抜粋.

13.6.3　機械学習技術への期待と課題

　機械学習とはコンピュータに学習能力を持たせるための方法論を研究する学問で人工知能の研究分野の一部である．生物学と医学においてコンピュータを用いた情報解析は「バイオインフォマティクス」と呼ばれ，膨大な量のデータから重要なパターンやトレンドを見つけ出すために，機械学習の技術が用いられる．機械学習の問題は，教師あり（supervised）と教師なし（unsupervised）に分類することができる．教師あり学習の目的は，多数の入力値に基づいて出力値を予測することである．教師なし学習には出力値はなく入力値同士のパターンや関係性を記述することが目的となる．データから学習をする様々な機械学習アルゴリズムが開発されてきた．

　近年，ディープラーニング（深層学習）と呼ばれる多層のニューラルネットワークを用いた機械学習アルゴリズムが特に注目されている．音声，画像，自然言語を対象とする問題に対し，他の手法を圧倒する高い性能を示している．生命情報分野においても，近年，遺伝子データのみならず，多様で高次元のオミックスデータから科学的知見を導き出していく需要が高まっており，ディープラーニングの応用が試みられている．2012 年には Merck 社が主催した Drug Discovery Competition において，ディープラーニングを用いて新規化合物の活性予測を行ったトロント大学のチームが優勝し話題になった．(http://deeplearning.net/2012/12/13/university-of-toronto-deep-learning-group-won-the-merck-drug-discovery-competition/)

　ディープラーニングには，マルチモーダル（1 つのニューラルネットに様々な異なるデータを取り込み学習できる），マルチタスク（1 つのニューラルネットに様々な異なるタスクを実行できる）という 2 つの特徴があり，大量のゲノムデータ，臨床データ，医療画像データ，オミックスデータといった様々なデータから自動的に特徴を抽出し（マルチモーダル），診断，治療，創薬といった異なるタスク（マルチタスク）へ適用することが期待されている．

　ディープラーニングを含む統計的機械学習には課題

もある．第一に訓練データセットに頻繁に現れるデータ点の近傍では精度よく近似できるが，訓練データセットに現れない領域については十分に精度が出せない場合がある．第二に機械学習の予測結果は訓練データセットのサンプリングバイアスに影響されうる．第三にしばしば機械学習の予測結果が人間にとって解釈困難な場合がある．このような課題と向き合い，機械学習に基づく新たなシステム開発の方法論の体系化を目指す「機械学習工学（Machine Learning Engineering）」と呼ばれる研究分野も生まれている．

機械学習技術を用いて，例えば，血中のバイオマーカーを用いてがんの早期発見を目指す研究開発も進行している．機械学習技術を医療分野に適用するには予測率を高めるだけでなく，その医学的根拠を高めていくことが重要である．特に，個別化医療においては，パーソナルゲノムのリスクを正しく推定し，個人にとっての意味を適切に解釈するための情報解析や統計学の基礎をしっかりと学んでいくことが重要である．

13.7 パーソナルゲノムと倫理

アメリカでは個人の遺伝子を調べて病気のリスクを予測したり副作用のない有効な薬を選択したり，先祖のルーツを調べるサービスが登場してきている（https://www.23andme.com/en-int/）．イノベーションの観点からこの種のサービスに肯定的で推進に比重をおく立場と，将来生じるかもしれない倫理的問題等からサービスに慎重で法律などの規制が必要だとする立場の両論がある．各国でも色々な立場の違いがある．

医療以外の分野でも，子供の才能や能力を遺伝子解析し，知能，感情，音楽，絵画，リズム，運動といった潜在能力をレポートするサービスも登場してきている．将来，遺伝子の研究は医療の世界を超えて社会のいろいろな面に影響を与えていく可能性もあるかもしれない．個人の潜在的な能力を知って教育に生かすことに肯定的な意見もあれば，プロ野球選手を目指している子供に「君は運動能力が低いから別の道を目指せ」というのは夢を打ち砕く行為だという意見，遺伝子解析が将来，会社や入学試験，入団試験に用いられるかもしれないので規制をしなければいけないという意見もある．

自閉症のグランディン（T. Grandin）博士は，科学との出会いを通して自閉症の方々の知覚や思考特性の違いを明らかにし，それらを病気としてではなく，個性として社会が認め，多様性を生かしていこうというメッセージを送っている．彼女の半生は映画化されエミー賞も受賞した．エジソンやアインシュタインなども発達障害であったということも言われている．これから脳科学や遺伝子の研究が進み，個性の違いが科学的に解明されていくとすると，それらの科学的発見は社会にどういう影響を与えていくだろうか？ 社会が偏見や差別の方向ではなく，多様性（みんな違ってそれがいい）というギフテッド（Gifted）の方向に向かっていくには何が大事であろうか？

新しい技術革新がもたらすありうる未来の姿を創造（想像）し，多様な価値観を分かち合うことにより，何が問題なのか，何が正しいのかを自ら考え，仮説を構築し，歩むべき未来を創造するクリエイティブ・シンキングが，これからの時代に求められている．

参考文献

1. 服部正平：ヒトゲノム完全解読から「ヒト」理解へ，東洋書店，2005.
2. Arthur M. Lesk 著，坊農秀雅監訳：ゲノミクス，メディカルサイエンスインターナショナル，2007.
3. 中村祐輔：これからのゲノム医療を知る，羊土社，2009.
4. 辻 省次編：疾患遺伝子の探索と超高速シークエンス，羊土社，2009.
5. 吉川 寛，ほか：現代生物科学入門 1 ゲノム科学の基礎，岩波書店，2009.
6. 塩見春彦，ほか編：RNA 研究の最先端，羊土社，2010.
7. 藤山秋佐夫，ほか：現代生物科学入門 2 ゲノム科学の展開，岩波書店，2011.
8. 藤田芳司：ゲノム時代の医療と創薬，鹿島出版会，2011.
9. 城戸 隆：ゲノムが語る自分探し―僕はどんなふうに生きるのだろうか，星の環会，2011.
10. 城戸 隆，鎌谷直之：パーソナルゲノム医療の科学的根拠，医学のあゆみ，250(5)，pp. 336-340，2014.
11. 福嶋義光 監修，日本人類遺伝学会第 55 回大会事務局編集：遺伝医学やさしい系統講義 18 講，メディカルサイエンスインターナショナル，2013.
12. 鎌谷 直之：遺伝統計学入門，岩波書店，2015.
13. フランシス・S・コリンズ 著，矢野 真千子 翻訳：遺伝子医療革命 ゲノム科学がわたしたちを変える，NHK 出版，2011
14. Trevor Hastie et al：統計的学習の基礎―データマイニング・推論・予測―，共立出版，2014
15. Goodfellow et al：深層学習，KADOKAWA，2018.

◇ **演習問題**
問1 ヒトゲノムの特徴についてまとめよ。
問2 ncRNA とは何か．例をあげて説明せよ．
問3 多型マーカーとは何か．また，その有用性について説明せよ．
問4 パーソナルゲノムの解読がもたらす利益と問題点について考察せよ．
問5 どのような情報解析を行って，疾患に関連する遺伝子を探索し，パーソナルゲノムから個人の疾患リスクを予測できるのか説明せよ．また疾患リスク予測に重要な影響を与える要因や予測精度を向上させるための課題について説明せよ．
問6 近未来に医療，非医療分野において，どのようなパーソナルゲノムサービスが創造されうるだろうか？ ありうる未来のサービスを想像し，倫理的課題と賛否について自身の立場をまとめよ．

14
先端バイオテクノロジーによる医薬品・再生医療等製品・医療機器の開発

　ゲノムや遺伝子の情報に基づいた低分子医薬品，組換え DNA 技術や細胞工学を用いたバイオ医薬品が次々と登場してくる時代となった．幹細胞（ES 細胞，iPS 細胞）を用いる再生医療等製品も期待されている．本章では，まずゲノム情報が創薬にどのように関わるのかを紹介する．次に，医薬品を患部に効率よく送達・放出させるドラッグデリバリーシステムについては解説し，最後に医療機器に関して作用する場所と期間そして不具合が起こった場合の危険性からの安全性の考え方とそれを考慮したバイオマテリアルの設計について述べる．

14.1 先端バイオテクノロジーによる医薬品の開発

14.1.1 低分子医薬品とゲノム創薬

　我々は体の具合が悪くなると医師に診てもらい，薬を処方してもらったり場合によっては手術を受けたり，生活習慣を改善するアドバイスをもらって健康を取り戻すことができる．現在，医師が処方する医薬品のほとんどが飲み薬（経口薬）であり，低分子医薬品である．低分子医薬品には，標的細胞の標的部位（受容体，イオンチャネル，トランスポーター，酵素などのタンパク質）に直接結合して作用するものと，標的細胞に作用する生理活性物質を分泌する細胞（神経細胞，肥満細胞，血小板，内分泌細胞など）の薬物標的部位に作用して，間接的に標的細胞に作用するものがある（図 14.1）．ある生理活性物質が標的部位に作用（生理作用）する場合に，その作用を高める薬物をアゴニスト（作動薬）といい，弱める薬物をアンタゴニスト（拮抗薬，遮断薬，阻害薬）という．また，酵素に結合して酵素の反応活性を阻害する酵素阻害剤（インヒビター）や活性化剤もある．

　先端バイオテクノロジーを用いた創薬では，ゲノム創薬の考え方が主流である．これは患者のゲノムや遺伝子の情報（バイオインフォマティクス）を基に，疾

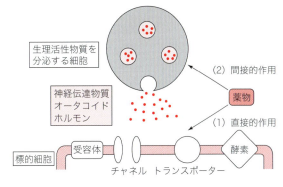

図 14.1　低分子医薬の標的部位

患の分子機構の理解の上で分子標的薬を創るもので，疾患の分子機構を明らかにして標的部位を絞り込む第 1 段階と，標的部位に作用する薬を候補化合物から仕上げていく第 2 段階がある（図 14.2）．第 1 段階はゲノム解析，トランスクリプトーム解析，プロテオーム解析などにより，DNA から RNA，タンパク質，タンパク質内の生理活性物質（リガンドや基質）の結合部位へと標的を絞り込む．そして，特定の遺伝子を導入したトランスジェニック動物，特定の遺伝子を除去したり発現を抑制したりするノックアウト動物やノックダウン動物などを用いて，標的タンパク質が確かに疾患に関わっていることを検証する．他方，コンピュー

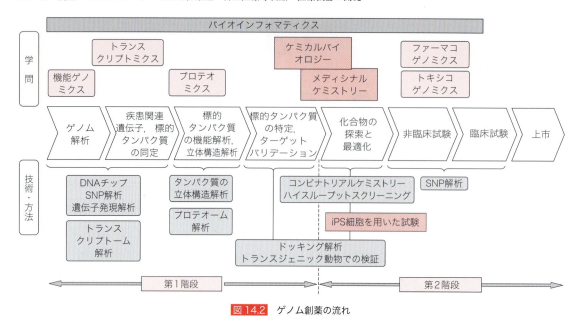

図14.2 ゲノム創薬の流れ

ターシミュレーションを用いて標的タンパク質と生理活性物質との結合を解析する（ドッキング解析）.

次に第2段階では，簡単な反応で一度に多種類の類似化合物のライブラリーを構築するコンビナトリアルケミストリーと，ロボットを用いて大規模な評価試験を行うハイスループットスクリーニングにより，短時間で目的の化合物を自動探索し，より作用の強いヒット化合物を探し出す．ヒット化合物が見つかれば，その構造と生理活性を明らかにしながら，さらに薬として構造を最適化させたリード化合物にしていく．ヒット化合物を得るために化学と生物学（分子細胞生物学）を融合させた領域をケミカルバイオロジーといい，リード化合物を得るまでの薬学と化学を融合させた領域をメディシナルケミストリーという．

得られたリード化合物は従来の医薬品開発と同様，細胞や動物を用いた薬効薬理試験，薬物動態試験，毒性試験などの非臨床試験，そして人を対象とした臨床試験を経て有効性と安全性を評価した上で新薬として承認される．また，患者の遺伝子多型（SNP）を意識した有効性と安全性の評価も，iPS細胞などを用いて行われるようになった．経口投与可能な分子標的型で副作用の低い低分子化合物は理想的であるが，ヒット化合物が見つかる可能性は低くその労力に見合わなくなったともいわれている．

14.1.2 組換えDNA技術を用いるタンパク質製剤

図14.3に図14.1の低分子医薬品の標的部位に対するバイオ医薬品の対象を示している．低分子医薬品や低分子ペプチドは化学合成法や発酵法などによって大量合成され，高純度の精製品として厳しく品質管理されている．これに対してバイオ医薬品である分子量の大きなペプチドやタンパク質は，組換えDNA技術を用いて大腸菌，酵母，動物細胞から製造される．あるいは組換えDNA技術とクローン技術を用いて作製した動物や植物の乳・葉・実などとして得られ，そこから精製工程を経て産生される．これらを生物学的製剤（生物由来製品）という．生物学的製剤にはヒトの血液に由来した血液製剤（血液，血漿，赤血球，血小板，アルブミン，各種血液凝固因子，免疫グロブリンなど）も含まれ，特定生物由来製品に分類されている（図14.4）．「特定」が付いているのは感染のリスクが高いからで，ウイルスの不活化，原料の安定供給の心配，品質のばらつきなどから，ヒトに由来しない組換えDNA技術を利用した製品に置き換わりつつある．一般に，異種タンパク質は血中投与すると自然免疫系や適応免疫系によって排除されてしまう．そのために組換えDNA技術によってヒトのタンパク質をヒト以外の生物から生産するバイオテクノロジーが必要なのである．

14.1 先端バイオテクノロジーによる医薬品の開発　141

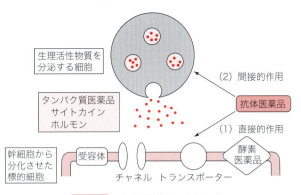

図 14.3　バイオ医薬品のイメージ

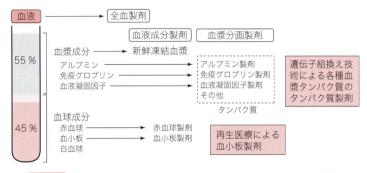

図 14.4　献血液からの血液製剤とバイオテクノロジーを用いた関連医薬品

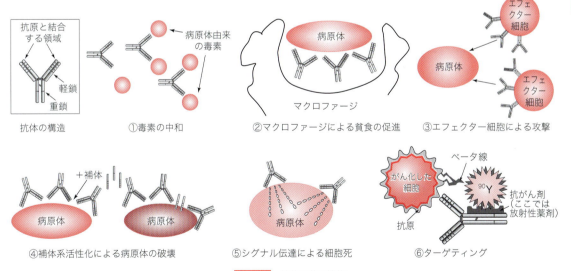

図 14.5　抗体医薬の機能

遺伝子組換えタンパク質には大きく分けて，
① 標的細胞の標的部位に作用するホルモン，サイトカイン，抗体など（図 14.3）
② タンパク質自体の機能を補充する目的のアルブミン，酵素（t-PA，各種血液凝固因子，リソソーム酵素など）
③ 異物や病変部に結合して患者自身の免疫系によって積極的な排除を誘導するモノクローナル抗体（抗体医薬）

がある．抗体医薬の代表的な機能を図 14.5 に示した．
　抗体は我々の生体防御機構においてとても重要な役割を担っており，我々が感染症を克服できるのも適応免疫系がつくる抗体のお蔭である．抗体医薬品は分子標的薬そのもの（図 14.3）であり，ハーセプチン（ヒ

ト上皮増殖因子受容体2型 HER2 を標的）やアバスチン（血管内皮増殖因子 VEGF を標的）などは抗がん剤として開発されている．

抗体医薬品では，かつて抗原認識性の高いマウス抗体をそのまま利用していたが，異種タンパク質なのでマウス抗体を抗原とした抗体が産生されて効力が低下したり，アレルギー反応を起こすことがあった．これを克服するためにマウス抗体にヒト抗体を融合させたキメラ抗体やヒト化抗体が開発され，さらに完全ヒト抗体の産生技術が確立された（図14.6）．ハーセプチンやアバスチンはヒト化抗体であり，最近話題となった免疫チェックポイント阻害剤であるオプジーボはT細胞の PD-1 に対するヒト抗体である．

14.1.3 再生医療等製品による細胞治療や再生医療

再生医療等製品とは，ヒトまたは動物の細胞を加工してつくられた，身体の構造または機能の再建・修復・形成，ヒトの疾患の治療・予防に用いられる製品と定義される．近年の細胞分離・培養技術の進歩によって細胞を利用する治療法（細胞治療）が可能となった．これには，末梢血，皮膚や軟骨の細胞を用いる方法や幹細胞（Stem cell, 12.2.3項参照）を用いる方法がある（図14.7）．幹細胞を利用すれば先天的にあるいは後天的に失われた細胞や組織の機能を修復あるいは置換することもできる．これを再生医療という．

献血液を用いて赤血球や血小板を投与する「輸血」は，細胞による治療だが再生医療ではない．しかし，自己血輸血という方法は，再生医療に含まれる．これは，予め輸血が想定される手術に際して，赤血球を増やす造血因子（エリスロポエチン）を投与して患者が自身の赤血球を増やしてこれを採血して貯めておき（貯血），手術の際に使用する．また，自己の間葉系幹細胞やiPS細胞を用いて血小板などの血球を製造する再生医療も進んでいる．

また，がんの免疫細胞療法は，がん患者自身の血液中の免疫細胞を培養して増やし，賦活化して免疫力を高めてから患者に戻してがんを治療する方法である．これは細胞加工物を用いた再生医療である．

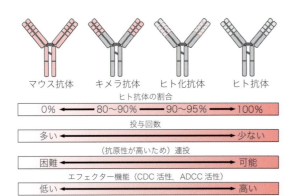

図14.6 抗体医薬の分類

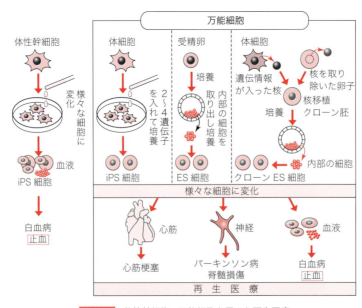

図14.7 体性幹細胞，万能細胞を用いた再生医療

白血病は骨髄中の造血幹細胞に異常が起き，特定の白血球が増殖する病気である．放射線照射によって造血幹細胞を完全に死滅させた上で，他人の骨髄を移植することによって治療できる．しかし，他人の骨髄を移植する場合には，ヒトの主要組織適合性抗原型であるHLA（ヒト白血球抗原）を合致させないと拒絶反応（GVHD）が起こるため，血縁者や骨髄バンク等からドナーを探し出さなければならないといった課題がある．これに対して，自己血輸血と同様に自身の造血幹細胞を利用する治療法がある．白血球を増やすG-CSF（顆粒球コロニー刺激因子）を患者に投与し，骨髄から血液中に流れ出した造血幹細胞を採取して貯めておき，これを点滴投与すると骨髄に根付いた新たな造血幹細胞が正常な血球細胞を分化するようになる．これは幹細胞を用いる再生医療である．

体性幹細胞は様々な細胞に分化する能力があるため，どの段階の幹細胞をどの段階まで増殖・分化誘導させてから移植するのかが重要となる．すでに実用されている培養皮膚や膝関節の培養軟骨細胞は，自身の皮膚や軟骨組織から分離した細胞を培養した再生医療等製品であり，GVHD治療用の細胞加工製品や重症心不全に用いられるヒト（自己）骨格筋由来細胞シートは，ヒト体性幹細胞を用いた再生医療等製品である．

ES細胞やiPS細胞はあらゆる組織に分化する分化多能性を持ち，ほぼ無限に増殖させることができるため再生医療への応用が期待されている．現在，網膜色素上皮による加齢黄斑変性，神経細胞によるパーキンソン病，脊髄損傷，心筋細胞による心疾患，ランゲルハンス島による糖尿病，ナチュラルキラーT細胞によるがんの治療，血小板の作製などの研究や開発が精力的に進められている．

14.1.4 遺伝子治療製品と核酸医薬品

あるタンパク質が欠損あるいは機能低下したために起こる遺伝性の疾患に対しては，そのタンパク質の正常な遺伝子を細胞に導入することで治療する遺伝子治療が有効である（12.2.4項参照）．標的細胞を取り出して体外で遺伝子を細胞に投与して培養してから患者に戻す ex vivo 治療法は，まさに細胞治療である．

ヒトに対する遺伝子治療は1990年に初めて，先天的な免疫不全症であるアデノシンデアミナーゼ（ADA）欠損症の患者に対して実施された．ベクターには，発現効率の高いレトロウイルス，アデノウイルス，アデノ随伴ウイルス，センダイウイルスなどのウイルスベクターが用いられることが多い．ウイルスを使用しない非ウイルスベクターの開発が注目されており，プラスミドDNAやカチオン性脂質と遺伝子を複合させたナノ粒子がその例である．

他方，核酸医薬品は，細胞内で行われているDNAからmRNAへの転写やmRNAからタンパク質への翻訳の際に特定の遺伝子の発現に対してそれを抑制することで治療する医薬品である（図14.8）．デコイDNA，アンチセンス核酸，siRNAなどが開発されている．デコイDNAは転写因子NF-κBに結合することでNF-κBが本来のDNAに結合することを抑制する転写阻害剤である．アンチセンス核酸は，疾患に関わるmRNAに相補的に結合してリボソームにおける翻訳を阻害する．siRNAはRNA干渉を利用するもの

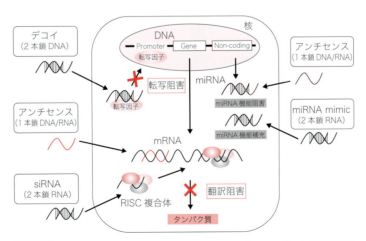

図14.8 標的細胞内で遺伝子配列に特異的に結合して作用する様々な核酸医薬品

でタンパク質との複合体（RISC）を細胞内で形成し，標的のmRNAを酵素的に分解する．核酸医薬品は我々のDNAやRNAとは化学的な構造が微妙に異なっており，標的の遺伝子に対して相補的な結合能を保持しつつも，酵素による分解を受けないなどの特徴がある．その他，miRNAやアプタマーなどが核酸医薬品に分類されている．

14.1.5 バイオ医薬品の意義と安全性

これまで述べたように組換えDNA技術やタンパク質工学，細胞工学など，バイオテクノロジーを駆使して得られるバイオ医薬品は，低分子医薬品と異なり，タンパク質や核酸など生体高分子でできているために，毒性は一般的に低いと考えられる．アミノ酸や核酸塩基の配列を変えるだけで設計ができるため応用性が高く，ゲノム情報に基づいた高い薬理効果が期待できる．しかし，低分子医薬品とは異なる点がある．

① 高分子量の分子であるために高次構造の多様性，不均一性，凝集・変性・分解による活性の低下，アレルギー反応や抗体産生などが問題になることがある．

② 生物由来であるために，製造に用いる細胞によって得られるタンパク質の構造や糖鎖の修飾状況が異なることがある．細胞加工品においても細胞提供者による細胞の質的相違は避けられない．そのためにバイオ医薬品は低分子医薬品のように標品との同一性を証明することはできず，品質・薬効・安全性がほぼ同じであれば可とする同質性/同等性の考え方を取らざるを得ない．バイオ医薬品の後発品であるバイオシミラーはその方針で開発されている．

③ 生物由来原料の厳しい受入れ検査体制，製造工程の中で細菌・真菌・マイコプラズマ・ウイルス・異常プリオンなどの感染性の異物やエンドトキシン（菌体由来の発熱物質）などが混入しないような製造管理，何か問題が生じた場合のロットごとのトレーサビリティを保証するシステムなど，安全に関する細心の配慮が必要である．

④ さらに組換えDNA製品やトランスジェニック生物の利用，生殖細胞に関わる再生医療においてはバイオハザードや倫理に対する配慮も必要である．クローン人間の製造は厳しく禁じられている．

このように過去の薬害（エイズ禍やプリオン問題など）によりバイオ医薬品に対する規制は厳しくなっている．バイオ医薬品の開発は医薬品医療機器法（薬機法）やそれぞれの製品に対する法律，ガイドラインを遵守して行い，治験を行った後薬事申請を医薬品医療機器機構（PMDA）に対して行い，厳しい審査を経て認可を受けなければ製造販売できない．同一性を担保した規格品を大量供給できる低分子医薬品はジェネリック医薬品も含めて市場規模が大きい，あるいは高い薬価が期待できる疾患をターゲットに開発される傾向にあるが，希少疾患や遺伝情報や生活習慣の相違に基づいたきめ細やかな個別化医療におけるバイオ医薬品の活用は重要であるものの，低分子医薬品とは異なる注意も必要となる．

14.2 ドラッグデリバリーシステム

14.2.1 ドラッグデリバリーシステムの概念

飲み薬（低分子医薬品）は小腸から吸収されて血流に乗って全身に分布し，そのまま尿あるいは肝臓で代謝されて尿や便，呼気から排泄される．血中の薬物の濃度は投与後にピークを迎えて速やかに減少し，治療域の濃度にある期間はわずかである．そこで，薬物の体内動態（体内における薬物の濃度の時間特性）を精密に制御して，薬物を標的部位（臓器→組織→細胞→細胞内小器官→タンパク質，核酸）に必要な期間に亘って必要な量を送達させることにより，患者の負担や副作用を極力抑えて薬物の効果を高める仕組み（薬物の修飾，薬物担体の構造や担体からの薬物放出の仕組みなど）をドラッグデリバリーシステム（Drug Delivery System, DDS, 薬物送達系）という（図14.9）．

薬物には，低分子薬物のみならず，ペプチド，タンパク質，核酸，さらには造影剤なども含まれる．DDSには，副作用の低減による生活の質（Quality Of Life, QOL）の改善がその根底にあり，図14.10に示した5つの仕組みが重要となる．

14.2.2 ナノメディシンによる戦略

薬物の溶液を直接静脈に点滴で投与する場合を考えてみよう．標的部位が循環血液であれば静脈投与行為そのものが，図14.10でいうAとDの仕組みに相当する．この場合血中濃度は点滴速度でコントロールされておりEもできている．従って，正にこのシステムそのものがDDSである．しかし，患者は病院で安静

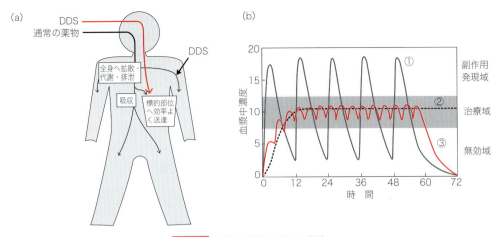

図14.9 通常の薬物とDDSの相違
(a) 薬物の動態, (b) 薬物の濃度

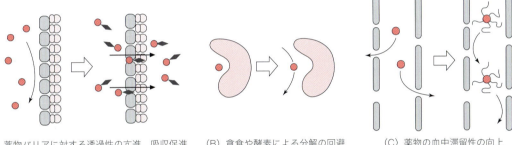

(A) 薬物バリアに対する透過性の亢進, 吸収促進　(B) 貪食や酵素による分解の回避　(C) 薬物の血中滞留性の向上

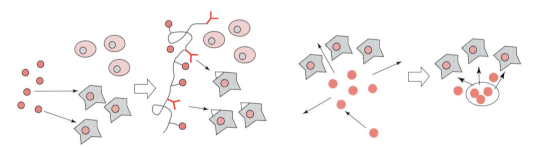

(D) 薬物の標的細胞へのターゲティング（標的指向化）　(E) 薬物のコントロールドリリース（徐々に放出）

図14.10 DDSの方法論

にして点滴を受け続けていなければならず，毎日というわけにはいかない．つまりQOLの課題があるのである．

これを解決するには，BからEを兼備させたスマートなナノ粒子を薬物キャリアとして静脈投与すればよい．このようにナノ材料やナノテクノロジーを用いる医療をナノ医療（ナノメディシン）という．材料としては，脂質などの分子集合性のある低分子や高分子のミセルやエマルジョン，リポソームなどの集合体，金属やセラミックスなどの微粉末，タンパク質のナノ粒子などがあげられる．ここに薬物を封入させたり，結合（コンジュゲート）させて担持させる（14.2.3項も参照）．キャリアには，①十分量の薬物を安定に担持でき，②血中滞留性が高く（B, C），③薬物を標的部位まで運搬し（D），④そこで薬物を制御された速度で放出し（E），⑤材料自体の毒性が低くて安全に代謝されることが求められる．

14.2.3　ターゲティング

ターゲティング（D）にはパッシブ（受動的）ター

ゲティングとアクティブ（能動的）ターゲティングがある（図14.11）．

パッシブターゲティングとは，薬物の濃度勾配による透過や拡散，あるいはキャリアのサイズと臓器・組織の構造など物理的な因子を組み合わせて標的部位まで送達させる方法である．例えば，100 nm以下のキャリアは毛細血管の血管壁を透過できるため，がんや炎症部位など透過性の向上している血管から漏出してその部位に集積する様になる．特に，固形がんでは，新生血管の増生が著しいため，血管が未発達で血管壁の透過性が高く，さらに組織から高分子物質を運び出すリンパ系が未発達である．そのために10 nmから100 nm程度のサイズの粒子はがん組織に集積しやすい効果（Enhanced Permeation Retention Effect，EPR効果）が知られている．

アクティブターゲティングは，標的部位を認識する分子で薬物キャリアの表面を修飾することにより（図14.12），積極的に薬物キャリアを標的部位に集積させる方法をいう．認識分子としては，標的細胞表面に特異的にあるいは過剰に発現している抗原に対する抗体や細胞膜表面の受容体に対するリガンドであり，マンノースやガラクトースなどの糖類，トランスフェリン，葉酸やペプチド類などがあげられる．ただし，アクティブターゲティングにおいても薬物キャリアの血中滞留性が高くないと効果が上がらないので，パッシブターゲティングも組み合わせて集積効果を上げている．

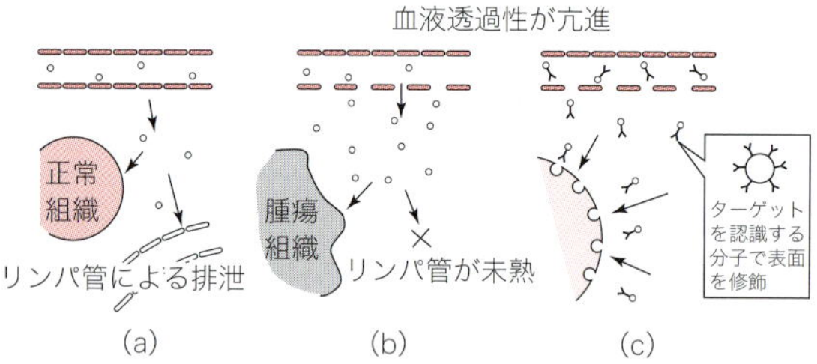

14.2.4 コントロールドリリース

薬物キャリアを標的部位まで集積させても，そこで薬物が適当な速度で放出されないと実質的な効果を上げることはできないのでコントロールドリリースが重要となる．標的部位の局所的なpH変化や，標的部位に特異的な酵素の分解作用を利用して薬物キャリアから薬物の放出を促したり，外部から様々な物理的な刺激を与えて薬物の放出を促す（図14.12）．外部刺激としては，超音波，電磁波，光，温度などがあり，薬物キャリアに造影剤を担持させて，近赤外線，MRI，PETなどによって，薬物キャリアの集積度や標的部位を確認してから，そこに外部刺激を与えて薬物キャリアから薬物を放出させる方法が検討されている．

図14.11 ターゲティング．(a) 正常組織，(b) パッシブターゲティング（EPR），(c) アクティブターゲティング

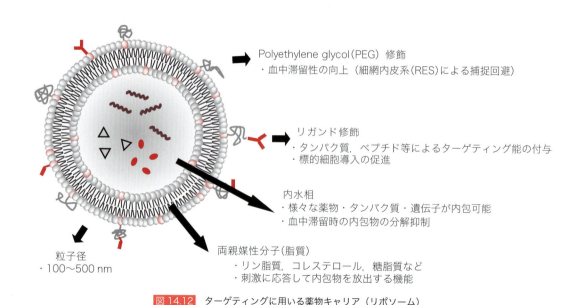

図14.12 ターゲティングに用いる薬物キャリア（リポソーム）

14.3 医療機器とバイオマテリアル

14.3.1 医療機器の分類と安全性

医療機器は,「人若しくは動物の疾病の診断,治療若しくは予防に使用されること,又は人若しくは動物の身体の構造若しくは機能に影響を及ぼすことが目的とされている機械器具等(再生医療等製品を除く.)であつて,政令で定めるものをいう.」と薬機法で定められている.注射器やコンタクトレンズ,ステントから透析器や人工心肺,さらには MRI や CT 装置まで幅広い(図 14.13).作用にはメカニカルな要素もあり,薬より限局的である.学問領域もより工学的となり,化学工学,材料工学,流体工学,機械工学,電子工学などが関わっている.

医療機器は,生体内に埋め込んで中期間(29日以内)・長期間(30日以上)使用する in vivo タイプ,生体に装着して短期間使用する ex vivo タイプ,完全に生体から離れて使用する in vitro タイプに大きく分かれる. ex vivo で使用する医療機器には人工透析やコンタクトレンズなど, in vivo タイプには人工血管,人工骨,ステントなどがあり,生体側から血栓形成,免疫応答,炎症反応,排除反応など異物に対する反応が懸念される.

これらの医療機器の材料には,生体適合性,血液適合性,生分解性などを考慮したバイオマテリアルの開発が重要となる.バイオマテリアルには機械的な強度や耐久性などのほかに,以下の生物学的な試験が要求される.

① 皮膚,粘膜や損傷部位に接触する場合には,細胞毒性,感作性,刺激性試験
② 粘膜や損傷部位に 30 日以上接触する場合には①に加えて,亜急性毒性,遺伝性毒性の試験

また,循環血液に接触する場合,①②に加えて,急性全身毒性試験と血液適合性試験が必要であり,血液と接触しない体内埋込みの場合,血液適合性試験の代わりに埋植試験が必要となる.血液と接触する体内埋込みの場合には,上のすべての生物学的試験が必要となる.

医療機器は,生体への接触部位,生体との接触時間,不具合が生じた場合の危険性の大きさから「一般医療機器」,「管理医療機器」,「高度管理医療機器」の3つに分類されている.一般医療機器クラスIは不具合が生じた場合でも,人体への影響が軽微であるもので,例えば,体外診断用機器,歯科技工用品,X線フィルム,聴診器,水銀柱式血圧計などがこれに分類される.

管理医療機器クラスIIは承認または認証が必要で,人の生命の危険または重大な機能障害に直結する可能性は低いもので,例えば,画像診断機器,造影剤注入装置,電子体温計,電子式血圧計,電子内視鏡,歯科用合金などが分類される.

高度管理医療機器クラスIIIは承認または認証が必要で,不具合が生じた場合,人体への影響が大きいもの

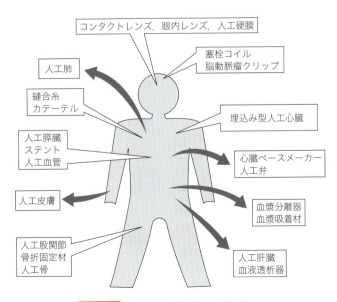

図 14.13 医療機器とバイオマテリアル

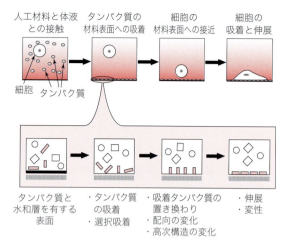

図14.14 バイオマテリアルとタンパク質の相互作用

で，例えば，透析機器，人工骨，放射線治療機器，血管用・胆管用ステント，体外式結石破砕装置，汎用輸液ポンプなどが分類される．

高度管理医療機器クラスIVはより厳しい審査を経た承認が必要で，患者への侵襲性が高く，不具合が生じた場合，生命の危険に直結するもので，例えば，ペースメーカー，冠動脈ステント，吸収性縫合糸，中心静脈用カテーテルに分類される．

14.3.2 血液接触型・埋込み型のバイオマテリアルの設計

血液接触型や埋込み型の医療機器ではバイオマテリアルが血液や体液と接触した場合に，一連の反応が起こり（図14.14），最終的には血栓，または生体組織との癒着が起こる．

血栓に至るまでの時間や程度に応じて血栓性が判断され，血栓性の高いバイオマテリアルは血液適合性が低いとされる．癒着が起こりやすいバイオマテリアルは生体適合性が低いとされる．しかし，再生医療用の足場材では積極的に誘導する工夫がなされ，炎症性細胞による異物として排除や細胞障害が起こらないように工夫されている．

材料表面に対する細胞の接着を防ぐには，まず材料表面のタンパク質の吸着を如何に抑制するのかが課題となる．また，血液と接触するバイオマテリアルではポリエチレングリコール鎖やMPCポリマーで表面修飾してタンパク質の初期の吸着を抑制させたり，親水-疎水ミクロドメイン構造によって異なるタンパク質を吸着させることによって，細胞の活性を抑制する方法が用いられている．しかし，未だに完全な血栓形成を克服しきれていないのが現状であり，ヘパリンなどの抗凝固剤との併用が必要である．

埋込み型バイオマテリアルには，チタン製人工骨や歯科インプラント材など機械的強度に優れて半永久的に機能し続ける材料と，縫合糸や人工血管，組織再生用足場材など自己の組織が再生されるまでの足場として機能し，役目を果たしたら生体に吸収される材料がある．半永久的に機能する材料では，劣化，腐食，破断など物理的な不具合や炎症など生物学的な不具合が起こらないような設計が必要となる．再生に合わせて吸収される材料の設計はより難しく，分解速度の異なる異種のモノマーの共重合体や分子量や結晶化度を変えて分解速度を制御すると共に，多孔質や膜などの性状を工夫した足場材を設計し，細胞増殖因子などにより細胞側の組織形成の速度調節が重要となる．

■ 参考文献

1. 医薬品，医療機器等の品質，有効性及び安全性の確保等に関する法律
2. 再生医療等の安全性の確保等に関する法律
3. 承認されたバイオ医薬品（http：//www.nihs.go.jp/dbcb/approved_biologicals.html）
4. 宇理須恒雄：「ナノメディシン，ナノテクの医療応用」オーム社，2008.
5. 秋吉一成，辻井 薫監修：「リポソーム応用の新展開，～人工細胞の開発に向けて～」，NTS，2005.
4. 田畑泰彦：「再生医療のためのバイオマテリアル」，コロナ社，2009.
5. 岩田博夫：「バイオマテリアル」高分子学会編集，共立出版，2008.
6. 医療機器クラス分類表参照問題

◇ 演習問題

問1 身近な，あるいは関心のある低分子医薬品について，その添付文書を調べて標的部位について説明しなさい．

問2 バイオ医薬品の免疫原性について説明しなさい．

問3 承認されたバイオ医薬品について調べて，その医薬品を分類し，製造法，効能，作用機序について説明しなさい．

問4 図14.13の埋込み型医療機器について，生体への接触部位，生体との接触時間，不具合が生じた場合の危険性の大きさを考慮しながら分類しなさい．

COLUMN

● ファージディスプレイ法による医薬品開発 ●

　ファージディスプレイ法は，細菌に感染するウイルスであるファージの表面に，ランダムな配列のペプチドを表示（ディスプレイ）させた膨大なライブラリーを構築し，そこから標的部位（ターゲット）に対して特異的な結合能を持つ配列をスクリーニングする方法であり，この操作を繰り返すことによってより結合能の高いペプチドをスクリーニングすることができる（図14.15）．このような手法は指向性進化法と呼ばれている．表示ペプチドとそれをコードする遺伝子がファージと一体になっている点が特徴であり，得られた特定ペプチドを持つファージは大量に増殖させることができる．ファージディスプレイ法は1985年にスミス（G.P. Smith）によって提唱され，ウィンター（G.P. Winter）が同法にて得られたペプチドを抗体に組み込むことによる抗体医薬品の開発に成功し，両博士は2018年ノーベル化学賞を共同受賞した．

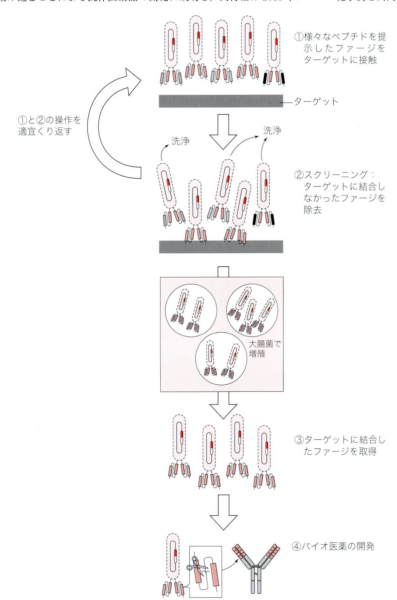

図14.15　ファージディスプレイ法による抗体医薬の創薬

索 引

■ 数 字
3ドメイン説　1

■ 欧 文
Acetobacter aceti　77
AIDS　119
Aspergillus oryzae　77
ATP　2, 37
α-ヘリックス　4

β-シート　4

cDNA　67
CoQ　41
CRISPR　72
CRISPR/Cas9　72

DNA　2, 3, 16, 25, 36, 62
DNA合成　66
DNAシークエンシング法　70
DNAポリメラーゼ　66
DNAマイクロアレイ　109
DNAリガーゼ　69

EPR　104
ES細胞　35, 50, 74, 122, 130, 143

FADH2　41
flip-flop　24

G1期　18
G2期　18
GAG　31
GFP　71

HIV　66
HIVウイルス　119

iPS細胞　35, 74, 123, 143

Lab-on-a-chip　110

M期　18
Micro Total Analysis Systems　110
mitosis　45
mRNA　63

NADH　37, 39
NADPH　42
ncRNA遺伝子　129

OMIM　126

PCR法　67

QOL　124

RGD配列　32
RNA　2, 3, 25
RNAポリメラーゼ　66

S期　18, 45
Saccharomyces cerevisiae　77
SNP　20, 130, 134

TCA回路　37, 38, 39

X-SCID　124
X連鎖性重症複合免疫不全症　124

■ あ 行
アクチンフィラメント　27
アクティブターゲティング　146
アゴニスト　139
亜硝酸酸化細菌　91
アセチルCoA　38, 39
アニーリング　68
アノマー　6
アポトーシス　50
アミノ酸　36, 80
アミノ酸発酵　79
アミラーゼ　78
アルコール発酵　77
アルデヒド脱水素酵素　20
アンタゴニスト　139
アンモニア酸化細菌　91

硫黄酸化物　97
一塩基多型　20
一次構造　4
遺伝子　2, 12
遺伝子改変　73
遺伝子組換え　62
　──医薬品　63
　──作物　83
　──食品　82
遺伝子工学　62
遺伝子治療　123, 143
遺伝子治療製品　143
遺伝子ノックアウト　72
遺伝的多様性　133
医療機器　147
インスリン　63
インテグリン　31

ウェルナー症候群　51

ウラン　102

栄養段階　91
液胞　25
エネルギー　36
エネルギー収支比　104
エラスチン　30

オーガナイザー　49
オリゴ糖　6
オルガネラ　3

■ か 行
界　23
害虫抵抗性作物　84
解糖　37
外胚葉　47
化学合成生態系　90
化学合成独立栄養細菌　95
化学的窒素固定　91
核　25
核液　25
核酸　4, 36
核酸医薬品　143
核膜　22
化石燃料　97, 100
活性汚泥法　94
滑面小胞体　26
カテニン　29
カドヘリン　28
カドヘリンスーパーファミリー　29
カーボンニュートラル　105
カルタヘナ法　66, 82
カルビン回路　42, 43
がん　114
感覚器系　33
幹細胞　50, 122
感染症　118
がんマーカー　133
がん免疫療法　124

基質　25
寄生　89
気体燃料　104
キナーゼ　37
逆転写酵素　66
ギャップ遺伝子　49
ギャップ結合　30
競争　88
極性　33
キラリティ　4
菌界　1, 23
筋系　33

筋原線維　35
筋組織　33

クエン酸回路　38
クオリティ・オブ・ライフ　124
組換え DNA　65
グラナ　26, 42
グリコーゲン　6
グリコサミノグリカン　31
クリステ　25
グルコース　6
クレブス回路　38
クローン　51
クロマチン線維　25
クロロフィル　43
クロロプラスト　42

形成体　50
系統分類　23
血液型　20
血液製剤　140
血液適合性　147
結核　114
血友病　20
ゲノム　2, 45, 127
ゲノム編集　74
ケミカルバイオロジー　140
原核生物　22
原核生物界　23
嫌気状態　76
嫌気性消化　94
原口　48
原口背唇部　48
減数分裂　19, 45
顕性　11
原生生物界　1
顕性の法則　11
原腸陥入　47
原腸胚　47
検定交雑　12

好気状態　76
抗原決定基　9
光合成　26, 42
光合成生態系　90
交叉　46
抗生物質　86
拘束　48
抗体　71
抗体医薬品　141
コエンザイム Q　41
五界説　23
呼吸器感染症　119
呼吸器系　33
個体群　88
骨格系　33
コーディネーター　121
コネキシン　30

コネクソン　30
コピー数多型　128
個別化医療　130
コラーゲン　30
コリネ型細菌　80
ゴルジ装置　25, 26, 27
ゴルジ体　27
コレステロール　24, 117
コントロールドリリース　146
コンビナトリアルケミストリー　140

■ さ 行

再生医学　122
再生医療　142
再生医療等製品　142
再生可能エネルギー　99
サイトゾル　22
細胞　2, 22
細胞外マトリックス　30
細胞骨格　25, 27
細胞死　50
細胞質基質　22, 25
細胞小器官　22, 24
細胞性胞胚　47
細胞接着性糖タンパク質　31
細胞治療　142
細胞内小器官　3
細胞壁　24, 25
細胞マイクロアレイ　110
細胞膜　3, 25
酢酸発酵　81
サブユニット　6
作用　88
酸化還元電位　40
酸化的リン酸化　37, 42
酸性　100
三大生体高分子　4

シークエンサー　107
軸策　33
支持組織　33
脂質　36
脂質二重層　22
脂質二重膜　24
ジスルフィド結合　6
持続可能性　97
疾患リスク　135
シナプス　33
従属栄養細菌　94
従属栄養生物　89
宿主　71
受精　47
受精卵　45
腫瘍マーカー　117
循環器系　33
循環器系障害　117
循環器疾患　114
硝化　91

消化器系　33
消費者　90
上皮組織　33
小胞体　25, 26
醤油　80
食酢　81
食品安全基本法　82
食品衛生法　82
植物界　1, 23
植物極　47
食物連鎖　91
除草剤耐性作物　83
真核生物　22
神経系　33
神経組織　33
人工臓器　121
親水性アミノ酸　6

水素エネルギー社会　105
ストレプトマイシン　86
ストロマ　26, 42
スフィンゴ脂質　8
スペシャルペア　43

生活習慣病　117
制限酵素　68
精原細胞　46
精細管　46
生産者　90
精子　46
生殖　45
生殖器系　33
生殖細胞　46
生殖腺　46
性染色体　17
精巣　46
生態系　88
生体適合性　147
生態ピラミッド　91
生物群集　88
生物濃縮　92
生物由来製品　140
生分解性　147
セグメント・ポラリティー遺伝子　49
接着系細胞　30
接着結合　28
接着斑　32
セルトリ細胞　46
セルロース　24
線維性タンパク質　30
染色体　17
潜性　11
先体　46
先体反応　47
選択的プロモーター　129
セントラルドグマ　3, 128

臓器移植　120

臓器の移植に関する法律　121
相補的DNA　67
相利共生　89
組織　32
疎水結合　6
疎水性アミノ酸　6
粗面小胞体　26

■た　行

対合　46
体細胞分裂　18, 45
体軸　48
代謝　36
体性幹細胞　50, 143
多核性胞胚　47
多型　130
多細胞生物　22
多精拒否機構　47
脱室　91
脱室細菌　91
多糖　6
単細胞生物　22
炭水化物　36
炭素固定　42
単糖　6
タンパク質　2, 4
タンパク質マイクロアレイ　110

地球温暖化　100
チーズ　81
窒素固定細菌　91
窒素酸化物　97
窒素同化　91
中間径フィラメント　28
中心体　24, 25
中胚葉　47
チラコイド　26
チラコイド膜　42

ディープラーニング　136
低分子医薬品　139
デオキシリボ核酸　2
デザイナー・ベビー　74
デジタルPCR　112
デスモゾーム結合　28
テロメア　50
転移　117
転写　3
デンプン　6

糖尿病　117
動物界　2, 23
動物極　47
糖類　4
特定生物由来製品　140
独立栄養生物　89
独立の法則　11
ドメイン　1

ドラッグデリバリーシステム　144
トランスクリプトーム　131, 132
トランスクリプトーム解析　132
トリプルヘリックス　30
ドロップレット　111

■な　行

内胚葉　47
内分泌系　33
内包膜　26
納豆　80
ナノメディシン　144

二次構造　4
二倍体　45
日本酒　79
乳酸　38
乳酸菌　81
乳酸発酵　81

ヌクレオソーム　17, 25

ネクローシス　50
熱水噴出孔　90

脳血管障害　118
ノックアウトマウス　73

■は　行

パーソナルゲノム　133
肺炎　119
肺炎双球菌　13
バイオアテニュエーション　95
バイオ医薬品　86, 140
バイオインフォマティクス　129, 136
バイオエタノール　103
バイオオーギュメンテーション　96
バイオ化成品　104
バイオスティミュレーション　96
バイオディーゼル　103
バイオマス　102
バイオマテリアル　147
バイオリファイナリー　103
バイオレメディエーション　96
ハイスループットスクリーニング　111, 140
胚性幹細胞　50, 74
白鳥の首フラスコ実験　77
バクテリオファージ　13
パスツール効果　44
発がん性　115
曝気槽　94
発酵　76
パッシブターゲティング　145
バミューダ会議　127
反作用　88
反応性　48
万能幹細胞　122
半保存的複製　3

比較ゲノミクス　129
微小管　27
被食者　91
ヒストン　25
必須アミノ酸　6
ヒトゲノム　126
ヒトゲノム計画　126
ヒト免疫不全ウイルス　128
泌尿器系　33
非必須アミノ酸　6
表割　47
日和見感染　119
ビール　78
ピルビン酸　39
ピルビン酸脱水素酵素複合体　39

ファイトレメディエーション　96
フィブロネクチン　31
富栄養化　93
フォーカルアドヒージョン　32
不斉炭素　4
物質輸送　24
ブドウ糖　6
腐敗　76
浮遊系細胞　30
プライマー　66
プラーク　117
プラストキノン　43
フラビンモノヌクレオチド　41
ブレイン・マシン・インターフェース　122
フローサイトメーター　112
プロテオグリカン　31
プロテオミクス　132
プロテオーム　132
プロトン駆動力　42
プロバイオティクス　82
分化　48
分解者　90
分子標的薬　139
分離の法則　11

ペアルール遺伝子　49
ベクター　71, 123
ヘテロクロマチン　128
ペニシリン　86
ペプチド結合　4
鞭毛　24, 25
片利共生　89

放射性同位体　14
胞胚腔　47
捕食　89
捕食者　91
ホスホエノールピルビン酸　38
母性効果遺伝子　48
ホメオーシス　49

■ま 行

ホメオティック遺伝子　49
ホメオドメイン　49
ホメオボックス　49
ポリクローナル抗体　71

マイクロRNA　129
マイクロアレイ　109
マイクロサテライト　130
マイクロドロップレット　111
マイクロ流体デバイス　110
マイナーアレル頻度　135
膜間腔　25
膜タンパク質　24
マルチタスク　136
マルチモーダル　136

味噌　80
密着結合　28
ミトコンドリア　25, 39

ムコ多糖　31
無性生殖　45

メタボリックシンドローム　117
メタン生成古細菌　93
メタンハイドレート　93, 101
メッセンジャーRNA　63
メディシナルケミストリー　140
免疫細胞療法　142
メンデルの法則　10, 12, 14

モータータンパク質　27
モネラ界　1, 23
モノクローナル抗体　71

■や 行

薬害エイズ事件　119

有性生殖　45
誘導　48
ユークロマチン　128
ユビキノン　41

葉緑体　25, 26, 42
ヨーグルト　81

■ら 行

ライディッヒ細胞　46
ラミニン　32
卵割　47
卵原細胞　47
卵巣　46

リスクファクター　117
リソソーム　24, 25
リボソーム　25, 26
リン脂質　24

レシピエント　121
レトロウイルス　66
レトロウイルスベクター　123
連鎖　14

■わ 行

ワーク・ライフ・バランス　124
ワイン　78

生命科学概論　第 2 版
　　―環境・エネルギーから医療まで―　　　　定価はカバーに表示

2019 年 3 月 5 日　初版第 1 刷
2022 年 3 月 25 日　　　第 3 刷

　　　　　　　　　　　　　　　　早　稲　田　大　学
　　　　　　　　　編　集　　　　先 進 理 工 学 部
　　　　　　　　　　　　　　　　生 命 医 科 学 科

　　　　　　　　　発行者　　　　朝　倉　誠　造

　　　　　　　　　発行所　　　　株式会社　朝 倉 書 店
　　　　　　　　　　　　　　　　東京都新宿区新小川町 6-29
　　　　　　　　　　　　　　　　郵 便 番 号　162-8707
　　　　　　　　　　　　　　　　電　話　03（3260）0141
　　　　　　　　　　　　　　　　FAX　03（3260）0180
〈検印省略〉　　　　　　　　　　　https://www.asakura.co.jp

Ⓒ 2019〈無断複写・転載を禁ず〉　　　　精文堂印刷・渡辺製本
ISBN 978-4-254-17169-3　C 3045　　　　Printed in Japan

JCOPY　〈出版者著作権管理機構　委託出版物〉
本書の無断複写は著作権法上での例外を除き禁じられています．複写される場合は，
そのつど事前に，出版者著作権管理機構（電話 03-5244-5088, FAX 03-5244-5089,
e-mail: info@jcopy.or.jp）の許諾を得てください．

東薬大 多賀谷光男著
分子細胞生物学 (第2版)
17162-4 C3045　　B5判 192頁 本体3800円

生命を分子・細胞レベルで理解できるようまとめた教科書の改訂版。近年の研究成果を取り入れつつ，エッセンスを解説。〔内容〕細胞と研究法／生体膜／物質輸送／オルガネラと細胞内輸送／シグナル伝達／細胞骨格／細胞の増殖と死／他

綜合画像研究支援編
3Dで探る 生命の形と機能
17157-0 C3045　　B5判 120頁 本体3200円

バイオイメージングにより生命機能の理解は長足の進歩を遂げた。本書は豊富な図・写真を活用して詳述。〔内容〕3D再構築法と可視化の基礎／3Dイメージング／胚や組織の3D再構築法／電子線トモグラフィ法／各種顕微鏡による3D再構築法。

東北大 齋藤忠夫編著
農学・生命科学のための 学術情報リテラシー
40021-2 C3061　　B5判 132頁 本体2800円

情報化社会のなか研究者が身につけるべきリテラシーを，初学者向けに丁寧に解説した手引き書。〔内容〕学術文献とは何か／学術情報の入手利用法（インターネットの利用，学術データベース，図書館の活用，等）／学術情報と研究者の倫理／他

東大 神崎亮平編著
昆虫の脳をつくる
―君のパソコンに脳をつくってみよう―
10277-2 C3040　　A5判 224頁 本体3700円

昆虫の脳をコンピュータ上に再現する世界初の試みを詳細に解説。普通のパソコンで昆虫脳のシミュレーションを行うための手引きも掲載。〔目次〕昆虫の脳をつくる意味／なぜカイコガを使うのか／脳地図作成の概要とソフトウェア／他

感染研 永宗喜三郎・法政大 島野智之・海洋研究開発機構 矢吹彬憲編
アメーバのはなし
―原生生物・人・感染症―
17168-6 C3045　　A5判 152頁 本体2800円

言葉は誰でも知っているが，実際にどういう生物なのかはあまり知られていない「アメーバ」。アメーバとは何か？という解説に始まり，地球上の至る所にいるその仲間達を紹介し，原生生物学への初歩へと誘う身近な生物学の入門書。

兵庫県大 太田英利監訳　池田比佐子訳
生物多様性と地球の未来
―6度目の大量絶滅へ？―
17165-5 C3045　　B5判 192頁 本体3400円

生物多様性の起源や生態系の特性，人間との関わりや環境等の問題点を多数のカラー写真や図を交えて解説。生物多様性と人間／進化の地図／種とは何か／遺伝子／貴重な景観／都市の自然／大量絶滅／海洋資源／気候変動／浸入生物

東大 宮下 直・東大 瀧本 岳・東大 鈴木 牧・東大 佐野光彦著
生物多様性概論
―自然のしくみと社会のとりくみ―
17164-8 C3045　　A5判 192頁 本体2800円

生物多様性の基礎理論から，森林，沿岸，里山の生態系の保全，社会的側面を学ぶ入門書。〔内容〕生物多様性とは何か／生物の進化プロセスとその保全／森林生態系の機能と保全／沿岸生態系とその保全／里山と生物多様性／生物多様性と社会

日本毒性学会教育委員会編
トキシコロジー (第3版)
34031-0 C3077　　B5判 404頁 本体10000円

トキシコロジスト認定試験出題基準に準拠した標準テキスト。2009年版から全体的に刷新し，最新の知見を掲載。〔内容〕毒性学とは／毒性発現機序／化学物質の有害作用／毒性試験法／環境毒性／毒性オミクス／リスクマネージメント／他

日本光生物学協会 光と生命の事典 編集委員会編
光と生命の事典
17161-7 C3545　　A5判 436頁 本体11000円

生命を維持していくために，光はエネルギー源，情報源として必要不可欠である。本書は，光と生命に関連する事項や現象を化学，生物学，医学など様々な分野から捉え，約200項目のキーワードを見開き2頁で読み切り解説。正しい基礎知識だけでなく，応用・実用的な面からも項目を取り上げることにより，光と生命の関係の重要性や面白さを伝える。〔内容〕基礎／光のエネルギー利用／光の情報利用（光環境応答，視覚）／光と障害／光による生命現象の計測／光による診断・治療

日本ワクチン学会編
ワクチン
―基礎から臨床まで―
30115-1 C3047　　B5判 376頁 本体9500円

海外からの旅行者の増大など，感染症罹患のリスクは近年増えつつある。本書はワクチンの歴史・概念から開発・許認可・製造・品質管理・サーベイランス・副反応などワクチンに関する最新かつスタンダードな考え方を整理し，さまざまな細菌ワクチンとウイルスワクチン，今後のワクチンそして予防接種のスケジュール・禁忌・法的基盤・費用対効果など，ワクチンのすべてを詳述。正確な知識を必要とする医師，看護師・保健師・検査技師ら医療関係者や行政関係者の必携書。

上記価格（税別）は2022年2月現在